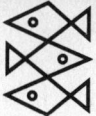

Das heute vorherrschende naturwissenschaftliche Weltbild lehrt, daß die uns umgebende Natur aus toter Materie besteht. Wir verstehen sie nicht mehr als belebt und beseelt, sondern als eine Anhäufung von Stoffen und chemischen Prozessen, deren Mechanismen wir zu ergründen versuchen, um sie uns zunutze zu machen. Wir leugnen vielfach, daß sie eine zutiefst lebendige Dimension hat. Und dies, obwohl nicht nur alle Religionen und Naturvölker, sondern auch die moderne evolutionäre Kosmologie von einer ganz anderen Erfahrung ausgehen: einer Welt nämlich, in der Materie und Leben keinen Gegensatz bilden.

Jeremy Hayward, selbst Physiker und Molekularbiologe, versucht in den »Briefen an Vanessa« seiner Tochter einen Ausweg aus den lebensfeindlichen Beschränkungen unseres materialistischen Weltbildes zu zeigen, indem er, ähnlich wie Jostein Gaarder dies für die Philosophie tat, auf zugängliche und leicht verständliche Weise die neuesten Erkenntnisse der Neurologie, der Kognitionswissenschaften, der Neuen Biologie und der Neuen Physik präsentiert.

Dies ist ein wichtiges und anschauliches Buch in einer Zeit des sich im Umbruch befindenden Wissenschafts- und Werteverständnisses. In spielerischer Form macht es deutlich, daß die Naturwissenschaften heute dabei sind, sich von dem Modell einer »toten Welt« zu verabschieden und zum Verständnis eines bis in die vermeintlich unbelebte Materie hinein von Bewußtsein durchdrungenen Kosmos zurückzufinden.

*Jeremy W. Hayward* promovierte in Kernphysik an der Cambridge University. Nach einem anschließenden Studium der Molekularbiologie forschte er am Massachusetts Institute of Technology (MIT) und der Tufts Medical School. 1974 gehörte er zu den Gründungsmitgliedern des Naropa-Institute, einer auf buddhistische Philosophie gegründeten Hochschule, der er heute als Kurator angehört. Weitere Veröffentlichungen in deutscher Sprache: »Die Erforschung der Innenwelt. Neue Wege zum wissenschaftlichen Verständnis von Wahrnehmung, Erkennen und Bewußtsein« (1996); »Heilige Welt. Die Shambhala-Krieger im Alltag« (zus. mit Karen Hayward, 1997); »Die Shambhala-Mission. Spiritualität und Verantwortung im Alltag« (zus. mit Karen Hayward, 1999).

*Unsere Adresse im Internet: www.fischer-tb.de*

Jeremy W. Hayward

# Briefe an Vanessa

Über Liebe, Physik und
die Wiederverzauberung der Welt

Aus dem Amerikanischen
von Jochen Eggert

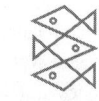

Fischer
Taschenbuch
Verlag

Spirit
Herausgegeben von
Stephan Schuhmacher

Veröffentlicht im Fischer Taschenbuch Verlag GmbH,
Frankfurt am Main, Juni 2000

Lizenzausgabe mit freundlicher Genehmigung des
Wolfgang Krüger Verlages, Frankfurt am Main
Die amerikanische Originalausgabe erschien 1997 unter dem Titel
›Letters to Vanessa. On Love, Science and Awarness in an Enchanted World‹
im Verlag Shambhala, Boston
Druck und Bindung: Clausen & Bosse, Leck
Printed in Germany
ISBN 3-596-14739-5

# Inhalt

Die gewöhnliche Welt ist schon verzaubert. Die verzauberte Welt ist kein Phantasiegebilde und keine Zukunftshoffnung; sie ist real, und sie existiert jetzt. Was uns daran hindert, die verzauberte Welt hier und jetzt wirklich zu sehen, ist die Tote-Welt-Geschichte, die wir uns selbst und einander erzählen. Wir nehmen diese Geschichte unbewußt in uns auf, wenn wir aufwachsen. Sie entspringt einer kleinmütigen Vorstellung, die meint, unsere Welt bestehe aus lebloser Materie. Diese Geschichte wurde im Laufe der letzten Jahrhunderte im Namen der Wissenschaftlichkeit ersonnen. Und diese Sicht der Dinge ist immer noch beunruhigend lebendig und wirksam. Sie bildet nach wie vor den Antrieb unserer Kultur.

Nach zwanzig Jahren, in denen ich Meditation praktiziert und gelehrt habe, weiß ich heute, daß der unbewußte Glaube an die tote Welt ein großes Hindernis sein kann, wenn man irgendeine Form der Meditation zu üben versucht. Vielen Menschen bleibt aufgrund dieses Glaubens sogar verborgen, daß Meditation ihrem Leben auf sehr praktische Weise nützen kann.

Vor zehn Jahren habe ich zwei eher technische und akademische Bücher geschrieben, um zu zeigen, daß die Wissenschaft die verzauberte Welt gar nicht leugnen muß, sondern sie ebensogut auf ihre Fahnen schreiben kann. Die Tote-Welt-Geschichte entstand ja nicht allein aus wissenschaftlichen Gründen, sondern hatte komplexe religiöse und politische Ursachen. Seit einigen Jahren versuchten meine Freunde und insbesondere meine Frau Karen mich dazu zu bewegen, in einfachen Worten, ohne jeden

Fachjargon, zu beschreiben, was es mit den beiden Welten auf sich hat. Auch ich fand, daß es für die Menschen wichtig ist, nicht bloß an die verzauberte Welt zu *glauben* und damit einen alten durch einen neuen Glauben oder durch Wunschdenken zu ersetzen, sondern zu verstehen, wie unsere Konditionierungen unsere Vorstellungen von der Welt beherrschen und wie wir unsere Sicht korrigieren können.

Nachdem ich zwei Jahre um eine einfache Darstellung gerungen hatte, zog ich mich schließlich für drei Wochen zum Schreiben und Meditieren zurück. Vor dieser Klausur hatte ich besorgt wahrgenommen, wie die Tote-Welt-Geschichte sich auf meine Tochter Vanessa und ihren Freundeskreis auswirkte. Auch ein Gespräch mit einem jungen Freund, Adam, der sein erstes College-Jahr absolvierte, machte mich sehr betroffen. Er machte mir sehr klar, wie entmutigt viele seiner Generation vom Zustand der Welt und ihren trüben Zukunftsaussichten sind. Am ersten Morgen meiner Klausur faßte ich daher den Entschluß, Vanessa über diese Dinge zu schreiben. Endlich konnte dieses Buch Gestalt annehmen.

Wenn Menschen sich der Meditation zuwenden, ohne zu erkennen, wie sehr sie den Glauben an die tote Welt verinnerlicht haben, werden ihre Praxis und ihre spirituellen Überzeugungen oft kaum mehr sein als eine Art neuer Anzug oder Mantel, ein Facelifting, das einem ein besseres Gefühl gibt, aber im Grunde nichts ändert. Eine Absicht dieses Buches ist daher, Ihnen, in welcher Tradition auch immer Sie meditieren, zu zeigen, wie man sich einen Weg zurück durch unsere Konditionierung auf die Tote-Welt-Geschichte bahnen kann, zurück zu einem tieferen Fühlen und Wahrnehmen.

Andererseits sind viele von tiefer spiritueller Sehnsucht nach der verzauberten Welt erfüllt, doch wenn sie hören, daß Meditation ihnen helfen kann, diese Welt zu sehen, halten sie das für Unsinn, weil die Wissenschaft es sagt. *Das* ist Unsinn, und sehr traurig. Ein weiterer Grund, dieses Buch zu schreiben, ist also, daß ich Ihnen, die Sie die Welt der Wissenschaft achten und trotzdem gern die verzauberte Welt sehen möchten, zeigen will, wie Sie in beiden Welten als einer einzigen leben können.

Am traurigsten ist aber, daß junge Menschen der Generation meiner Tochter mit einem Gefühl tiefer Verletzung, Niedergeschlagenheit und Verlorenheit aufwachsen. Sie sehen die tote Welt, sie hören von Menschen, die es wissen müssen, nur von der toten Welt. Doch wenn sie sich treffen, reden sie von etwas ganz anderem. Sie wissen, daß die tote Welt nicht alles ist; aber wie das, was es noch geben muß, zu entdecken ist, wissen sie nicht. Und so enden viele auf der Suche nach etwas Realerem bei Drogenkonsum oder sogar bei Selbstmord. Deshalb adressiere ich diese Briefe an meine Tochter und ihre Generation: um einen Weg zu zeigen, wie man weitergehen und dabei das Lied der verzauberten Welt singen kann.

Denn die tote Welt ist nur ein winziger Bruchteil des Ganzen. Die Welt ist schon verzaubert – *wirklich, hier, jetzt*! Jeder Baum, jeder Stein, jeder Stern, ja der Raum selbst hat Bewußtsein und die Energie des Lebens. Es ist uns gegeben, das zu fühlen. Und es *gibt* Energiemuster, die deutlich zu fühlen, aber für gewöhnlich nicht zu sehen sind. Nennen Sie sie Götter, Dämonen, Feen, Engel, *Dralas,* ja sogar bedeutsame Koinzidenzen – nennen Sie sie, wie Sie wollen. Und *diese* Geschichte von allgegenwärtiger Bewußtheit hätte man uns *neben* der so kleinen und kleinmütigen Geschichte von der toten Welt auch erzählen können, als wir aufwuchsen. Und auch sie hätte man im Namen der Wissenschaft erzählen können. Das ist die Botschaft dieses Buches.

Ich wünsche Ihnen viel Spaß mit diesen Briefen an meine Tochter. Nehmen Sie sie nicht zu ernst. Möge es Ihnen Mut machen.

# 1. Brief
## Die lebendige Welt unserer Kindheit

Liebe Vanessa,

wenn wir klein sind, erleben wir die Welt, *unsere* Welt, als magisch, lebendig, heilig. Aber wenn wir dann größer werden und Schule, Fernsehen, Erwachsenengespräche, Illustrierte und so weiter lange genug auf uns eingewirkt haben, lernen wir nach und nach, den Zauber der Welt zu ignorieren, zu vergessen und schließlich zu verleugnen. Beinahe unbewußt eignen wir uns die Vorstellung an, die magische Welt sei kindisch und unwirklich und Kindisches müsse man ablegen.

Wenn ich also dieses kleine Buch aus Briefen an Dich schreibe, möchte ich Dir zeigen, daß die Welt, in der wir leben, doch etwas Lebendiges und Magisches hat. Die magische Dimension unserer Welt ist real, so real wie das Jucken an Deinem Arm und die kratzende Hand. Es ist die Dimension, die Du und ich als Kinder empfanden, aber nicht beschreiben konnten. Wir konnten sie nicht beschreiben, weil keiner der Erwachsenen in unserer Umgebung je davon sprach, und folglich hatten wir keine Worte dafür. Ich möchte Dir zeigen, daß Du nicht zwischen der heiligen, magischen Welt des Kindes und der Welt des modernen Erwachsenen wählen mußt. Du kannst in beiden leben, denn sie sind eins.

Als Du in die dritte Klasse gingst, begann Dein Unterricht in der Geschichte der toten Welt. Du kamst von der Schule nach Hause und hast ganz aufgeregt, aber in sehr ernsthaftem Tonfall verkündet: »Papa, heute haben wir gelernt, was Materie ist.«

Nichts Gutes ahnend fragte ich: »Ah, und was *ist* Materie?«

Du sagtest: »Materie ist der Stoff, aus dem die Welt gemacht ist.«

Materie ist Stoff. Materie ist ohne Leben oder Fühlen. Es ist kein Geist in der Materie. Wir alle lernen das in der Schule. Ich war traurig und verärgert; ich wußte, daß auch Du nach und nach lernen würdest, den Geist und das Herz Deiner Welt nicht mehr zu fühlen. Wie verschieden diese aus Materie-Stoff gemachte tote Welt doch von der Welt ist, die Du als Dreijährige erlebtest! Du konntest die Dinge nicht logisch erklären, aber daß Du Deine Welt als lebendig und fühlend erlebtest, war Dir anzusehen. Du schienst Dich einer lebendigen und fühlenden Welt verbunden zu fühlen.

Einmal sind wir an einem mondhellen Abend in unserer alten Klapperkiste nach Hause gefahren, Du vorn zwischen Mama und mir in Deinen Kindersitz geschnallt. Als der Mond eine Stromleitung kreuzte, hast Du gesagt: »Kuck mal, der Mond geht runter.« Es sah wirklich so aus, als würde er sinken. Als wir zu Hause ankamen, sagtest Du: »Kuck mal, der Mond ist mitgekommen.« Du warst so froh, daß der Mond mit uns gekommen war.

Und Du hast die große Eiche auf dem Gehsteig vor unserem Haus geliebt. Ihre mächtigen Äste ragten weit über den Gehsteig und die Straße. Stundenlang hast Du mit Deinen Puppen unter diesem Baum gespielt. Du fühltest Dich wie von einem Freund beschützt. Eines Tages kamen, während Du im Kindergarten warst, die Straßenarbeiter und schnitten die Eiche so stark zurück, daß sie fast überhaupt keine großen Äste mehr hatte. Sie wirkte wie tot. Als Du nach Hause kamst, hast Du sie fassungslos angestarrt und dann geweint und geschrien und warst nicht zu trösten: »Sie haben meinem Freund weh getan!«

Natürlich erfinden Kinder Geschichten, um sich die Dinge auf eine für sie verständliche Weise zurechtzulegen. Der Mond sank nicht wie ein in die Luft geworfener Stein. Er kam auch nicht mit wie beispielsweise Freunde, die in ihrem Wagen hinter uns herfahren. Trotzdem trafen Deine Gefühle irgendwie zu. Der Mond war irgendwie »mitgekommen«, denn er hatte uns gar nicht verlassen. Was Du eigentlich bekunden wolltest, war ein Gefühl für die Verläßlichkeit und Freundschaft des Mondes und der ganzen Welt.

Auch ich habe als kleiner Junge in einer Welt voller Gefühl und Bedeutung gelebt. Die Welt war magisch, aber nicht weil ich an den Nikolaus geglaubt hätte oder an Zauberstäbe, mit denen man Gänse in Feen verwandeln kann. Meine Mutter, Deine Oma, war Protestantin, und mein Vater, Opa, war Bauingenieur, Experte für Betonbau. Sie hielten es nicht für angebracht, Kinder zum Glauben an irgendwelche unsichtbaren Wesen zu erziehen. Nein, ich empfand meine Welt als magisch, weil sie Gefühl und Güte und Leben ausstrahlte. Und ich spürte, daß dieses Leben und Fühlen in der *Welt* war, nicht bloß in mir.

Mein Zimmer lag nach Westen, und aus dem Fenster blickte ich über ein Weizenfeld. Ich erinnere mich, wie meine Mutter mich einmal an einem Sommerabend ins Bett brachte, als ich ungefähr sechs Jahre alt war. Draußen stand im letzten Sonnenlicht glühend der reife Weizen, und ich empfand eine stille Liebe zu diesem Weizenfeld. Dieses Gefühl breitete sich in meinem ganzen Körper aus und war so klar, daß ich mich noch jetzt, nach fünfzig Jahren, sehr genau daran erinnere.

Zwischen sechs und zehn hatte alles in meiner Welt etwas Lebendiges und Glühendes für mich. Ich trieb mich gern in dem großen Garten hinter unserem Haus in England herum. Das war an manchen Stellen ein wirklich schöner Garten mit Rosen und Staudenbeeten oder auch schattigen Ecken, in denen nichts angepflanzt war. In anderen Teilen, in denen Kartoffeln und Karotten wuchsen, wirkte er dagegen eher nüchtern und praktisch – wie Montagmorgen. Montagmorgen war nämlich Waschtag, und meine Mutter und Großmutter hatten den ganzen Vormittag mit der Wäsche zu tun, unterstützt von einer komischen alten Bottichwaschmaschine, die unter Rumpeln und Geächze ihren Dienst versah.

Wenn ich jetzt in meiner Vorstellung durch diesen Garten gehe, weiß ich noch genau, wie jede Stelle, jede Ecke sich anfühlte. Die Lebendigkeit jeder Einzelheit hat sich nicht nur meinem visuellen Gedächtnis, sondern meinem ganzen Körper eingeprägt. Ich fühle, auch körperlich, die feuchte Kühle der Südostecke im Schatten des Zauns und des Hauses. Rhododendronbüsche wuchsen da, und es lag ein Hauch von Einsamkeit über diesem Ort. Ich fühle auch die erhöhte sonnige Stelle weiter unten an der Südseite, wo die Rosen standen und ein Teil mit Platten ausgelegt war für die Sonnenstühle. Nach Süden schloß sich das strahlend bunte Staudenbeet an, das etwas so Fröhliches hatte. Dann kam der große Gemüsegarten, eingefaßt mit Johannis- und Stachelbeerbüschen, die im Sommer üppig und einladend, im Winter dagegen trostlos und verloren wirkten. Und so war eins wie das andere, im ganzen Garten.

Tja, als ich dann größer wurde, mußte auch ich lernen, daß die Welt aus leblosem, geistlosem Stoff besteht. Das Gefühl der lebendigen Verbundenheit mit der Welt wurde verschüttet. Ich erfuhr, daß man in dieser Welt nur weiterkommt, wenn man aggressiv auf seinen Vorteil bedacht ist, denn die Welt »da draußen, ist ein Dschungel, in dem nur das Gesetz von Zähnen und Klauen zählt«. Ich vergaß, daß ich einen Körper habe. Oh, sicher, wenn jemand mich gefragt hätte: »Hast du einen Körper?«, dann hätte ich gesagt: »Sei nicht albern. Natürlich habe ich einen, siehst du doch.« Aber ich lebte doch so sehr in meinem Kopf, daß ich vergaß, meinen Körper zu fühlen, in ihm zu leben. Wenn wir sechs oder acht sind, fühlen wir unseren Körper jederzeit, und wir fühlen die Welt durch ihn. Es wird uns vielleicht erst viel später bewußt, wenn wir dieses Gefühl verloren und wiedergefunden haben. Und wenn wir es wiederfinden, kommen auch die verlorenen Erinnerungen zurück und mit ihnen das Gefühl einer lebendigen Welt.

Mit siebzehn verliebte ich mich in die Physik, nachdem ich *Der Weltenraum und seine Rätsel* gelesen hatte, ein in den dreißiger Jahren von Sir James Jeans, einem der großen Physiker jener Zeit, verfaßtes Buch. Jeans sagte, die Physiker des zwanzigsten Jahrhunderts erforschten nicht mehr bloß geistlose Materie, sondern »läsen« den Geist des Universums. Von ihm stammt der denkwürdige Satz, daß die Materie des Universums eher etwas von verdichtetem Denken als von totem Stoff hat. Als ich das las und darüber nachdachte, empfand ich für einen Augenblick wieder die staunende Freude eines Kindes in seiner Welt, ich fühlte die Welt als etwas Lebendiges, von dem Leben und Zuneigung zu mir hin ausstrahlten.

Ich erinnere mich an den Augenblick, in dem ich beim Lesen dieses Buchs die Quantentheorie entdeckte. Ich saß im Garten unter einem Apfelbaum, den ich besonders liebte. Es muß wohl im zeitigen Frühjahr gewesen sein, denn der Baum stand in voller Blüte, und als ich durch die Blüten hinauf in den blauen Himmel blickte, empfand ich wieder, nur für einen Augenblick, daß die Welt rings um mich her lebte und fühlte. Da fiel die Entscheidung, daß ich an der Universität Physik studieren wollte. Eine Zeitlang murmelte ich überall ständig »Quantentheorie, Quantentheorie« vor mich hin, was in den Augen der Mädchen vermutlich nicht gerade für mich sprach.

Meine Liebe zur Quantenphysik war eine Liebe zur Welt und der Wunsch, ihre Lebendigkeit wiederzufinden. Aber als ich dann an der Universität war, wurde ich nur enttäuscht und entmutigt und verlor meinen Weg. Mir wurde klar, daß die Physiker glaubten, die Physik habe bewiesen, daß es im Universum keinen Geist und kein Fühlen gibt. Sie suchten es dort nicht mehr, wie Jeans es getan hatte.

Immer noch auf der Suche nach der lebendigen Welt wandte ich mich der Molekularbiologie zu. Es war eine ungeheuer aufregende Zeit. Mit fast religiöser Inbrunst glaubten die Menschen, sie hätten entdeckt, daß das »Geheimnis des Lebens« nichts als Chemie sei. Vier weitere Jahre lang versuchte ich Leben in der Biologie zu finden, aber die lebendige Energie des Liebens und Fühlens schien sogar aus dem Studium des Lebendigen verbannt worden zu sein.

Jetzt fragte ich: »Was ist Bewußtsein?« Ich las eine Wagenladung spiritueller Bücher – Ramana Maharshi, Krishnamurti und so weiter. Zwar fand ich die Verheißung einer neuen Vision in diesen Büchern, aber gleichzeitig wurde ich immer wütender und verzweifelter: Diese Vision war offenbar tot und erledigt in der Welt, in der ich lebte. Ich glaube, daß ich, wenn ich so zurückschaue, am Rand einer tiefen Depression aus Selbsthaß und Welthaß stand. Ich glaube, daß auch viele Deiner Freunde, Vanessa, in derselben Verfassung sind. Bitte sag ihnen: »Gebt nicht auf.«

Dann geschah etwas Wunderbares. Ich stieß auf eine echte und lebendige spirituelle Tradition, und zwar in den Lehren G. I. Gurdjieffs. Gurdjieff war um 1877 in Rußland geboren worden. Als junger Mann verschwand er und bereiste Indien, Tibet und den Nahen Osten. Er machte sich »auf die Suche nach dem Wunderbaren«, nach dem, was alle Möglichkeiten des menschlichen Lebens nähren könnte. 1912 tauchte er wieder in Moskau auf und lehrte von da an zunächst in Rußland, dann in Frankreich und Amerika, sechsunddreißig Jahre lang. Er nannte seine Lehre den Vierten Weg oder den Weg des Haushälters, um ihn von religiösen Formen der spirituellen Schulung zu unterscheiden.

Die Begegnung mit Gurdjieffs Welt 1966 war ein Ereignis, das mein Leben veränderte. Ich schloß mich einer Gruppe an. Nach etwa einem Jahr nahm ich im Wohnzimmer eines der Mitglieder an einem Gruppentreffen teil – es war ein ganz gewöhnliches Wohnzimmer. Der Gruppenleiter sprach, und ich sah zu ihm hinüber. Plötzlich verwandelte sich das Zimmer. Der Raum dieses Zimmers wurde lebendig und klingend, und das Gesicht des Sprechers tanzte und leuchtete in diesem lebendigen Raum. Ich war in diesem Raum, und der Raum durchströmte mich mit einem Gefühl von stiller Freude und intensiver Lebendigkeit. Endlich, zum ersten Mal seit meiner Kindheit, fühlte ich wieder deutlich, daß unser gewöhnliches Leben eine zutiefst lebendige und erfüllte Seite hat. Während wir aufwachsen, lernen wir Schritt für Schritt, diese Realität zu leugnen und die kleinen Zeichen, die davon in unserem Leben zurückbleiben, zu ignorieren. Das war nichts Erdachtes, das man glauben kann oder nicht, sondern eine echte Entdeckung: etwas, das ich tief im Herzen und in meinem Körper fühlte.

1970 begegnete ich Chögyam Trungpa Rinpoche, einem jungen tibetischen Lama. Ihm war gegen Ende der fünfziger Jahre die Flucht aus Tibet gelungen; später ging er nach England, wo er an der Oxford University studierte. Hier lernte er fließend Englisch und fing schließlich an, Vorträge über den Buddhismus zu halten. Ein paar Jahre später wurde ihm klar, daß die Faszination des Exotischen, die von seinen Mönchsgewändern ausging, viele davon abhielt, die einfache Lehre des Buddhismus tatsächlich aufzunehmen. Also legte er seine Roben ab und kleidete sich von da an westlich. Er heiratete auch eine Engländerin. Ich begegnete ihm, als er gerade frisch verheiratet nach Amerika kam. Er gab ein Wochenendseminar mit dem Titel »Arbeit, Sex und Geld« – aus meditativer Sicht.

Schon bei unserer ersten Begegnung spürte ich, daß Rinpoche ständig in dieser tiefen Dimension lebte, die ich in der Gurdjieff-Gruppe entdeckt hatte. Dabei führte er aber zugleich ein ganz gewöhnliches Leben wie meine Freunde (unter denen viele Hippies waren) und ich; gleichzeitig hatte er sehr viel Sinn für die Komik des Lebens. Da wußte ich, daß die magische Seite des Lebens real und lebbar ist. Und die Lehren des tibetischen Buddhismus zeigten mir, wie ich die verlorene Heiligkeit des Lebens wiederfinden konnte: indem ich mich direkt und ohne Ausflucht meinem eigenen Geist, meiner eigenen Erfahrung zuwandte.

Unsere moderne Gesellschaft hat den Zugang zu dieser Dimension weitgehend verloren. Und doch erleben einzelne ihre Welt noch als ein Lebewesen. Zum Beispiel die Dichterin Kathleen Raine:

*Es gab Zeiten – oder soll ich sagen, es gab einen unvergeßlichen Augenblick –, da ich diese Welt als ein Lebewesen sah. Das war*

17

*ein ganz einfaches Ereignis, wie es jeden Tag und jedem ge-*
*schehen könnte. Ich saß allein in meinem Zimmer am Schreib-*
*tisch, auf dem in einer Glasvase eine Hyazinthe stand. Ich*
*dachte an nichts Besonderes ..., als sich vor meinen Augen*
*die Welt verwandelte. Die Hyazinthe erschien in einem Strom*
*lebendigen Lichts, das auf geheimnisvolle Weise nicht von mir*
*getrennt, sondern wie ein Teil meiner selbst war. Innen und*
*Außen waren ununterscheidbar eins. Ich weiß aber, daß ich*
*zugleich deutlicher und vollständiger sah, was wirklich da war.*
*Ich habe mich stets daran erinnert, wiewohl ich dergleichen nie*
*wieder erlebt habe. Doch einmal genügt, um für immer zu*
*wissen.*

In unserer modernen Welt halten wir uns an eine engstirnige, verzerrte Vorstellung von Wissenschaft, die uns die Geschichte von dem Stoff, aus dem die Welt ist, erzählen soll. Wir erwarten von dieser Pseudowissenschaft die »Wahrheit« über das, was wirklich und nicht wirklich ist. Vieles von dem, was Wissenschaftler sagen, ist nützlich und zutreffend. Sie beschreiben die Welt in ihren Geschichten nicht etwa vollkommen falsch; sie lassen nur so viel aus – die Heiligkeit, die Lebendigkeit, die Seele der Welt. Und wirklich beunruhigend ist es dann, wenn manche Wissenschaftler uns mit dem ganzen Gewicht ihrer Autorität erzählen, der ausgelassene Teil sei in Wirklichkeit gar nicht vorhanden.

Wie wir unsere Welt fühlen und erleben, hängt sehr davon ab, was wir von ihr glauben – von den Geschichten, die wir uns über sie erzählen. Wissenschaftler erzählen uns die Geschichten, die aus unserer Welt »die moderne Welt« machen. Falsch verstandene und falsch angewendete Wissenschaft, über Generationen hin, hat bei uns eine Art Gehirnwäsche bewirkt, so daß die meisten von uns schon mit siebzehn nicht mehr ihr Eingebundensein in eine von Leben erfüllte Welt empfinden können. Wir wissen nicht einmal mehr, daß es solch eine Welt überhaupt gibt. Wir geben es vielleicht nicht gern zu, aber die meisten fühlen sich wie abgeschnitten und hoffnungslos in einem Universum, das, wie wir glauben, sich selbst völlig gleichgültig ist und gegenüber seinen Teilen erst recht.

Aber ich will hier gleich am Anfang betonen, daß diese Briefe keinesfalls eine wissenschaftsfeindliche Haltung vertreten wollen. Die Wissenschaft wurde gegen die magische Welt ausgespielt, aber sie könnte ebensogut für sie sprechen. Das Problem liegt nicht in der Wissenschaft selbst, sondern darin, daß die Tote-Welt-Geschichte, in die Sprache der Wissenschaft gekleidet, stets im Interesse religiöser, kommerzieller, politischer und anderer Glaubenssysteme erzählt wurde. Man könnte nun sagen: »Gut, aber ich habe auf der Schule nicht viel Wissenschaft mitbekommen« oder »Den Physikunterricht auf der Schule fand ich einfach nur doof, also gilt das für mich nicht.« Aber unsere Konditionierung reicht viel tiefer und rührt nicht nur von unseren direkten Begegnungen mit Wissenschaft her. Sie beginnt mit allem, was wir von Geburt an sehen und berühren; sie setzt sich fort in allem, was wir hören, sobald wir sprechen können, und schließlich dann in allem, was wir lesen. Die tote Welt ist in uns allen. Wir alle, ob wir es wissen oder nicht, sehen die Welt von Kindesbeinen an unter dem Gesichtspunkt dessen, was die Wissenschaft erzählt. Wenn wir das nicht erkennen und im Innersten spüren, werden wir die Erzählungen der Wissenschaft ohne zu fragen für bare Münze nehmen und danach leben. Und dann ist sie ganz besonders gefährlich.

Die Menschen anderer Gesellschaften erzählen sich ganz andere Geschichten von der Welt als wir. Sie nehmen die Welt offenbar auch anders wahr, nämlich so, wie es in ihren Geschichten steht.

Die unterschiedlichen Geschichten sind das, was die Gesellschaften so verschieden macht. Worin besteht der Unterschied zwischen in Japan geborenen und aufgewachsenen Japanern und Amerikanern japanischer Herkunft? Natürlich spielen hier viele Faktoren eine Rolle, aber die Geschichten, die sie als Kinder und Jugendliche unbewußt in sich aufgenommen haben, sind ein ganz entscheidender Faktor. Eine unter Navajos aufgewachsene Navajofrau unterscheidet sich ganz erheblich von einer Frau gleicher Herkunft, die in der Stadt aufgewachsen ist: Sie bekamen als Kinder nicht die gleichen Geschichten erzählt.

Die Geschichten, die uns als Kinder erzählt werden, sagen uns, was wir in der Welt als *real* zu erleben haben. Wir denken gern, unser Realitätsverständnis beruhe auf dem, was wir sehen und hören. Doch das stimmt nur teilweise. Das Gegenteil ist genauso wahr: Was wir sehen und hören ist bestimmt durch das, was wir für real halten.

Um zu zeigen, was ich meine, will ich Dir ein paar Beispiele geben. Charles Darwin, dem die Formulierung der Evolutionstheorie zugeschrieben wird, umsegelte auf einem großen Schiff, der *Beagle,* die ganze Welt. Während dieser Reise machte er sehr viele Beobachtungen; zum Beispiel legte er genaue Aufzeichnungen über die verschiedenen Finken-Arten auf den Galapagos-Inseln an. Er war ein sehr scharfer, sehr genauer Beobachter. Es gab etwas, was ihn ganz besonders erstaunte: Wenn die *Beagle* weit draußen vor Anker lag, konnten die Inselbewohner das Schiff nicht »sehen«, auch dann nicht, wenn man es ihnen direkt zeigte. Die kleinen Ruderboote, die zwischen der *Beagle* und der Insel pendelten, nahmen sie ohne weiteres wahr; diese Boote waren wohl ungefähr so groß wie die Kanus der Eingeborenen. Aber sie waren außerstande, weit draußen etwas zu sehen, was sie als Wasserfahrzeug hätten erkennen können. Sie glaubten nicht, daß ein Schiff so groß sein könne, also sahen sie es nicht.

Noch ein Beispiel, wie Menschen etwas nicht sehen können, woran sie nicht glauben. Vor Jahren hat Jerome Bruner, ein Psychologe der Harvard University, Experimente zur Psychologie der Wahrnehmung durchgeführt. Bei einem dieser Experimente sollten die Studenten durch eine Röhre schauen, an deren Ende Bilder von Spielkarten aufblitzten (mit Hilfe einer Apparatur, die Tachistoskop genannt wird). Es wurden zwei Serien gezeigt, eine mit normalen Spielkarten, eine mit vertauschten Farben; im letzteren Fall waren also Herz und Karo schwarz statt rot und Pik und Kreuz rot statt schwarz. Es fiel den Studenten viel schwerer, die farbverkehrten Karten zu erkennen, und manchmal setzten sie zu umständlichen Erklärungen an, um das, was sie sahen, umzudeuten und ins normale Schema einzupassen. Ein Student sagte von einer roten Pik Sechs, sie sei schwarz, aber das Licht im Tachistoskop sei irgendwie rötlich. Diese Grundtatsache ist auch in vielen anderen Experimenten gezeigt worden: Dinge, an die wir nicht glauben oder die wir nicht erwarten, sehen wir normalerweise nicht.

Und unsere Erwartung färbt auch die Art und Weise unseres Sehens (Hörens, Riechens und so weiter). Betrachte beispielsweise die beiden Bilder auf der nächsten Seite. Das untere ist eine Strichzeichnung nach dem Bild, das van Gogh von seinem Zimmer in Arles gemalt hat. Das obere Bild zeigt dasselbe Zimmer mit »korrekten« Fluchtlinien. Wenn ich Dich fragte, welches Bild dieses Zimmer genauer darstellt, wirst Du zuerst vermutlich sagen: »Das obere.« Aber das untere zeigt, wie van Gogh das Zimmer wirklich *sah*.

Wenn Du das Zimmer betrachtest, in dem Du eben jetzt sitzt, wirst Du es vermutlich so sehen, als gäbe es hier Fluchtlinien, also in korrekter Perspektive wie auf dem oberen Bild. Aber wenn Du Deinen Blick weicher machst und Deine augenblickliche Umgebung so zu sehen versuchst wie auf dem unteren Bild, wenn Du Dir vorstellst, daß es möglich ist – vielleicht geht es dann wirklich. Früher hat man gedacht, van Gogh sei wahnsinnig gewesen, aber heute wird uns klar, daß er die Welt vermutlich nur ohne die Filter gesehen hat, durch die wir sie betrachten – in diesem Fall durch den Filter der »korrekten Perspektive«. Vielleicht sind seine Bilder deshalb so lebendig und voller Bewegung. Die Farben sind so klar, die Linien so voll, und sie fließen in Bögen und Wirbeln, als hätte er eine Welt voller Leben und Energie gesehen. Er fühlte die Welt wahrhaft, und er sprach auch darüber: »Die Natur, die wir sehen, und die Natur, welche wir fühlen, die dort draußen und die hier

*Abb. 1*

drinnen, müssen einander durchdringen, um bestehen, um leben zu können.« Aber wenn wir die Welt nur entlang von Fluchtlinien sehen, fühlt sie sich flach und tot an.

Das erinnert mich an eine Anekdote, die von Picasso erzählt wird. Einmal wurde er von einem Mann gefragt: »Warum malen Sie die Menschen nicht so, wie sie *wirklich* sind?«

Picasso fragte: »Wie sind sie denn *wirklich*?«

Der Mann holte ein Foto von seiner Frau heraus und sagte: »Na, so.«

Picasso sagte: »Furchtbar klein und flach, oder?«

Die Menschen im Westen haben die Welt nicht immer wie durch ein Raster von Geraden gesehen. Diese Art des Sehens wurde erst im fünfzehnten Jahrhundert durch den italienischen Architekten Filippo Brunelleschi eingeführt. Ältere Bilder haben noch keine Perspektive, und auf ihnen wirken die Menschen manchmal wie an einer Wand flachgedrückt. Du hast vielleicht schon mittelalterliche Gemälde dieser Art gesehen. Brunelleschi stellte fest, daß er Szenen lebensnaher zeichnen konnte, wenn er Fluchtlinien zwischen sich selbst und der Szene dachte. Er zeichnete die Linien wirklich aufs Papier und konnte so den Eindruck von Tiefe erzielen, indem er Gegenstände und Personen in den von den Linien vorgegebenen Größenverhältnissen abbildete.

Die Fluchtlinienbetrachtung der Welt wurde eine regelrechte Mode. Jeder wollte jetzt so malen, und auch die Gebäude wurden immer gerader. Wo man die Straßen früher in Kurven durchs Dorf geführt hatte, weil das einen besseren Windschutz ergab, entstanden jetzt Ortschaften mit schnurgeraden Verkehrsschneisen. Heute sind wir an diese Art des Sehens so sehr gewöhnt, daß wir sie für »natürlich« halten. Aber in der Natur gibt es kaum gerade Linien. Hast Du mal beobachtet, wie unsere Haustiere, Sernyi und Peter, über den Rasen gehen? Sie haben zwischen den Terrassenstufen und dem See so etwas wie einen Wildwechsel ausgetreten, und der verläuft alles andere als gerade.

In späteren Briefen werde ich häufig noch darauf zurückkommen, wie vorgefaßte Anschauungen ständig die Welt hervorbringen, die wir wahrnehmen. Das ist ein allgegenwärtiges Prinzip, schwer zu durchschauen und schwer zu überwinden. Im nächsten Brief möchte ich Dir jedoch zunächst ein paar Beispiele für andere Geschichten geben, von anderen Welten, in denen Menschen auch leben können.

## 2. Brief
### Geschichten mit Gefühl, Geschichten mit Seele

*Liebe Vanessa,*
wie ich gestern versprochen habe, möchte ich im heutigen Brief etwas über die vielen Gesellschaften schreiben, in denen die Erfahrung der magischen Welt nicht verlorenging. Und ich möchte mit einer gar nicht so fernen Welt beginnen, mit dem mittelalterlichen Europa.

Das mittelalterliche Universum war von lebendigen und fühlenden Wesen aller Art bevölkert – von den Pflanzen und Tieren über Menschen, Geister und Engel bis hinauf zum Geist des einen Gottes der Christenheit oder bis hinunter zum Geist des Teufels. Jedes nur erdenkliche Wesen, so glaubten die Menschen, mußte aufgrund der unendlichen Großzügigkeit des Schöpfers existieren. Diese Große Kette des Seins oder der Wesen reichte vom Teufel und seinen Bediensteten über das Pflanzen- und Tierreich (zu dem auch die Frauen gehörten!) bis zum Menschen (also eigentlich zum Mann) und über ihn hinaus bis zu den Engeln und zu Gott.

Der eine Gott war in der Höhe, außerhalb seiner Schöpfung, aber sein Geist war in allen Wesen lebendig. Die christliche Kirche übernahm also das heidnische Empfinden, daß Gott sich der Welt der Phänomene aufprägt und sich in ihr bekundet. Engel waren damals noch nicht diese etwas dicklichen Kleinkinder mit Flügeln, wie man sie heute sieht, und auch nicht bloße Beschützer, die den Menschen nach Bedarf zur Seite stehen, sondern machtvolle, furchteinflößende Wesen, die dem »allmächtigen« Gott näher standen als die Menschen. Manche waren ursprünglich heidnische Gottheiten, die die Kirche sich aneignete, um den Menschen ein Gefühl von Kontinuität zu geben.

Was im Himmelreich war, spiegelte sich auf Erden wider. Daher der bekannte Satz »Wie oben, so auch unten«. Deshalb verstand man damals unter »Divination« oder Weissagung die Fähigkeit, das Göttliche hinter allen Erscheinungen zu erkennen. Es wurde noch nicht wie heute zwischen psychisch und physisch oder innen und außen oder wörtlich und symbolisch unterschieden. Es herrschte ein Gefühl der Zugehörigkeit, der Verbundenheit aller Phänomene.

Und neben dem katholischen Glauben und seinen Dogmen bestanden komplizierte Systeme der Astrologie, Alchimie und Magie. Alle diese Traditionen hatten kontemplative Anteile, die das Studium von Sympathiebeziehungen oder Resonanzen einschlossen. Die, die diese spirituellen Traditionen lebten, lernten die Resonanzen zwischen den verschiedenen Ebenen der Schöpfung zu fühlen, etwa zwischen dem Sonnensystem und Teilen des menschlichen Körpers oder auch zwischen den verschiedenen Metallen und Pflanzen. Sie glaubten, daß sie durch die Kontemplation der in der Natur erkennbaren Verbindungen intuitiv die Verbindungen auf anderen Ebenen erfassen konnten.

Für den heutigen Wissenschaftler sieht es so aus, als hätten die Alchimisten untersucht, wie sich die verschiedenen Metalle und andere Elemente wie etwa Schwefel verbinden. Das waren, so wird uns gesagt, ganz einfach die Anfänge der Chemie. Doch tatsächlich ging es den Alchimisten auch darum, wie die verschiedenen Elemente der Persönlichkeit, die Metallen und anderen chemischen Elementen entsprachen, sich verbinden. Bei der Arbeit mit den Elementen glaubten die Alchimisten auch, daß sie ihre eigene geistige Natur verwandelten.

Anscheinend waren den Menschen des Mittelalters Bewußtseinsbereiche zugänglich, von denen heutige Wissenschaftler und unsere Kultur im allgemeinen nichts mehr wissen. Manche Autoren sprechen hier vom partizipierenden oder teilnehmenden

Bewußtsein, und damit ist echte Erkenntnis durch Einswerden des Subjekts (des Ich) mit seinem Gegenstand gemeint.

Heute glauben wir, daß wir über einen Gegenstand nur dadurch etwas in Erfahrung bringen können, indem wir ihn als etwas von uns Getrenntes untersuchen. Beim partizipierenden Bewußtsein geht es aber gerade darum, daß der Mensch an einem Gegenstand *teilhat*. Er weiß um die Übereinstimmungen und Entsprechungen zwischen allen Dingen, und er fühlt die Sympathie- und Antipathiebeziehungen zwischen ihnen. So sahen und praktizierten es die Alchimisten, die keinen Unterschied zwischen geistigen und materiellen Vorgängen anerkannten. Der Historiker Morris Berman schreibt: »Es ist nicht nur so, daß sich die Menschen jener Zeit die Materie als mit Geist begabt vorstellten, nein, die Materie besaß damals tatsächlich Geist.« Und er fragt: »Was ist hier der *veränderte* Bewußtseinszustand? Warum ist die heutige Anschauung leichter zu glauben?«

Die Menschen nahmen Dinge in ihrer Welt wahr, die wir heute schlichtweg nicht mehr kennen. Die mittelalterliche Welt war tatsächlich magisch, sie war verzaubert. Die Leute vermochten neben den gewöhnlichen Menschen noch alle möglichen anderen Wesen zu sehen – Engel, Gespenster, Feen, Naturgeister. Sie glaubten nicht nur an diese Wesen, sondern sahen sie tatsächlich oder meinten das zumindest. Es gibt viele Berichte von Begegnungen zwischen Menschen und Engeln oder Dämonen und Feen, und sie sind so nüchtern abgefaßt, daß wir keinen Grund haben, sie für bewußte Fälschungen zu halten.

Die Historikerin Carolly Erickson beispielsweise berichtet von einem Mönch des Klosters Byland in Yorkshire, der etliche in dieser Gegend vorgekommene Begegnungen zwischen Menschen und Bewohnern anderer Bereiche aufzeichnete. »In einer dieser Geschichten«, schreibt sie, »geht es um einen Schneider namens Snowball, der einem Geist begegnete und dadurch samt seinen Nachbarn und der örtlichen Geistlichkeit in eine längere Auseinandersetzung mit dem Körperlosen hineingezogen wurde.«

Sie erzählt weiter: »Eines Abends auf dem Heimritt umflatterte ein Rabe Snowballs Kopf und fiel dann wie sterbend zu Boden. Als dem Tier Funken aus den Seiten stoben, wußte Snowball, daß er es hier mit einem Geist zu tun hatte. Er bekreuzigte sich in Gottes Namen, damit ihm kein Schaden geschehe.« Er wurde noch zweimal von dem Geist angegriffen, bevor er sich entschloß, ihn zu fragen, was er wolle. Anscheinend war dieser Geist in irgendeinem sehr unerfreulichen Bereich gefangen, weil er in seinem Leben als Mensch etwas Böses getan hatte. Jetzt brauchte er einen Priester, der ihm die Absolution erteilte. Er traf eine Abmachung mit Snowball, der daraufhin für einige Tage krank wurde und dann den Priester holen ging. Der Geist konnte schließlich erlöst werden, und zum Dank sagte er Snowball die Zukunft voraus. Erickson zieht aus solchen Berichten folgenden Schluß:

*Hinter der Wahrnehmung mittelalterlicher Menschen stand ein umfassendes Bewußtsein von simultanen Wirklichkeiten ... Es bestand ein Wahrnehmungsklima, in dem unkörperliche Wesen für den Klerus wie fürs Volk eine nicht nur vertraute, sondern in gewissem Umfang auch handhabbare Erscheinung darstellten. Überall waren über das normale Sehen hinaus ungewöhnliche Erscheinungen wahrzunehmen – ungewöhnliche Naturereignisse, Omen, Traumbotschaften der Verstorbenen, göttliche und höllische Warnungen, Erleuchtungen, Zukunftsvisionen ... Das Mittelalter verstehen heißt sich einer Bewußtseinsqualität anzunähern, die unsere moderne Bildung gerade diskreditieren möchte. Das Visionäre, für den rationalistischen Historiker peinlich und beunruhigend, war im Mittelalter keine Verirrung, sondern Gemeingut, nicht außerweltlich, sondern natürlich, eine Selbstverständlichkeit.*

Und die Begegnung mit unkörperlichen Wesen ist nicht einfach eine Sache der grauen Vergangenheit. W. Y. Evans-Wentz war Anthropologe und Religionswissenschaftler und einer der ersten, die Texte des tibetischen Buddhismus übersetzten. Zu Anfang unseres Jahrhunderts verbrachte er zwei Jahre in Irland, Schottland und Wales und sprach mit alten Leuten, die noch Feen sehen und hören konnten. Diese Feen hatten wenig mit den niedlichen kleinen Wesen gemein, die man in heutigen Kinderbüchern sieht. Sie hatten die Größe von Menschen und sahen auch Menschen ähnlich, nur waren sie durchscheinend und leuchteten und trugen Kleider einer vergangenen Zeit. Man beobachtete sie bei allen möglichen Gelegenheiten – bei Prozessionen und Riten, bei der Jagd oder auch wenn sie Menschen halfen. Und sie wurden nicht nur von einigen wenigen gesehen, sondern von vielen.

Als Evans-Wentz einen älteren Mann auf der Isle of Man fragte, weshalb die jüngeren Leute diese Wesen nicht mehr sähen, erhielt er zur Antwort: »Bevor die Bildung auf diese Insel kam, konnten viele die Feen sehen; jetzt sind es nur noch ganz wenige.« Die schulische Erziehung wird den Menschen wohl gesagt haben, daß es Feen nicht gibt; und wenn Kindern das Sehen von Feen verboten wird, verlieren sie auch bald die Fähigkeit dazu.

Trotzdem gibt es immer noch überraschend viele Begegnungen mit solchen »Märchenwesen«, manche erschreckend, manche wohlwollend. Katharine Briggs beispielsweise, eine bekannte britische Folkloristin, bekam von einer Freundin folgende Geschichte erzählt. Ihre Freundin hatte sich den Fuß verstaucht und saß im Londoner Regent's Park auf einer Bank. Während sie überlegte, woher sie die Kraft nehmen sollte, nach Hause zu humpeln, sah sie plötzlich ein winziges, grün gekleidetes Männchen vor sich, das sie freundlich anblickte und dann sagte: »Geh nur heim. Wir versprechen dir, daß dein Fuß dich heute nacht nicht plagen wird.« Dann verschwand es. Und auch der heftige Schmerz in ihrem Fuß war weg. Sie konnte mühelos nach Hause gehen und schlief in der Nacht ohne Schmerzen.

Vor ein paar Jahren habe ich in Frankreich in einem zum Zen-Zentrum umgebauten alten Château unterrichtet. Das war eine sehr intensive Zeit, denn dort wurde nicht nur geredet, sondern wir haben auch meditiert und die »Götter« eingeladen, sich zu uns zu gesellen. Eine junge deutsche Teilnehmerin fing nach der Hälfte des Kurses an, einen in grüne mittelalterliche Tracht gekleideten Mann vor dem Fenster zu sehen. Sie wußte, daß das kein Mensch sein konnte, und bekam Angst. Sie sagte, sie habe solche Wesen als Kind gesehen, diese Gabe dann aber unterdrückt und seit zwanzig Jahren nichts dergleichen mehr wahrgenommen. Ich redete ihr zu, keine Angst zu haben, sondern den Herrn zu fragen, was er wolle. Gegen Ende des Kurses erzählte sie, er habe ihr gesagt, er sei der Beschützer des Landes und des Châteaus. Er sehe nur immer wieder mal nach dem Rechten, um sich zu vergewissern, ob wir Zen-Leute das Land auch achtungsvoll behandelten.

Ähnlich wie die Welt des mittelalterlichen Europas ist auch die Navajo-Welt von einer subtilen Lebendigkeit und Kraft durchdrungen. Die Navajo sprechen von den Heiligen Leuten, *diyin dine'e,* die das lebendige Herz aller Menschen, Tiere, Pflanzen und unbelebten Dinge sind. Jedes sichtbare Ding hat seine unsichtbare Seite, sein *diyin dine'e.* Und so gibt es Berg-Leute, Sternen-Leute, Fluß-Leute, Regen-Leute, Maus-Leute und so weiter. Alle in der Natur vorkommenden Dinge wie Berge, Mesas, Cañons, Höhlen, Felsen, Flüsse, sogar die Witterungsbedingungen und das Licht sind Wohnstätten der Heiligen Leute.

»Ich habe als Kind gelernt, daß sie die Seele der Dinge sind«, sagt der Navajo-Künstler Baje Whitethorne von den Heiligen Leuten, »die Seele aller Dinge, aller lebendigen Dinge. So wie Gott die Seele aller Dinge sein muß, weil er ja überall ist, so sind sie es in der Navajo-Tradition, in unserer Religion. Sie sind die Seele der Dinge ... Sie waren in den Steinen oder in den Bäumen, eigentlich so gut wie überall.«

»Wenn ich früh morgens nach draußen gehe«, sagt Kalley Musial, ein Navajo-Töpfer, »bete ich zum Wind, zum Neusein des Lebens; nicht zu irgendwem Bestimmten, sondern zu den Vögeln, den Pflanzen, einfach zum Leben überhaupt. Ich bete zum Morgengrauen, das ja das Erwachen des Lebens ist – für die Pflanzen, für die Vögel, für uns.

Wenn ich mittags bete, bete ich zur Sonne, die uns Wärme und Leben und Wachstum schenkt. Wenn ich abends bete, bete ich wieder zum Wind, zu allem um mich her, zur Luft, zu dem, was der Abend bringt. Wir beten zu allen, zu allem. So als wäre Gott da draußen, die Essenz von Leben, Luft, Regen, allem.«

In mancher Hinsicht sind die Heiligen Leute den Navajo sehr ähnlich. Sie sehen wie Menschen aus und leben auch ungefähr so wie die Navajo. Aber sie haben keinen Körper aus Materie. Ihr Körper ist mehr wie Wind oder Licht oder, wie die Navajo sagen, Heiliger Wind.

*Wind* ist das Symbol der universalen Lebensenergie, die in allen Dingen ist und ihre Lebendigkeit ausmacht. Diese Energien sind normalerweise nicht zu sehen, sondern nur an ihren Wirkungen zu erkennen, wie ja auch der normale Wind nicht direkt, sondern nur an den Bewegungen der Äste oder der Wolken sichtbar wird. Am Menschen bezeichnet man den subtilen, normalerweise nicht sichtbaren Wind als Inneren Wind. Die Heiligen Winde aller Einzeldinge sind eigentlich nichts Getrenntes. Sie sind alle Teil des Einen Windes, und die lebendige Energie des Windes durchströmt jeden noch so fest erscheinenden Gegenstand.

Peter Gold schreibt in seinem Buch über die heilige Weisheit der Navajo und der Tibeter: »Der Heilige Wind ist eine glitzernde, pulsierende, atmende Verschmelzung aller belebenden Energien eines lebendigen Kosmos. Er ist die Kraft hinter dem Universalen Geist, die alle Elemente und Phänomene des Kosmos durchdringt.« Zusammen erzeugen der Heilige Wind und der Universale Geist einen Seinszustand, der *ho'zho* genannt wird. Dieses Wort wird meist mit »Schönheit« übersetzt, bedeutet aber auch Harmonie, Glück, Gesundheit, Ausgewogenheit.

Der Unterschied zwischen den Heiligen Leuten und uns besteht darin, daß die Heiligen Leute gänzlich in diesem Ho'zho-Zustand leben, sie sind völlig eins mit den Kräften und Rhythmen und der ganzen Ordnung des Kosmos. Auch wir können bei aller Unvollkommenheit den Ho'zho-Zustand erreichen, weil wir aus demselben Stoff sind wie die Heiligen Leute. Wir sind Emanationen der alles durchdringenden Einheit und Kraft des Ho'zho.

Für einen traditionellen Navajo kommt es vor allem anderen darauf an, gemäß dem Ho'zho-Prinzip von Ausgewogenheit, Frieden und Schönheit zu leben. Das ist das Ziel des alltäglichen Handelns und der Gebete. So sagt der Navajo-Künstler Jimmy Toddy: »Jedes Gebet fängst du an mit ›Schönheit vor mir, Schönheit um mich her, Schönheit auf meinem Weg‹. Ho'zho – so geht das Gebet. Jedes Gebet sprichst du damit – Schönheit, Schönheit.«

Die Shinto-Religion Japans ist der Weg der *kami*, meist mit »Götter« übersetzt. Aber Shinto ist eigentlich eine Lebensweise, wie der japanische Shinto-Experte Sokyo Ono sagt, »ein Amalgam aus Einstellungen, Ideen und Vorgehensweisen, die im Laufe von mindestens zwei Jahrtausenden tiefe Wurzeln im japanischen Volk geschlagen haben«. Kami ist für ihn ein Ehrentitel für edle, heilige Geister. Es schwingt etwas von Achtung, Liebe und Ehrfurcht darin mit. »Alle Wesen haben solch einen Geist«, sagt er, »und das heißt, daß man in gewissem Sinne alle Wesen als Kami oder potentielle Kami ansehen kann.«

In der Shinto-Welt gibt es wie bei den Navajo keinen allmächtigen Gott als Schöpfer von allem und als Herrscher über alles. Die Welt ist selbsterschaffen, und zu dieser Selbstschöpfung kommt es, weil die Kami – indem jeder seine besondere Aufgabe erfüllt – harmonisch zusammenwirken. Die Kami sind gegenwärtig in Wachstum, Fruchtbarkeit und Produktion, in Naturerscheinungen wie Wind und Donner, in der Sonne, in Bergen, Flüssen, Bäumen und Felsen und in manchen Tieren. Kami sind die Hüter des Landes und die Herz-Energien der Berufe und Fertigkeiten. Sie sind die Geister der Ahnen, der Nationalhelden, der Menschen, die Großes vollbracht haben oder von außergewöhnlicher Tugend sind, und all jener Menschen, die etwas für Zivilisation und Kultur und das Wohl der Menschen getan haben.

Wie erfahren die Japaner ihre Kami? Sokyo Ono schreibt: »Die Japaner selbst haben keine klaren Vorstellungen, was die Kami angeht. Sie wissen auf einer tiefen Ebene ihres Bewußtseins intuitiv um die Kami und kommunizieren direkt mit ihnen, ohne sich eine begriffliche oder theologische Vorstellung von ihnen gemacht zu haben. Das ist seiner Natur nach und grundsätzlich vage und daher nicht explizit und klar darzulegen.«

Dazu paßt eine Geschichte, die der Mythologe Joseph Campbell erzählt. Er nahm an einer Konferenz über Religion in Japan teil und hörte während dieser Konferenz, wie ein Sozialphilosoph aus New York zu einem Shinto-Priester sagte: »Wir haben jetzt eine ganze Menge Zeremonien erlebt und etliche Kami-Schreine besucht, aber Ihre Ideologie, Ihre Theologie, verstehe ich immer noch nicht.« Der Japaner hielt wie gedankenversunken inne, wiegte dann bedächtig den Kopf und sagte: »Ich glaube, wir haben keine Ideologie, wir haben keine Theologie – wir tanzen.«

In Japan findet man auf dem Land allenthalben kleine Kami-Schreine, als deren Standorte stets Kraftpunkte ausgewählt werden. Jeder Garten, jedes Haus hat mindestens einen Schrein, der den Kraftpunkt markiert. Solch ein Schrein muß nicht aufwendig sein; ein Seil oder eine Gruppe von Steinen, die ein Stück Boden abgrenzen, können genügen. Es kann auch ein kleines hölzernes Häuschen sein mit einer Öffnung, in die man frische Blumen stellen kann

Die meisten alten Japaner achten die Kami noch, und zwar unabhängig davon, ob sie Buddhisten oder Christen oder Shintoisten sind oder gar keiner Religion angehören. Sie spüren die Gegenwart der Kami und wissen, daß man mit ihnen kommunizieren muß, um den richtigen Fluß der Energie in ihrer Welt zu erhalten. Selbst beim Bau eines Bankgebäudes wird man vor dem Beginn der Arbeiten die für diesen Anlaß vorgesehenen Zeremonien ausführen, um den Kami dieses Ortes die gebührende Achtung zu erweisen. Im Verlauf der Bauarbeiten folgen weitere Zeremonien, die die Energie und Kraft der Kami auf diese Stelle lenken sollen.

Die vorbuddhistischen Traditionen Tibets kannten Energiewesen, die *drala* genannt wurden und offenbar den japanischen Kami, den Heiligen Leuten der Navajo und den heidnischen Gottheiten und Feen des mittelalterlichen Europa sehr ähnlich sind. Drala bedeutet wörtlich »über dem Feind«. Trungpa Rinpoche schreibt in einem seiner Bücher dazu: »Drala ist die unbedingte Weisheit und Macht der Welt, die jenseits aller Dualismen ist; Drala steht über jedem Feind oder Konflikt.« In diesem Sinne meint Feind jede Form von Aggression oder Territorialdenken – alles, was unsere Welt in getrennte, einander bekämpfende Parteien aufteilt. Die Drala-Energien schaffen Harmonie zwischen den Teilen unserer Welt und heilen ihre Zersplitterung. Ich werde den Begriff »Drala« häufiger verwenden, weil er für uns neu und daher noch nicht mit Vorstellungen wie »Gottheiten«, »Feen«, »Engel« und so weiter befrachtet ist.

Chögyam Trungpa Rinpoche glaubte, daß die westliche Welt zwar im Laufe der Zeit zu großem Wohlstand gelangt war, daß aber ein Großteil der Vitalität des Landes durch industrielle Produktion, Ausbeutung der Bodenschätze und so weiter verlorengegangen ist. Und deshalb haben sich die Dralas zurückgezogen. Damit diese Vitalität wiederhergestellt und eine ungesunde Situation geheilt werden kann, lehrte er im Westen den Shambhala-Pfad der heiligen Kriegerschaft, der den Menschen ermöglichen sollte, ihre ursprüngliche Herzensweisheit wieder mit der Energie und Kraft der Dralas zu verbinden. Diese Praktiken, sagte er, können Licht und Würde in die stoffliche Welt und unseren Körper zurückbringen, Überzeugungskraft in unsere Rede und schließlich Mut und die Kraft des Herzens in unseren Geist. Er betonte auch, daß wir tatsächlich Kontakt zu den Dralas aufnehmen können, daß sie nicht bloß eine nette, tröstliche Vorstellung sind. Aber zu diesem Kontakt kommt es nur, wenn wir praktisch daran arbeiten und nicht bloß darüber reden.

In all diesen Lebensformen – im mittelalterlichen Europa, bei den Navajo, in Japan und Tibet – erleben die Menschen ihre Welt offenbar in vielen Dimensionen. Hier der Bereich der materiellen Wirklichkeit, dort die Regionen der Götter, Geister, Ahnen und Engel. Das sind einfach verschiedene Arten, dieselbe Welt wahrzunehmen.

So berichtet Carolly Erickson beispielsweise von einem Manuskript aus dem dreizehnten Jahrhundert, in dem von drei Mönchen erzählt wird, die zusammen den Ort finden wollten, »an dem Himmel und Erde sich vereinigen«. In zutreffenden geographischen Einzelheiten wird berichtet, wie sie den Tigris überqueren, Persien (den heutigen Iran) durchwandern und schließlich die weiten Ebenen Asiens erreichen. Unterwegs begegnet ihnen allerlei Merkwürdiges: ein Volk von kaum zwei Fuß großen Menschen, eine öde Berggegend voller Drachen, ein von Elefanten bevölkertes Gebirge, ein Ort, an dem Sünder furchtbare Qualen zu erdulden haben, und so weiter. Erickson schreibt:

*Der Bericht von der Wanderung der Mönche findet sich in einem eigentlich der Geographie gewidmeten Manuskript, das aber etliche Dimensionen der Wirklichkeit zu einer einzigen bruchlosen Landschaft verschmilzt. Es fließt auch eine spirituelle Geographie mit ein . . ., die einfach als ein Teil der terrestrischen Geographie behandelt wird.*

*Die vielgestaltige Wirklichkeit als Hintergrund für die Reise der Mönche ist eine Art verzauberte Welt, in der die Grenzen zwischen Imagination und äußerer Tatsachenbeschreibung ständig wechseln. Mal werden die beobachtbaren Grenzen von Raum und Zeit anerkannt, mal werden sie ignoriert oder, anders betrachtet, transzendiert. Die ständige Ausweitung und Einengung des Wahrnehmungsfeldes geschieht jedoch so selbstverständlich, daß mittelalterliche Autoren sie gar nicht bemerken und daher auch keinen Anlaß sehen, Unstimmigkeiten zu bereinigen.*

Auch das Universum der australischen Aborigines hat zwei Seiten: die gewöhnliche physikalische Welt, in der man seinen Alltag lebt, und eine zweite Welt, die Traumzeit genannt wird. Sie sehen aber beide Welten als gleichermaßen real an. Die Götter der Aborigines, die auch ihre Ahnen sind, wandern genau jetzt durch das Land und singen Geschichten. Dieses Land, das sonst leer und tot wäre, wird Augenblick für Augenblick durch das Erzählen und Wiedererzählen der Geschichten zum Leben erweckt. Die Geschichten lassen die Berge und Täler und Felsen und Tümpel entstehen. Die Songlines eines Ahnen, auch Traumpfad genannt, sind der Weg, den er bei der Erschaffung des Landes geht.

Für traditionelle Aborigines ist es wichtig, die Regeln des Träumens zu erlernen und nach ihnen zu leben. Sie werden nach und nach in immer tiefere Schichten der Deutung ihrer Lieder und Geschichten eingeführt. Und je mehr sie lernen, desto mehr vermögen sie dem Land selbst anzusehen. Das Land selbst ist ihr Lehrbuch. In den Geschichten des Landes verbirgt sich alles, was man über die Dimensionen des Daseins wissen muß. Die Geheimnisse des Landes enthalten alles Wissenswerte.

Die Lieder und Traumpfade sind deshalb so wichtig, weil sie die Wirklichkeit nicht nur beschreiben, sondern gleichzeitig die Kräfte sind, die diese Wirklichkeit in Gang halten. Sie sind die kosmischen Rhythmen und Melodien, die der alltäglichen Welt ihre Gestalt geben. Sie sind nicht von Menschen komponiert, denn dann hätten sie nicht die Kraft, die äußere Welt zusammenzuhalten und mit der Traumzeit zu verknüpfen. Die Lieder kommen von den Ahnen. Sie werden von Generation zu Generation weitergegeben und durch Träume ständig erneuert. Wenn ein Aborigine einen Traumpfad geht und das dazugehörige Lied singt, wird er ein Teil jenes Ahnen und damit zum Mitschöpfer des Landes. Ein Navajo würde vielleicht sagen: »Er geht in *ho'zho*.«

Für viele traditionelle Völker lebt das Land auf diese Weise, zugleich enthält es die Weisheit der Ahnen. Der als Cree-Indianer geborene Autor und Universitätsprofessor Stanley Wilson berichtet von einem Erlebnis, das er während einer Konferenz in Georgia hatte. Er stand auf dem Campus und unterhielt sich mit seiner Frau Peggy auf Cree, als plötzlich ein noch nie erlebtes Hochgefühl über ihn kam, gefolgt von einer furchtbaren Depression. Als er später einen der Ältesten seines Stammes zu diesem Erlebnis befragte, erzählte dieser ihm, das Land bewahre uralte Erinnerungen an die Vorfahren, und diese Erinnerungen seien auch in den Zellen seiner eigenen Knochen gespeichert. Sie seien durch das Betreten dieses Landes wachgerufen worden.

Um diese Geschichte verstehen zu können, mußt Du wissen, daß die Universität, an der die Konferenz stattfand, auf dem »Pfad der Tränen« lag – auf jenem Weg, den die Ureinwohner Amerikas zu Tausenden gehen mußten, als man sie aus ihrer angestammten Heimat in Georgia vertrieb, um sie in Reservaten in Oklahoma wieder anzusiedeln. Unzählige waren auf diesem Weg gestorben. Wilsons Ahnen gaben zuerst ihrer Freude darüber Ausdruck, daß sie jemanden Cree sprechen hörten, und erzählten ihm dann vom Kummer des Landes.

Welche Bedeutung könnten diese Geschichten für uns haben, Vanessa? Existieren Götter, Engel, Feen, Geister, Heilige Leute, Ahnen, Kami und Dralas wirklich? Das ist gar nicht so leicht zu beantworten. Sie existieren wohl nicht als gänzlich eigenständige Wesen. Welche Form sie annehmen, ist eindeutig durch die jeweilige Kultur bestimmt. Aber sie sind auch nicht einfach subjektive Einbildungen, nicht bloß »in unseren Köpfen«. Was ich damit meine, wird hoffentlich im weiteren Verlauf klar werden, wenn wir die Natur der Erfahrung untersuchen und der Frage nachgehen, wie unsere sogenannte reale Welt zustande kommt.

Es wird sich dann zeigen, daß wir dies auch von allem sagen können, was unserer Meinung nach in unserer Welt existiert, von Bäumen, Steinen, Vögeln, unserem Hund Sernyi, von Mama und mir: Nichts davon ist im Grunde von Dir getrennt, und nichts davon ist lediglich Deine subjektive Imagination. Mit Dralas und dergleichen ist das nicht anders. Und weil wir nicht grundsätzlich von ihnen getrennt sind, können wir Kontakt zu ihnen aufnehmen und ihre Energie in unser Leben herüberziehen. Und weil sie nicht einfach »nur in unserem Kopf sind«, können sie uns Kraft geben und uns helfen.

Bei den Völkern, von denen ich Dir in diesem Brief erzählt habe, und darüber hinaus bei den meisten Naturvölkern der Erde, finden wir ein gemeinsames Thema: Die Welt ist lebendig, von lebendiger Energie, Mitgefühl und Bewußtsein durchdrungen. Und alles, was wir in unserer Welt sehen, hören und berühren, hat teil an diesem mitfühlenden, lebendigen Bewußtsein.

Wir können sagen, daß Naturvölker mit der Seele der Welt verbunden sind – und damit ist nicht die Seele als ein besonderes »Ding« gemeint, das wir alle angeblich haben. Der irische Dichter Thomas Moore schreibt, daß die Seele »kein *Ding* ist, sondern eine Qualität oder Dimension der Erfahrung unserer selbst und des Lebens«. Das ist eine Qualität, die in allem ist, wie der Heilige Wind der Navajo. Ein Pulsieren, eine Schwingung, so wie das Herz bebt, wenn wir etwas Schönes oder Häßliches sehen. Seele meint eine nicht zu benennende Tiefe des Fühlens: mit Herz und Geist allen Dingen zugetan sein und auf sie eingehen. Und darin liegt zugleich eine Sehnsucht, uns mit den Dingen zu vereinigen, die Sehnsucht nach dem teilnehmenden Bewußtsein, das es im Mittelalter gab. So nämlich erkennen wir das Wesen der Dinge, wenn die Seele in uns im Einklang ist mit der Seele der Dinge.

Lebendige, mitfühlende, energiegeladene Bewußtheit – das ist der gemeinsame Nenner aller Überlieferungen, die alle auf ihre je eigene Weise von unsichtbaren, aber erfahrbaren Wesen sprechen. Die Geschichten erzählen auch, wie die Menschen mit den lebendigen Mustern dieser Bewußtheit kommunizieren oder tanzen. Ich bin in diesem Brief besonders auf die mittelalterliche Tradition eingegangen, weil sie uns besonders nahe steht und auch in unserer Zeit gleich unter der Oberfläche der Modernität zu finden ist. Vergessen wir nicht, daß alle diese Wesen, auch die Feen oder

Engel des Mittelalters, ganz und gar nicht die netten und harmlosen Gestalten sind, zu denen sie in neuerer Zeit umgedeutet wurden. Sie besaßen (ich sollte wohl sagen *besitzen*) gewaltige Macht. Wir müssen also nicht unbedingt fremde Länder und Völker besuchen, um die Kraft und Heiligkeit der natürlichen Welt wiederzufinden. Wir müssen nur hier, wo wir sind, unsere Augen, unseren Geist und unser Herz öffnen.

## 3. Brief
### Die Geschichte von der toten Welt

*Liebe Vanessa,*

heute morgen bei der Vorbereitung auf die Achtsamkeitsmeditation habe ich aus dem Fenster geschaut und durch eine Lücke in den dunklen Fichten am unteren Ende der Wiese den zugefrorenen weißen See und am jenseitigen Ufer wieder den Saum dunkler Bäume gesehen. Das hätte eine ziemlich düstere Szenerie sein können, nichts als Schwarz und Weiß. Aber während ich noch schaute, erschien gleich über den Bäumen ein tiefrotes Glühen am Horizont. Das Glühen nahm zu, bis es die Spitze eines goldenen Kreises war, und dann erhob sich dieser Kreis langsam über die Baumlinie. Ich empfand eine tiefe, stille Freude und sagte: »Die Sonne geht auf.« Die Sonne, die Bäume, der See – es war etwas so Warmes und Lebendiges darin. Mein Fühlen dehnte sich hin zu ihnen, ein stilles, weiches, sanftes Gefühl. Und die Sonne und der See und die Bäume begegneten meinem Fühlen. Etwas schwang dort mit, trat in Resonanz mit mir. Wir waren zusammen dort.

Es war die gleiche Gefühlsqualität, wie ich sie im vergangenen Frühling hatte, als ich im Staudenbeet Rosenstöcke pflanzte. Weißt Du noch, wie ich mit den drei Rosenstöcken nach Hause kam und sie mit ihrer ganzen Stachligkeit verzückt im Arm hielt, als wären es meine eben geborenen Kinder?

Ich hatte noch nie Rosen gepflanzt und wußte nicht so recht, wie ich es anfangen sollte. Also habe ich die Rosen gefragt. Und immer wenn ich dann später zu ihnen hin ging, hatte ich das Gefühl, als käme mir etwas entgegen. Was war das? Ich weiß es nicht, aber was ich weiß, ist, daß etwas, ein Gefühl, von den Rosen zu mir und von mir zu den Rosen hin strahlte. Wir haben auf der Ebene des Fühlens kommuniziert. Und genau diese Art der Kommunikation – Gefühlskommunikation oder Gefühlsbewußtsein oder Seelenkommunikation – kann ich auch mit Kater Peter oder mit Dir oder Deiner Mama haben, wenn wir still dasitzen und nicht sprechen. Natürlich ist die Kommunikation mit Dir oder Mama komplizierter als die mit den Rosen. Und wenn wir zu reden anfangen, ist diese Kommunikationsebene schnell verschwunden, weil sie sich so schwer in Worte kleiden läßt. Worte sprechen hauptsächlich die Oberfläche der Dinge an und können tiefere Gefühlsschichten nicht wiedergeben, außer vielleicht in wirklich großer Dichtung.

Um aber zum See und den Bäumen vor meinen Fenstern oder zu den Rosen im Garten zurückzukehren. Wenn ich auf der Ebene des Gefühls-Bewußtseins aufmerksam bin, öffnet sich etwas in mir. Ich fühle das in der Brust, auf der Höhe des Herzens. Es ist dann, als betrachtete ich die Bäume oder die Rosen durch mein Herz und nicht wie sonst so oft durch mein Gehirn. Und wenn ich so schaue, fühlt es sich so an, als käme von den Bäumen oder Rosen etwas zurück und träte in mich ein. Und ich gebe den Rosen etwas von mir selbst, von ganzem Herzen.

Es findet wirklich eine Übertragung von etwas sehr Feinem statt, einer Gefühls-Energie, wie wir sagen könnten. Und zu dieser Übertragung von Gefühls-Energie kann es nur kommen, wenn ich und die Rosen in Harmonie miteinander sind. Wir stehen in Resonanz. Das ist ganz ähnlich, wie wenn Du eine Gitarre anschlägst und ganz in der Nähe eine zweite steht. Die zweite Gitarre wird den gleichen Ton von sich geben wie die, die Du angeschlagen hast. Das ist Resonanz. Es findet tatsächlich ein Energietransfer von der ersten Gitarre zur zweiten und dann von der zweiten wieder zur ersten statt. Dieses Prinzip der Resonanz findet sich überall im Universum, und ich werde in den weiteren Briefen noch so manches darüber zu schreiben haben.

In unserer Kultur haben viele Menschen solche Gefühle oder sogar noch befremdlichere Gefühle, die sie nicht verstehen können. Vielleicht erleben sie mit, was ein weit entfernter Freund gerade empfindet. Oder sie spüren die Gegenwart von jemandem, den sie aber nicht sehen – oder den sie sehen, obwohl er »eigentlich nicht da ist«. Man hört die sonderbarsten Dinge. Meistens wissen sie nicht, was sie damit anfangen sollen, und sagen lieber nichts. Sie wollen nicht, daß jemand denkt, sie wären nicht mehr ganz richtig im Kopf. Wir sind geneigt, sogar Erfahrungen, die wichtig für uns sind, zu leugnen oder zu ignorieren, wenn sie nicht mit dem übereinstimmen, was wir gelernt haben. Aber es sind auch immer mehr Menschen bereit, trotzdem über solche Dinge zu reden. Es gibt inzwischen Bestseller über Nahtodeserfahrungen und Fernsehsendungen über Begegnungen mit Engeln. Natürlich ist auch immer gleich der wissenschaftliche Berufsabwiegler zur Stelle und redet von »Halluzinationen« und dergleichen, womit gesagt sein soll: »Es ist alles im Kopf.«

Freilich müssen wir wachsam bleiben, denn wie leicht kommt es zu Übertreibungen und Ausschmückungen. Aber es gibt wirklich unsichtbare Energien in unserer Welt. Und wenn wir offener wahrzunehmen lernen, kommt es vor, daß wir uns dieser Energien bewußt werden. Wenn Du meditierst, wirst Du diese Energien früher oder später spüren (wenn es auch darum nicht unbedingt geht bei der Meditation). Zum Beispiel fühlst Du dann die Substanzlosigkeit der Dinge oder die energetische Qualität des Raums oder die Lebendigkeit eines Steins. Möglicherweise fühlst Du Dich auf physische Art tief mit der Welt verbunden. Und vielleicht fällt es Dir schwer, Deine Erfahrung für wirklich zu nehmen, ihr zu vertrauen. Ein tiefsitzender Zweifel sagt: »Ich weiß, daß es nicht real sein *kann*, denn das sagen ja die Wissenschaftler.«

Wir sind gewohnt zu glauben, daß die Wissenschaftler die objektive Wahrheit ermitteln, ohne Vorurteil und Wunschdenken. Eine Wissenschaftlerin wird im Fernsehen interviewt und sagt: »Wir wissen jetzt, daß ein Virus für den Dickdarmkrebs verantwortlich ist. Wir können diesen Krebs noch nicht heilen, rechnen aber damit, daß innerhalb der nächsten zehn Jahre eine Therapie entwickelt werden kann.« Ein anderer Wissenschaftler sagt: »Wir haben gerade ein neues Elementarteilchen entdeckt, das wir Top-Quark genannt haben. Wir kennen jetzt sämtliche Teilchen, die im Universum existieren und werden bald eine komplette Theorie von allem haben.«

Vom Nobelpreisträger Francis Crick hören wir: »Sie, mitsamt Ihren Freuden und Kümmernissen, Ihren Erinnerungen und Vorhaben, Ihrem Gefühl von persönlicher Identität und freiem Willen sind in Wirklichkeit nichts anderes als das Verhalten einer ungeheuren Ansammlung von Nervenzellen.« Die meisten von uns nehmen diese Aussagen sehr ernst. Wir hinterfragen sie nicht, wir lassen sie einfach unser Leben infiltrieren. Sogar Menschen, die sich als eher intuitiv bezeichnen, stehen zutiefst unter dem Einfluß des allgegenwärtigen wissenschaftlichen Weltbilds.

Wenn jemand irgendeine Meinung untermauern will, braucht er bloß zu sagen: »Die Wissenschaft hat festgestellt …«, und damit ist die Debatte dann mehr oder weniger gelaufen. Wir sollen an Quarks glauben, also an Teilchen, die kleiner sind als Elektronen und die niemals jemand sieht oder spürt; wir sollen ganz einfach glauben, daß sie so real sind wie Stare oder Steine. Aber an Präkognition oder Geister zu glauben ist nicht erlaubt, wenn man nicht für verrückt gehalten werden will; es ist auch dann nicht erlaubt, wenn man selbst schon dergleichen erlebt hat – weil die Wissenschaftler uns sagen, daß es so etwas nicht gibt.

Erinnerst Du Dich an die Szene in Monty Pythons Film *Der Sinn des Lebens,* wo der Schulgeistliche einer Jungenschule das gemeinsame Morgengebet leitet? Er sagt: »Lieber Gott. Ooooooh, du bist ja so was von GROSS. So absolut gigantisch. Meine Fresse, wir sind hier unten echt schwer beeindruckt, kann ich dir sagen.« Solche Gebete wären heute vielleicht vor der Statue »Der Wissenschaftler« angebracht. Ich bin, wie Du weißt, zum Wissenschaftler ausgebildet worden, und ich habe die größte Hochachtung vor echter Wissenschaft. Aber wenn Wissenschaft zur religiösen Autorität, zum Dogma, erhoben wird, wird manchen Wissenschaftlern traurig zumute und ein bißchen übel.

Sehen wir uns die Geschichte an, die wir glauben sollen, die Geschichte, die uns immer wieder erzählt wurde, in der dritten Klasse, in der vierten Klasse und immer so weiter – die Geschichte, die wir tagein, tagaus in den Illustrierten lesen und im Fernsehen vorgesetzt bekommen.

Einer der wichtigsten Glaubenssätze besagt, daß der Mensch eine Maschine ist – nicht *wie*, sondern *ist*. Deine Mutter hat dieses Jahr den Physiologie-Kurs an der Universität belegt, und der allererste Absatz in ihrem sehr dicken Lehrbuch lautet: »Die *mechanistische* Sicht des Lebens besagt, daß alle Phänomene, wie komplex sie auch sein mögen, letztlich anhand der physikalischen und chemischen Gesetze zu beschreiben sind. Nach dieser Auffassung, die auch die Physiologen teilen, ist der Mensch eine Maschine – ungeheuer komplex zwar, aber doch eine Maschine ... Das mechanistische Weltbild hat sich im zwanzigsten Jahrhundert durchgesetzt, weil praktisch alles, was aus Beobachtung und Experiment an Information gewonnen wurde, mit ihm übereinstimmt.« Wie man das, was man sucht, durch geeigneten Versuchsaufbau findet, davon soll später die Rede sein. Stellen wir erst einmal eine Liste der wichtigsten Grundanschauungen auf. Sie soll auch einen Titel haben, nämlich

### Die Geschichte der toten Welt

- Materie ist der Stoff, aus dem die Welt gemacht ist. In ihr ist *nichts* von Leben oder Geist oder Bewußtsein oder Seele.
- Du bist nichts als ein komplizierter Materieklumpen.
- Außerhalb unseres Körpers sind weitere Materieklumpen, die wir als andere Menschen ansehen.

- Geist oder Bewußtsein sind nichts als Produkte elektrischer und chemischer Vorgänge im Gehirn.
- Dein Bewußtsein, Fühlen und Ichgefühl beginnen mit Deiner Geburt. Wenn Du stirbst, nehmen sie ein abruptes Ende – absolut und vollständig. Nichts geht weiter.
- Zwischen Geburt und Tod existierst Du in einer grundsätzlich leblosen, bewußtlosen, fühllosen Welt, einer Welt ohne Seele.
- Zeit ist etwas Absolutes, das außerhalb Deiner selbst und völlig unabhängig von Dir abläuft – eine aus anfangloser Vergangenheit kommende Linie, die sich bis in die unendliche Zukunft erstreckt.
- In der Natur herrscht ein Überlebenskampf jedes Lebewesens gegen jedes andere.
- Weil Kampf das Grundprinzip der Natur ist, gibt es in menschlichem und tierischem Verhalten nur eine einzige Triebkraft: Eigeninteresse. Altruismus – das Wohl anderer über das eigene zu stellen – ist pure Illusion.
- Dein Gefühl, daß Du einen freien Willen besitzt und wählen kannst, ob Du Dich eigennützig oder mitmenschlich verhältst, ist nichts als eine vom Gehirn erzeugte Selbsttäuschung.
- Jeder »Sinn«, den Du vielleicht fühlst, ist nichts als subjektive Projektion.
- Außergewöhnliche Erfahrungen, die Du machst oder die ein anderer zu machen behauptet – Präkognition, Psychokinese, Telepathie, außerkörperliche Erfahrungen und dergleichen – können nur Halluzination oder Schwindel sein.
- Ahnen, Götter, Engel, Kami, Drala und dergleichen Wesen gibt es nicht. Sie sind lediglich unzureichende Versuche, die Natur zu erklären und handhabbar zu machen – aus einer Zeit, in der die Naturwissenschaft noch nicht die richtigen Erklärungen gefunden hatte.
- Ein »inneres« oder »spirituelles« Leben ist reiner Selbstbetrug, allenfalls tauglich als psychologischer Trost für Schwächlinge.

Das sind die Grundannahmen hinter fast allem, was die Medien uns über die neuesten Entdeckungen in der Kosmologie, Medizin oder Verhaltenswissenschaft erzählen. Es ist der moderne Katechismus: was Du als ein intelligenter, gebildeter Erwachsener in der modernen Welt zu glauben hast. Wenn Du sagst, nach Deinem Gefühl stimme da etwas nicht und Deine Intuition sage Dir, daß es im Universum noch mehr geben muß, wird man Dich auffordern, nicht so irrational zu sein, sondern Dich zusammenzureißen und den Tatsachen ins Auge zu blicken.

Wir leben, als wären unsere Körper isolierte Materieklumpen. Deshalb verlieren wir die Gesundheit schenkende Verbindung zur Erde.

Wir leben, als existierten wir in totem, leerem Raum. Deshalb muß all unsere Energie und Einsicht von innen kommen, und wir leben ständig in der Angst, daß uns die Energie ausgeht.

Wir leben so, als zöge die Zeit sich tatsächlich wie eine Linie von der Vergangenheit in die Zukunft. Deshalb ruhen wir nie im Augenblick.

Wir leben so, als hätte unser Geist seinen Ort irgendwo in unserem Körper und ginge von da aus. Deshalb fürchten wir den Tod als vollständige Auslöschung.

Wir leben, als wären wir Beobachter in einer Welt der Objekte, die von einem Augenblick zum nächsten gleich bleiben und die wir wahrnehmen wie eine Kamera, die Aufnahmen macht. Deshalb schauen, hören, schmecken, riechen, berühren wir niemals wirklich.

Wir leben, als gehorchten unsere Körper, unsere Emotionen, unsere Umwelt ausschließlich mechanischen Gesetzen, denen wir uns nur fügen können, wenn wir nicht sinnlos gegen sie ankämpfen wollen - darüber hinaus gibt es nichts. Deshalb ist es nutzlos, sich für ein »darüber hinaus« zu üben; alles Üben kann allenfalls Überlebenstraining oder Unterhaltung sein.

Wir leben, als wären unsere anerzogenen Überzeugungen die

einzige Wahrheit. Deshalb verengt sich unsere Wahrnehmung, und die Heiligkeit einer verzauberten Welt wird zur Bedrohung unseres »gesunden Menschenverstands«.

*Das ist die tote Welt.*

Ist es da noch überraschend, daß so viele Menschen so verzweifelt sind? Ist es verwunderlich, daß die Selbstmordraten immer höher steigen und viele bei ihrer verzweifelten Suche nach etwas Lebendigem zu Drogen greifen? Die tiefste Sehnsucht aller Menschen – die lebendige Wirklichkeit der Welt, die Seele der Welt zu fühlen – wird durch diese Geschichten in uns erstickt, bevor wir sie auch nur richtig erleben konnten.

Aber was tun? Wir haben es bis obenhin satt, Dinge glauben zu müssen, die uns nicht einleuchten. So können wir jetzt auch nicht einfach *beschließen*, an die lebendige Welt zu glauben. Wir können uns nicht einfach einen netten neuen Glauben überstreifen, als würden wir uns einen schönen neuen Mantel über den schmutzigen alten ziehen.

Die Geschichte, mit der wir aufgewachsen sind, läßt uns die lebendige Welt nicht sehen – da liegt ja das Problem. Wir können wieder in einer lebendigen Welt leben, aber nur wenn wir sie sehen oder zumindest um uns her spüren. Und wir können sie nur spüren, wenn uns nichts hindert, an sie zu glauben.

Ich will Dir damit nicht sagen, daß die Tote-Welt-Geschichte gänzlich falsch ist. Beide Welten, die lebendige und die tote, existieren nebeneinander. Sie sind, wie Du später immer deutlicher sehen wirst, dieselbe Welt, nur aus verschiedenen Blickwinkeln betrachtet. Aber die tote Welt ist so schrecklich unvollständig, wenn wir sie mit der lebendigen vergleichen. Das ist wie ein Schwarzweiß- und ein Farbfoto derselben Szene: Das Schwarzweißbild gibt die Szene nicht etwa falsch wieder, es hat vielmehr seine ganz eigene Schönheit und etwas besonders Klares; aber es läßt die gesamte Dimension der Farbe weg.

Aber wir sind alle in der toten Welt aufgewachsen und zum

Glauben an die tote Welt erzogen worden, und so leben wir vor allem in dieser Welt, was auch immer wir sonst noch glauben mögen. Um die lebendige Welt wieder fühlen zu können, müssen wir ein bißchen investieren, damit sich unser tiefsitzendes Empfinden der Welt ändern kann. Auf dieser tiefen Ebene unseres Empfindens wird nämlich Deine Wahrnehmung konditioniert, und deshalb erlebst Du die Welt als tot.

Zwei Dinge können hilfreich sein, wenn Du an diesem tiefen Gefühl etwas ändern willst. Erstens könntest Du Dich einer kontemplativen Übungsform widmen, die Dein Bewußtsein in immer tiefere Schichten von Körper, Geist und Fühlen vordringen läßt. Es gibt zum Beispiel viele verschiedene Schulungsformen wie die Achtsamkeits-Gewahrseins-Meditation oder unser »Sitzen« daheim. Durch solche Übungsformen wird Dir bewußt, wie Dein Körper-Geist konditioniert ist, und so kannst Du dann allmählich etwas daran ändern. Solch eine Schulung ist wichtig, aber noch nicht alles. Wenn Du übst, ohne Deinen Glauben an die tote Welt zu erforschen, wird dieser Glaube vielleicht nur immer stärker – ich habe dergleichen bei anderen Menschen erlebt.

Die zweite Möglichkeit des Zugangs zur lebendigen Welt besteht darin, Dir die in der Schule anerzogenen und von der Gesellschaft übernommenen Grundannahmen über Deine Welt einmal wirklich anzusehen. Sie bilden die Geschichte, die ich eben erzählt habe. Untersuche sie, befrage sie, öffne Dich anderen Möglichkeiten.

Dann kannst Du die beiden Wege verbinden – die aus dem Hinterfragen gewonnenen Einsichten mit der vertieften Kenntnisnahme Deiner Konditionierung, die Dir aus dem meditativen Sitzen erwächst. Durch diese »Ausbildung« Deines tieferen Fühlens und Bewußtseins wirst Du mehr und mehr in einer neuen Welt leben. In ihrer Verbindung sind die meditative Praxis und das Erforschen Deiner tiefen Konditionierung wie zwei Flügel, die Dich über die tote Welt hinaus und in die lebendige Welt tragen.

In den folgenden Briefen werde ich von dem sprechen, was die

Wissenschaftler wissen – und nicht wissen. Das wird Dir Deine Konditionierungen vor Augen führen. Ich will Dir auch zeigen, daß in den Fakten und Theorien der Wissenschaftler *nichts* ist, was gegen die Existenz der lebendigen Welt spricht. Die Wissenschaft könnte Dich ebensogut von der lebendigen wie von der toten Welt überzeugen – wenn die Wissenschaftler diesen Weg eingeschlagen hätten. Zudem spricht vieles von dem, was die Wissenschaftler heute herausfinden, eher für die lebendige als für die tote Welt. Trotzdem wirst Du nicht viele Wissenschaftler finden, die das auch zu sagen bereit wären. Immerhin, ein paar Mutige gibt es, wie wir noch sehen werden.

Ich werde beim Schreiben dieser Briefe sehr klar auseinanderzuhalten versuchen, was die tote und was die lebendige, die verzauberte Welt ist. Manchmal wirst Du das Gefühl bekommen, alles sei so vollkommen klar, daß wir einfach den Schritt in die lebendige Welt tun können, ein für allemal. Aber die beiden Welten sind in unserem Leben schrecklich vermengt. Wir können nicht einfach die eine Welt hinter uns lassen und dann nur noch in der anderen sein, so sehr wir uns auch danach sehnen mögen. Wir müssen die tote Welt vor Augen behalten und den Sprung in die lebendige Welt immer wieder tun. Manchmal steht uns die lebendige Welt plötzlich vor Augen, und dann können wir uns diesem Augenblick überlassen. Aber dieser Einblick verschließt sich uns wieder, und dann gilt es zu springen, den Sprung in die lebendige Welt zu tun. Das ist unser Weg. Um ihn gehen zu können, müssen wir üben und wieder üben.

# 4. Brief
## Wie unsere Welt entzaubert wurde

*Liebe Vanessa,*

heute möchte ich darüber schreiben, wie es dazu kam, daß wir die verzauberte Welt vergessen haben. Ich hoffe, es macht Dir nichts aus, wenn wir dabei auch ein bißchen die Geschichte durchgehen müssen. Eigentlich ist gerade das Historische ein großer und wichtiger Teil der Sache, aber ich kann hier natürlich nur ein paar Hauptpunkte hervorheben; es hängt aber viel davon ab, daß man diesen Teil versteht, und ich hoffe, ich strapaziere Dich nicht zu sehr. Es kann sehr aufschlußreich sein sich zu fragen, *warum* man etwas glaubt.

Hast Du mal erlebt, daß Du jemanden überhaupt nicht mochtest? Du magst sie nicht und dabei bleibst Du; Du machst immer wieder abfällige Bemerkungen über sie bei Deinen Freunden, bis Dir eines Tages jemand erzählt, wie nett sie eigentlich ist. Jetzt überlegst Du: »Hm, was hab ich eigentlich gegen sie?« Doch es fällt Dir nicht mehr ein. Du durchstöberst die Vergangenheit und versuchst Dich zu erinnern, bis Dir endlich etwas einfällt; staunend nimmst Du wahr, was für eine belanglose und alberne Sache das eigentlich war, und daß Du eigentlich gar nichts gegen sie hast. Jetzt bist Du erleichtert, daß Du dieses Gefühl nicht mehr mit Dir herumtragen mußt. So, und mit den Überzeugungen der Wissenschaft ist es ganz ähnlich. Wenn Dir klar wird, *warum* Du etwas glaubst, wirst Du vielleicht zu dem Schluß kommen, daß Du es nicht länger glauben mußt – ganz so, wie Du diesen Menschen nicht mehr ablehnen mußt.

Im sechzehnten Jahrhundert verdichteten sich die Ereignisse zu dem, was wir jetzt naturwissenschaftliche Revolution nennen und was zum modernen »aufgeklärten« Weltbild geführt hat. Eine der aus dieser Revolution hervorgegangenen Ideen wirkt sich auf unser heutiges Leben besonders negativ aus, nämlich der Gedanke, daß es im Universum keinen Geist gibt – abgesehen vom individuellen kleinen Geist in unserem Kopf. An dieser Idee halten Wissenschaftler besonders entschieden und mit geradezu religiösem Eifer fest. Sehen wir uns also an, wie es dazu kam, wie die Welt Schritt für Schritt ihres Geistes und ihres Lebens beraubt wurde. Dann gewinnen wir vielleicht die Freiheit zu sehen, daß das Universum genausogut von Geist – in der Form von Bewußtheit, Fühlen und natürlich auch Denken – erfüllt sein könnte, und daß dies durchaus keine primitive Phantasie ist.

Im vorigen Brief habe ich über das mittelalterliche Europa und die Ähnlichkeit seines Weltbilds mit dem anderer Kulturen geschrieben. Ich habe Dir von der alchimistischen Vorstellung des teilnehmenden Bewußtseins und der Sympathie-Resonanz erzählt, »wie oben so auch unten«.

Während des gesamten Mittelalters lebten die Menschen in einem Kosmos, dessen unbewegte Mitte die Erde bildete. Um das Jahr 1250 war Thomas von Aquin eine brillante Synthese der Kirchendogmen und der (erst kurz zuvor wiederentdeckten) altgriechischen Theorien über die Natur und die Bewegungen der Sterne und Planeten gelungen. Es hatte viel Streit gegeben um die Frage, ob diese antiken Theorien dem Kirchendogma widersprachen; Thomas konnte den Streit mit seiner Darstellung schlichten, und so blieb sie jahrhundertelang gültig.

Stell Dir diese geozentrische Welt einmal so lebhaft wie möglich vor, Vanessa: Wie und wodurch konnten die Himmelskörper sich um eine feststehende Erde bewegen und die Planeten jede Nacht an einer anderen Stelle am Himmel erscheinen? Nach der Darstellung Thomas von Aquins bewegten sich die fünf sichtbaren Planeten, die Sonne, der Mond und die Sterne, alle vollkommen und makellos, in acht unsichtbaren Sphären um die Erde. Darüber gab es noch eine neunte Sphäre, die den übrigen ihre tägliche Bewegung um die Erde vorgab. Dieses Sphärensystem – mit einigen Komplikationen, auf die wir hier nicht eingehen wollen – konnte die Bewegungen der Planeten am Nachthimmel erklären. Schließlich gab es noch eine zehnte Sphäre, nämlich die des Schöpfergottes.

Dieses Sphärenmodell vereinigte auf befriedigende Weise die spirituellen Sehnsüchte des Menschen mit der Natur des stofflichen Universums. Die Reise der Seele von der Erde aus konnte man sich als eine von Engeln geführte Reise der Seele durch die Himmelssphären bis hinauf zur zehnten Sphäre denken, wo der Schöpfer sie erwartete. Und zugleich war auch erklärt, wie die Gestirne sich um die Erde bewegten: Für die Bewegung der Sphären waren machtvolle Engel zuständig.

Betrachten wir einmal, wie die Welt des Mittelalters zerfiel und die Welt entstand, an die wir glauben und die wir deshalb erfahren. Ich richte mein Augenmerk vor allem auf die Rolle der Wissenschaft, aber Du darfst nicht vergessen, daß die Entstehung der modernen Welt eine sehr komplexe Geschichte ist, an der viele Faktoren beteiligt waren.

Im Sommer des Jahres 1347 wurde durch ein vom Schwarzen Meer kommendes Handelsschiff eine furchtbare Krankheit nach Europa eingeschleppt, der Schwarze Tod, die Pest. In weniger als zwanzig Jahren wurde die Hälfte der Bevölkerung Europas vom Schwarzen Tod dahingerafft. Weite Landstriche veröedeten, und eine Zeit des Optimismus und des wachsenden materiellen Wohlstands fand ein plötzliches katastrophales Ende. Die Menschen waren zutiefst verunsichert und verängstigt. Sie fühlten sich mehr denn je auf Gedeih und Verderb der Natur ausgeliefert.

Nach dem Schwarzen Tod wurde Europa von einer fast krankhaften Angst beherrscht, und gleichzeitig entstand auch ein neues Bewußtsein vom Wert des Individuums. Die Kirche spürte das Schwinden ihrer Macht und griff zu immer brutaleren Mitteln, um das Heft weiterhin in der Hand zu halten. In dieser Zeit und bis weit ins achtzehnte Jahrhundert hinein wurden über eine Million Menschen (manche Schätzungen gehen von bis zu fünf Millionen aus) als Hexen und Hexer hingerichtet. Achtzig Prozent von ihnen waren Frauen. Das Verbrechen, das man ihnen zur Last legte, hieß »Ketzerei«, das heißt, daß sie sich zu Überzeugungen und Riten bekannten, die von der Kirche abgelehnt wurden.

Die Anschuldigungen waren häufig völlig aus der Luft gegriffen. Die als Hexen bezeichneten Frauen waren meist die Heilerinnen ihres Dorfes. Die »guten« Hexen, deren Heiltränke und Kräfte tatsächlich etwas bewirkten, wurden noch entschiedener verdammt als die »bösen« Hexen und Scharlatane. Dabei bedienten die Priester sich häufig derselben magischen Mittel wie die Hexen. Dieser Vernichtungsfeldzug hatte also überhaupt nichts mit Wahrheit, dafür um so mehr mit Macht zu tun. Immer grimmiger trachtete die Kirche jedem nach dem Leben, der direkten Zugang zu göttlichen Energien besaß – den Mystikern, Heilern, Alchimisten. Die Kirche sollte die einzige Verbindung zum Göttlichen bleiben, der alleinige Hort des Heils.

Vielleicht hast Du in der Schule von Giordano Bruno gehört, einem der Heroen der Physikbücher, der aber auch Alchimist war. Er wurde als Ketzer verbrannt, und als Grund dafür wird meist angeführt, er habe gesagt, das Universum sei unendlich. Tatsächlich ist es jedoch wahrscheinlicher anzunehmen, daß er verbrannt wurde, weil er das unendliche Universum von unendlichem Geist erfüllt sah, und den Menschen für fähig hielt, diesen unendlichen Geist unmittelbar zu erfahren.

In den Städten entstand eine neue Mittelschicht, deren Angehörige erkannten, daß man sich durch die Beherrschung der Natur schon in diesem Leben allerlei Annehmlichkeiten verschaffen konnte und dann nicht mehr auf das bessere Leben im Jenseits warten mußte, das die Kirche versprach (während sie zugleich alles daransetzte, die Hölle auf Erden zu verwirklichen). Diese Menschen waren darauf aus, Reichtum anzuhäufen und ihre individuelle Freiheit zu verwirklichen. Dazu, so glaubten sie, war die Beherrschung der Natur erforderlich. Das Heil wurde eine weltliche Sache, und Geld war das Maß des Erfolgs.

»Lassen wir mal die Philosophie weg und sehen wir uns an, wie die Dinge wirklich im Detail funktionieren. Weg mit Emotion und Gefühl und Qualität. Seien wir doch mal realistisch«, sagten die Menschen damals, und viele beten es bis heute nach. Aber was ist mit den unklaren, unlogischen, redundanten, widersprüchlichen, intuitiven, schattenhaften Gefühlen, aus denen unser Leben besteht? Ganz einfach: »Halten wir uns an das, was *erkennbar* ist – kurzum, laßt uns messen und quantifizieren. Unsere Sprache soll dabei die der Zahlen sein, die Mathematik.«

Seit ihren Anfängen in dieser Zeit ist die Naturwissenschaft den Wirtschaftsinteressen, dem Individualismus und dem Machtstreben ebenso verbunden gewesen wie dem Forschen nach der wahren Geschichte der Natur und des Menschen. Die Sehnsucht nach Sicherheit und Macht war allgemein, und Wissenschaftler erachteten deshalb die Beherrschung der Natur als das höchste Ziel ihrer Arbeit. Klar ausgesprochen wurde das von einem der Begründer der neuen Naturwissenschaft, Francis Bacon. Er sagte auch, die Natur gehöre »auf die Streckbank«, damit man ihr (sie war eine Frau) ihre Geheimnisse durch die Folter abringe. Das war seine Formulierung des neuen Ideals eines experimentellen Vorgehens. Er schrieb zur Zeit der Hexenverfolgungen.

Die Verleumdung und Erniedrigung der Frauen – eine Geschichte für sich und eine ziemlich lange – hat, wie Du hier siehst, eine Menge mit der Beherrschung der Natur und der Trennung von Geist und Körper zu tun. Frauen wurden als Teil der Erde, der Natur, angesehen, während die Seele des Mannes himmlischen Ursprungs war. Deshalb waren Frauen eine Verkörperung des Bösen, eine Versuchung. Frauen waren die frühen Schamanen und Weisen der heidnischen Religionen und der verzauberten Welt; und alles Heidnische war der neuen Naturwissenschaft ebenso ein Dorn im Auge wie der Kirche.

Wenn wir also verstehen wollen, wie der Geist aus dem Universum verschwand, müssen wir die Geringschätzung des Körperlich-Naturhaften betrachten, die schließlich in die vollständige Trennung von Körper und Geist mündete. Aber all das ist reine Erfindung, Vanessa. Ausgedacht von Männern, die ihren eigenen Körper geringschätzten und verdrängten und, dem Brauch der Zeit folgend, in den Frauen nicht eigentlich Menschen sahen, sondern eine den Tieren nahe stehende Gattung. Tiere, Frauen und das Ganze der Natur brauchten einen »Herren«, den Mann. Ebenso mußten Intuition und Gefühl vom Verstand beherrscht werden.

Woher kam diese Körperfeindlichkeit? Die Trennung von Körper und Geist begann Jahrhunderte vor unserer Zeitrechnung bei den Griechen. Sie setzt sich fort in der religiös begründeten Geringschätzung des Körpers, die spätestens mit Paulus begann: Verleugne den Körper, denn nur der Geist, die Vernunft, kann den Weg zum Himmel finden. Endgültig besiegelt wurde die Trennung aber durch René Descartes, der in der ersten Hälfte des siebzehnten Jahrhunderts lebte und bei dessen Tod Isaac Newton gerade sieben Jahre alt war.

Das einzige, dessen wir absolut sicher sein können, sagte Descartes, ist die Tatsache, daß wir denken und erkennen und vor allem zweifeln. Unseren Sinnen jedoch oder dem, was unser Körper sagt, können wir nicht trauen. Nur durch Messen und Quantifizieren ist diese Welt zu erkennen. Allem, was wir direkt über unsere Sinne wahrnehmen, müssen wir mit Skepsis begegnen. Für Descartes wurde der Zweifel zum obersten methodischen Prinzip.

Mit dieser Methode des Zweifelns stellte Descartes die Weichen für eine neue Art, die Natur zu erforschen, nämlich so, als gäbe es keinen Geist im Universum. Auch er wollte »uns zu den Herren und Besitzern der Natur machen«. Fortan war der Welt vor allem handelnd und nicht mehr betrachtend zu begegnen. Tun war wichtiger als sein. Der erkennende, denkende Geist, so verkündete er, ist vollkommen getrennt von dem, was wir mit den Sinnen wahrnehmen, von der Welt der Dinge. Die Welt der Dinge ist im Raum ausgebreitet, das Denken jedoch nicht. Daher ist die Welt ein »anderes« – nicht wir. So wurde die Welt ein von uns getrenntes Objekt ohne Geist.

Für Descartes haben nur Menschen (oder in der Großen Kette des Seins noch höher stehende Wesen wie etwa die Engel) die Fähigkeit zu denken, zu fühlen und zu erkennen. Andere Wesen, die Pflanzen und Tiere beispielsweise, denken nicht und besitzen keinerlei Geist. Sie funktionieren vollkommen mechanisch. Ein Tierverhalten, das wir als Aufregung oder Zuneigung oder Schmerz deuten, ist in Wirklichkeit rein mechanisch, und tatsächlich empfindet das Tier gar nichts.

Auch unser eigener Körper funktioniert mechanisch. Der Körper gehört zum »anderen« – wir sind nicht unser Körper. Unser Denken ist sich zwar des Körpers bewußt, hat aber keinen Einfluß auf ihn. All das hat Descartes sich lediglich ausgedacht, aber Du erkennst darin vielleicht schon die Ansätze zum modernen Bild von Körper und Geist. Descartes hatte den Geist gänzlich von der Welt abgelöst und einer anderen Seinssphäre zugewiesen. Gott schwebte da draußen noch irgendwo, hatte aber am Geschehen in der Welt der Phänomene keinen direkten Anteil mehr.

Descartes hinterließ eine mechanische Welt, eine Welt der Körper und dessen, was mit ihnen wahrgenommen wird. Alle Körper sind aus Materie – mechanisch und ohne jedes Bewußtsein und Gefühl. Solch eine Welt konnte auch keinen Sinn oder Zweck haben, und so war es jetzt völlig in Ordnung, sie auszubeuten und um der Sicherheit oder des Profits willen zu unterjochen. Die Welt war durch Macht und technische Mittel zu unterwerfen, so daß wir ihr nicht mehr als passive Zuschauer auf Gedeih und Verderb ausgeliefert waren.

Descartes' Philosophie gelang es tatsächlich, einen Keil zwischen Bewußtsein und Gefühl einerseits und die stoffliche Welt andererseits zu treiben. Ein weiterer großer Schritt zur Eliminierung der verzauberten Welt aus unserer Erfahrung wurde dann mit der Verdrängung der Erde aus dem Zentrum des menschlichen Universums getan. Sehen wir uns einmal an, wie das vor sich ging.

Das mittelalterliche Weltbild begann im Jahr 1543 brüchig zu werden, als Kopernikus, ein nicht gerade um Aufsehen bemühter Mönch, ein Buch veröffentlichte, in dem erstmals von der Bewegung der Erde um die Sonne die Rede war. Kopernikus war auf diesen Gedanken gekommen, weil es die Berechnung der Planetenpositionen vereinfachte. Es war ihm nicht daran gelegen, gegen die Kirche aufzutreten, und so machte er in seinem Buch auch klar, daß er an eine Bewegung der Erde eigentlich nicht *glaube*.

Doch dann kam Galilei, ein eher kämpferischer, charismatischer und couragierter Typ. Er hatte von einem kürzlich in Holland entwickelten Instrument gehört, das »Kijker« (»Gucker«) genannt wurde und das entfernte Dinge vergrößern konnte: das Fernrohr. Er baute sich selbst solch ein Fernrohr und betrachtete mit ihm den Mond. Verwundert stellte er fest, daß der Mond voller Krater ist. Dann sah er sich Jupiter an und entdeckte kleine Planeten, die ihn umkreisten, die Monde. Das zeigte, daß die Sphären jenseits des Mondes und der Mond selbst keineswegs so vollkommen sein konnten, wie sie nach der Kosmologie Thomas von Aquins sein mußten.

Er rief alle seine Kollegen zusammen und sagte zu ihnen: »Schaut durch mein Fernglas; ihr werdet sehen, daß der Mond keine vollkommene Kugel ist und der Jupiter Monde hat.« Manche erwiderten: »Wir brauchen nicht zu schauen. Wir *wissen*, daß der Mond vollkommen ist und keine Krater haben kann.« Andere blickten durch das Fernrohr, weigerten sich aber, das, was sie sahen, als Krater zu deuten, und sagten, das Instrument sei schadhaft. Galilei kam schließlich auf Veranlassung der Kirche in den Kerker, weil er gesagt hatte, die Erde bewege sich und der Mond und die Planeten seien unvollkommen.

Die Ironie dieser Geschichte liegt darin, daß moderne Wissenschaftler sich gern auf Galilei berufen, dabei aber vielfach genauso engstirnig sind, wie es dessen Kollegen waren, als das Weltbild, auf das sie sich geeinigt hatten, in Frage gestellt wurde. Wenn man heutige Wissenschaftler auf Phänomene hinweist, die in ihrem auf Übereinkunft beruhenden Weltbild – dem Weltbild der »modernen« Naturwissenschaft – keinen Platz finden, dann sagen auch sie: »Das brauchen wir uns gar nicht anzusehen, denn wir wissen, daß es nicht sein kann.« Man wirft die Leute nicht mehr ins Gefängnis, wenn sie sich gegen die heutigen Autoritäten, die Priester der Wissenschaft, stellen, aber manch einer ist in der Psychiatrie verschwunden oder sonstwie mundtot gemacht worden, und das läuft auf dasselbe hinaus.

Wie dem auch sei, als Galilei die Menschen schließlich davon überzeugt hatte, daß Thomas von Aquins Erklärung der Bewegungen am Himmel falsch war, mußten sie eine neue Erklärung finden. Und siehe da, der berühmte Isaac Newton konnte mit einer aufwarten. Der Mond braucht keine Engel, die ihn um die Erde schieben, sagte er. Wäre er aber ganz auf sich gestellt, ohne Anschub und bremsende Reibung, so würde er sich in gerader Linie von der Erde weg ins All bewegen. Also muß es da eine Kraft geben, die ihn auf seiner Bahn um die Erde hält.

Sein Geniestreich bestand in der Überlegung, daß diese Kraft, die den Mond zur Erde hinzieht, die gleiche sein muß, die einen Apfel oder jeden anderen Gegenstand zu Erde hinzieht. Er nannte die Kraft *gravity*, »Schwerkraft«. Dann schloß er weiter, daß die Bahn der Planeten um die Sonne berechenbar sei, wenn auch sie durch diese Anziehungskraft, die Schwerkraft, in Sonnennähe gehalten werden. Engel als Planetenschieber? Brauchen wir nicht.

Mit der Entdeckung der Schwerkraft kam ein regelrechtes Fieber auf, weitere »Gesetze der Natur« zu entdecken. Es fiel auch auf, daß Newton bei der Erklärung der Planetenbewegungen ganz ohne Rückgriff auf Geist, Gefühl oder Seele ausgekommen war. Fortan suchte man nach Gesetzen, die alles Weitere, auch das menschliche Verhalten, ebenso erklären konnten.

Schließlich verloren die Menschen nicht nur den Glauben an planetenschiebende Engel, sondern den Glauben an Geister, Korrespondenzen, Resonanzen überhaupt. Und da man an dergleichen nicht mehr glaubte, sah man es auch nicht mehr.

Aus »Wie oben, so auch unten« wurde »Oben ist oben und unten ist unten, und für immer seien sie getrennt«. Und da es bei all dem um Herrschaft ging und das »oben« dabei nur störend wirken konnte, wurde aller Glaube an Höheres schließlich zum »Aberglauben« erklärt. Und Du weißt ja, was »Aberglaube« im heutigen Sprachgebrauch bedeutet: Unsinn.

Newton selbst betrachtete seine Erklärung der Planetenbewegungen eher als Nebensache und widmete sich anschließend bis zu seinem Lebensende der Alchimie – das wird in den Lehrbüchern nicht gerade häufig erwähnt. Er hielt die Alchimie für soviel wichtiger als seine Gravitationstheorie, daß er keines seiner alchimistischen Werke veröffentlichte; er fand, sie seien zu gefährlich für die Öffentlichkeit (das heißt die lesende Öffentlichkeit, und das waren damals nicht sehr viele). Der Veröffentlichung seines Werkes über die Schwerkraft stimmte er dagegen zu, da er es für weniger bedeutend und weniger gefährlich hielt.

Interessanterweise entstand ungefähr in dieser Zeit auch der Begriff des Wahnsinns: Wahnsinn ist das Sehen von Entsprechungen, die nach allgemeiner Auffassung nicht existieren. Wer wahnsinnig ist, hat »den Verstand verloren«, und dieser treibt sich dann irgendwo außerhalb herum, reicht über die Grenze des Körpers hinaus bis zu den Dingen hin, so daß keine Trennung mehr besteht. In anderen Kulturen gab und gibt es einen sehr sinnvollen Platz für das, was wir Wahnsinn nennen. Seltsames Verhalten, »Halluzinationen«, werden häufig als ein Zeichen der sich entwikkelnden spirituellen und schamanischen Kraft betrachtet. Aber in der Zeit, von der wir gerade sprechen, ging es nur darum, sich eine bequeme Deutung unkonventioneller Verhaltensweisen zurechtzulegen, damit man Visionäre oder Stimmen hörende Menschen einsperren konnte – diejenigen also, deren Erfahrung nicht in die

neue pragmatische und herrschaftsorientierte Philosophie hinein-
paßte. Auch Newton sagen einige Wissenschaftshistoriker nach,
er sei gegen Ende seines Lebens wahnsinnig geworden oder seine
Nerven hätten versagt. Und warum meinen sie das? Weil ihm das
Studium der Alchimie wichtiger als alles andere war.

In diesem Brief, Vanessa, ging es mir darum zu zeigen, wie eine
Handvoll Europäer, jeder für sich und doch gemeinsam, ein Denken vorantrieben, das Geist, Bewußtsein und Gefühl aus dem
Universum verbannte. Das ist nun *unser* Universum geworden,
die moderne Welt. Die Verbannung des Geistes aus der Welt hatte
nur zum geringsten Teil direkte wissenschaftliche Beobachtung
zur Grundlage. Die Kirche war in dieser Zeit immer noch fast
allmächtig – nach wie vor konnte man für ketzerische Ansichten
auf der Folterbank oder dem Scheiterhaufen landen. Die Natur-
wissenschaftler waren fein heraus, denn sie bestritten Geist und
Seele ja nicht, sondern hatten ihnen lediglich einen Platz außerhalb der Natur zugewiesen und konnten sich jetzt über diese
entseelte Natur hermachen, ohne den Zorn der Kirche fürchten
zu müssen.

Kaum zu glauben, wie die radikalen Ideen einiger weniger
ganze Kulturen verändern können, wie diese Ideen das wider-
spiegeln und aussprechen, was untergründig eigentlich schon in
Gang ist und dann auch in das Denken der breiten Masse einfließt.
Natürlich ließe sich diese Geschichte viel komplexer erzählen, mit
mehr Darstellern und Nebenhandlungen. Aber ich habe Dir die
wichtigsten Handlungsstränge dargestellt. Und wenn wir sie verknüpfen beziehungsweise in ihrer Verknüpfung sehen, haben wir
die Saat der modernen Welt.

Descartes, Galilei und Newton waren hervorragende Köpfe.
Versteh mich also nicht falsch: Ich sage nicht, sie wären Dumm-
köpfe gewesen oder hätten aus schlechten Motiven heraus gehandelt. Mit ihrer Klarheit und Verstandeskraft räumten sie über-
holte Glaubenssätze beiseite, die von nichts als starrem Autori-

tätsdenken und der Weigerung hinzusehen getragen waren. So konnten sie einer autoritären Kirche, der alle echte Spiritualität längst verlorengegangen war, die Macht nach und nach entreißen.

Nur bahnten sie eben auch einen Weg, der dazu führte, daß die Welt als gänzlich von mechanischen Gesetzen wie dem der Schwerkraft beherrscht angesehen wurde. Die Sphären und Intelligenzen Thomas von Aquins brauchte man nicht mehr, weil Newtons Gesetze für die Erklärung der Planetenbewegungen ausreichten. Und mit diesen alten »vorwissenschaftlichen« Erklärungen erübrigten sich auch die Prinzipien des Sympathiezaubers, der Korrespondenzen zwischen Körper und Natur, des geistigen Heilens und so weiter. Man verwarf sie nicht, weil Newton oder irgendwer bewiesen hätte, daß sie nicht existieren, sondern weil sie in der neuen mechanischen Welt, von der die Wissenschaftler träumten, irgendwie störten.

In dem Jahrhundert nach Newton dehnte man den mechanistischen Gedanken auf sämtliche Bereiche des Lebens aus – Geschichte, Ökonomie, Politik, Gesellschaftstheorie, Psychologie, Biologie, Physik, Medizin, Architektur, Religion und so weiter. Die Menschen glaubten – oder hofften zumindest –, man werde früher oder später für alle Bereiche des menschlichen Lebens Gesetze ähnlich den newtonschen Gesetzen der Schwerkraft entdecken. Dieses Denken beherrscht uns auch heute noch weitgehend.

Das Universum war jetzt kein lebendiger, vollständiger Organismus mehr, sondern wurde ein lebloses Vakuum mit Klumpen lebloser Materie darin. In dem uns erfahrbaren Universum gab es nirgendwo Geist, und in dieser neuen und aufregenden, aber furchtbar verarmten Sicht der Welt bedurfte es auch keines Geistes mehr.

Dem Leiter eines großen deutschen kernphysikalischen Instituts habe ich einmal ein paar Befunde der Präkognitionsforschung geschildert (von denen ich Dir in einem späteren Brief noch erzählen werde). Ich hatte den Eindruck, daß diese Experimente besonders sauber durchgeführt worden waren und verläßliche Resultate erbracht hatten. Im Gespräch mit diesem Wissenschaftler fragte ich mich nun laut, welche Wege die Physik wohl gehen müsse, um auch solche Beobachtungen erfassen zu können. Er war ein freundlicher, netter Mann, der sich auch für Meditation interessierte, weil sie, wie er sagte, »der experimentellen Methode folgt: schau hin und überzeuge dich selbst«. Die Antwort, die er mir jetzt gab, überraschte mich daher: »Von ein paar Dingen *wissen* wir einfach, daß es sie nicht gibt, und Präkognition ist eins von ihnen. Deshalb ist experimentelle Beobachtung in diesem Fall gegenstandslos.« Anstatt also seine Annahmen vom Beobachteten beeinflussen zu lassen, benutzte er seine Annahmen, um das Beobachtete zu verneinen.

Auch sogenannte »Fakten« sind letztlich kein Maßstab für Realität. Ob eine Gruppe von Wissenschaftlern etwas als Fakt akzeptiert, hängt von der Gruppenentscheidung des Clubs der Wissenschaftler ab, und die wiederum beruht auf der Theorie, an die sie gegenwärtig gerade glauben. Sie sind zu Mitgliedern dieses Clubs ausgebildet worden und *wissen* ganz einfach, was als Fakt zu akzeptieren und was als Fiktion zurückzuweisen ist. Auch hier kann wieder eine Beobachtung zum Phänomen der Präkognition als Beispiel dienen. Solche Beobachtungen werden gar nicht erst als physikalische oder neurowissenschaftliche Fragen zugelassen. Sie gelten nicht als Fakten, und zwar deshalb, weil Physiker und Neurowissenschaftler die Abmachung getroffen haben, daß es Präkognition nicht geben kann und man deshalb gar nicht erst hinsehen muß.

Wissenschaftler neigen genauso wie andere Menschen dazu, in ihre Beobachtungen all die Vorurteile einfließen zu lassen, mit denen sie groß geworden sind – die Vorurteile, die wir in diesen Briefen untersuchen. Ohne es selbst zu merken, wählen sie ihre Beobachtungen so aus, daß ihre Vorurteile weiter verstärkt werden. Was für Theorien sie formulieren, was für Beobachtungen sie zur Untermauerung dieser Theorien anstreben und wie sie diese Beobachtungen interpretieren – all das ist von ihren unbewußten Annahmen bestimmt. Unbewußte Annahmen beeinflussen uns sehr weitgehend, auch wenn wir wissenschaftlich ausgebildet wurden.

Heute empfinden wir das mechanistische Weltbild als normal. Dennoch ist es eigentlich nicht schwierig, sich beispielsweise die Erde als lebendigen Organismus vorzustellen – nicht schwieriger als die Vorstellung, sie sei ein toter Gegenstand, den man ausbeuten kann. Die Durchsetzung dieser logischen Ordnung schließt eine ganze Welt aus der Rechnung aus, die Welt der inneren Wirklichkeit und der Intuition. Harmonie und das Leben in einer heiligen Welt *sind* möglich. Wir sind keine rein logischen und rationalen, keine emotionslosen Wesen, die alles durch objektive Analyse verstehen können. Unser Leben ist voller Widersprüche – wir kennen die Haßliebe, und manchmal befreit uns gerade das, was uns am meisten schreckt. Unsere tiefsten und bedeutsamsten Erfahrungen haben etwas mit dem Empfinden einer lebendigen, unsichtbaren Tiefe und mit Resonanzen aus dieser Tiefe zu tun.

Die Entzauberung der Welt ist sehr traurig und der Grund dafür, daß unser Leben uns manchmal so trostlos und tot vorkommt. Aber wir können auch nicht in die vortechnische Welt des Mittelalters zurück. Es nützt auch nichts, die zwar begrenzten, aber doch gültigen Entdeckungen der Naturwissenschaft oder die Kraft des logischen Denkens zu leugnen. Aber wir können über unsere eigenen finsteren Zeiten hinausgehen und die verzauberte Welt wiederentdecken, ohne die positiven, pragmatischen Seiten der Wissenschaft abzulehnen, die sich unserer Denk- und Betrachtungsweise mitgeteilt haben.

## 5. Brief
### Die verzauberte Welt existiert jetzt

*Liebe Vanessa,*

gestern habe ich Dir ein bißchen über Geschichte geschrieben. Ich habe erzählt, wie uns die verzauberte Welt vergangener Zeiten verlorenging. Von Galilei, Newton und Descartes war die Rede, und wenn man jetzt all die erstaunlichen Dinge hinzunimmt, die die Wissenschaftler seit jener Zeit entdeckt haben, bist Du vielleicht ein wenig ratlos und fragst Dich: »Gibt es denn irgendwo in der Welt noch Platz für Geist, Bewußtsein, Gefühl oder Seele, für all das, was die Menschen einst empfunden haben und wovon sie sprachen? Haben Geister, Götter, Engel, Kami, Dralas und all die anderen Wesen noch einen Ort, an dem sie sein können?«

Laß mich Dir etwas Merkwürdiges erzählen, etwas, das ich heute morgen erlebt habe. Ich bin mitten in der Nacht aufgewacht mit dem Gedanken, daß ich uns am Ende meines gestrigen Briefes vielleicht in die gleiche Falle geführt habe, in die auch unsere Gesellschaft getappt ist: zu vergessen, daß die Wissenschaft lediglich Geschichten erzählt, und am Ende die Geschichten zu glauben, die den Geist aus dem Universum zu verbannen scheinen. Ich schlief danach nicht allzu gut, denn mich beschäftigte die Frage, wie ich uns aus dieser Falle wieder herausbekomme. Beim Aufwachen heute morgen hatte ich immer noch dieses Gefühl.

Ich ging dann erst mal duschen, und als ich mir den Kopf gerade so richtig eingeseift hatte, wurde das Wasser ohne Vorwarnung plötzlich kalt. Ich habe mich schnell kalt abgespült, abgetrocknet, angezogen und dann Frühstück gemacht. Dabei überlegte ich, wie ich am besten erklären könnte, daß in der Welt, die die Wissenschaft hervorgebracht hat, ganz sicher noch Platz für Götter oder Drala-Energien ist. Zugleich ging mir aber der Gedanke nicht aus dem Kopf, weshalb das warme Wasser gerade an diesem Morgen ausgegangen war.

Und dann dachte ich: »Koinzidenz.« Und gleich war mir klar, daß Koinzidenz die Antwort auf beide Fragen ist. Der Platz der Dralas in dieser Welt hat etwas mit Koinzidenz zu tun, und das plötzliche Kaltwerden des Wassers war auch Koinzidenz – und zugleich bedeutungsvoll. Ich könnte sagen, es war eine Botschaft von den Dralas, die mir mitteilte, daß »bedeutsame Koinzidenz« die Antwort auf die Frage nach ihrem Ort in der jetzigen Welt enthält. Koinzidenz ereignet sich in einem bestimmten Augenblick, *jetzt*. Und Wissenschaftler haben absolut nichts über *bestimmte* Augenblicke zu sagen. Die Wissenschaft ist außerstande, etwas zu irgendeinem bestimmten realen Augenblick zu sagen.

Nun gibt es sicherlich eine ganz handfeste Ursache für das Ausfallen des warmen Wassers heute morgen – wahrscheinlich ist irgendwas mit der Heizanlage nicht in Ordnung. Wissenschaftlich wäre jedoch niemals zu erklären, wie und wieso ausgerechnet an diesem Morgen all die Faktoren zusammenkamen, die einen Ausfall des warmen Wassers bewirkten – an dem Morgen, an dem es so wichtig war, daß mir die Koinzidenz wieder einfiel. Verstehst Du? Da spielt noch etwas anderes mit.

Wie kommt es, daß in diesem bestimmten Augenblick eine bestimmte Erfahrung stattfindet? In dieser Frage ist die Idee der Zeit selbst angesprochen. Wir glauben, daß unser Leben entlang einer universalen Zeitlinie verläuft, die für jeden und überall im Universum die gleiche ist. Nehmen wir uns also einen Augenblick Zeit, um eben diese unser Leben so sehr beherrschende Zeit zu betrachten.

Um seine berühmten Bewegungsgesetze formulieren zu können, nach denen ein von einer Kraft angestoßener Materieklumpen sich bewegt oder die Planeten die Sonne umrunden, mußte Newton einiges voraussetzen. Er mußte voraussetzen, daß es einen feststehenden Hintergrund für alle Bewegungen gibt; er mußte auch annehmen, daß es überall im Universum stets denselben, fixen Hintergrund geben muß, vor dem und dem gegenüber sich alles bewegt. Diesen Hintergrund nannte er »absoluter Raum«. Dieser Raum war leer und passiv, und es gab keinerlei Interaktion zwischen ihm und seinen Inhalten. Er war wie die Bühne, auf der das Schauspiel des Universums spielt.

Außerdem mußte er sich eine universale Zeit vorstellen, die für alle Planeten und alles andere im Kosmos dieselbe war, die aber nicht an irgend etwas im Universum gebunden war. Er nannte sie die »absolute Zeit«.

Vergiß bitte nicht, daß Newton sich diesen Raum und diese Zeit lediglich *vorstellte*. Er sagte das auch selbst: »Das sind nur Hypothesen.«

Aber nach und nach glaubten die Menschen, Newtons absoluter Raum und die absolute Zeit seien der wirkliche Raum und die wirkliche Zeit der wirklichen Welt, in der wir wirklich leben. Dieser absolute Raum und die absolute Zeit, beide imaginär, sind der Raum und die Zeit, die Du unbewußt mit Dir herumträgst und durch die Du die Welt wahrnimmst – ganz so, wie Du die Welt durch die Fluchtlinien siehst, von denen ich Dir im zweiten Brief geschrieben habe. Dieser absolute Raum und die absolute Zeit bilden die Bühne, auf der, wie wir (und die Wissenschaftler) meinen und wie Newton meinte, die Welt spielt. Auf dieser Bühne, in diesem leeren Raumzeit-Behältnis, haben Wissenschaftler seit Newton ihre Modellwelt ersonnen und aufgebaut. Und sie haben uns eingeredet, dies sei die reale Welt unserer Erfahrung.

Wir reden und denken und wir organisieren unser Leben so, als gäbe es wirklich eine absolute Zeit. Wissenschaftler versuchen ihre Modellwelt so anzulegen, als läge die Zeit außerhalb der Ereignisse in der Welt. Wir haben zu glauben gelernt, daß die absolute Zeit auf einer einzigen geraden Linie von der unendlichen Vergangenheit in die unendliche Zukunft fließt – ohne Schleifen oder Verzweigungen und auch nicht als große Kreisbahn. Unser Leben ist nur ein kurzes Aufblitzen in dieser Zeit. Daran denken wir nicht häufig, denn es ist ein wenig deprimierend. Aber unser Leben ist vollkommen beherrscht von diesem Begriff der absoluten Zeit, die für jeden dieselbe und überall im Universum dieselbe ist. Die Zeit geht ohne uns weiter und wird weitergehen, wenn wir gestorben sind.

Wir empfinden die Zeit als Hintergrund zu allem, was wir tun, zu jedem Augenblick unseres Lebens, sie ist eine Art leeres Behältnis, in dem wir unser Leben unterzubringen suchen. Unsere vage Vorstellung von Zeit ist die einer Linie auf weißem Papier. Wir teilen sie in Jahre, Monate, Wochen, Tage, Stunden, Minuten und Sekunden ein. Die Sekunden ticken dahin, und die Zeit geht uns aus. Manche hasten umher und versuchen so viel wie nur eben möglich an Erinnerungen und Gedanken und Bilder unseres Lebens in die Zeit zu stopfen.

Was wir tun, erleben wir eigentlich nicht dann, wenn wir es tun. In jedem Augenblick ändert sich unser Leben, aber wir fühlen es nicht, wir empfinden die Qualität des Augenblicks nicht. Erst am Ende des Tages oder des Jahres blicken wir zurück und ziehen Bilanz, um zu sehen, wie erfolgreich wir waren. Als ich klein war, sagte meine Mutter bei allem, was Spaß machte, immer: »Also, das wird uns eine nette Erinnerung sein, nicht?« So sind wir immer mehr darauf aus, unserem Gedächtnis immer mehr Erinnerungen einzuverleiben – ohne sie wirklich zu erleben. All das ist sehr traurig.

Dabei gibt es in Wirklichkeit keine absolute Zeit außerhalb der wechselnden Ereignisse. Auf keinem Gebiet der Wissenschaft gibt es irgend etwas, das auf die tatsächliche Existenz einer linearen, universalen, objektiven Zeit hindeutete. Die Wissenschaft hat einfach angenommen, daß es diese Zeit gibt, und wir glauben inzwischen an sie und lassen unser Leben von ihr vorwärtspeitschen – häufig bis zum Zusammenbruch. Wir können uns ein Leben ohne sie nicht vorstellen.

Wenn Du jeden Augenblick Deiner sich ändernden Erfahrung

einmal genau betrachtest, findest Du außerhalb der Veränderung als solcher nichts, was Zeit genannt werden könnte. Die Zeit ist nicht getrennt von den wechselnden Erscheinungen. Wir messen die Zeit ja sogar anhand von wechselnden Zahlen oder wandernden Zeigern. Auch bei den Atomuhren der Wissenschaftler beruht Zeitmessung auf Veränderung.

Vieles beeinflußt den gegenwärtigen Augenblick. Dabei können auch Einflüsse von außerhalb der geraden und schmalen Linie der absoluten Zeit kommen (die ja, um es zu wiederholen, imaginär ist, eine Erfindung). Und es gibt Phänomene, die dieser Auffassung von Zeit direkt widersprechen. Eines dieser Phänomene nennt man »bedeutsame Koinzidenz«; ein anderes ist die Präkognition, also das Vorherwissen zukünftiger Ereignisse.

Präkognition existiert zwar wie gesagt für die konservativen Wissenschaftskreise nicht, aber tatsächlich ist sie inzwischen durch ernstzunehmende wissenschaftliche Untersuchungen gut dokumentiert. In einem späteren Brief werde ich Dir von ein paar wissenschaftlichen Experimenten erzählen, mit denen sich die Präkognition nachweisen läßt. Hier will ich nur erwähnen, daß Statistiker 1989 die Resultate aller in den letzten fünfzig Jahren zum Thema Präkognition durchgeführten Experimente zusammengetragen und statistisch ausgewertet haben (man nennt das eine Meta-Analyse). Sie bezogen 309 Studien von zweiundsechzig Forschern ein; erfaßt wurden fast zwei Millionen Einzelversuche, an denen über fünfzigtausend Probanden teilgenommen hatten. Die Frage, ob die Präkognition damit alles in allem als nachgewiesen angesehen werden kann, wurde eindeutig mit Ja beantwortet. Die Wahrscheinlichkeit, daß die Resultate all dieser Experimente durch Zufall zustande kamen, ist 1 zu $10^{24}$ (wobei $10^{24}$ eine 1 mit 24 Nullen ist).

Sehen wir uns jetzt aber mal ein paar Geschichten über Präkognition an.

Am 12. Oktober 1966 kam in der Grubenstadt Aberfan in Wales eine Kohlenhalde ins Rutschen und begrub eine Schule unter sich, wobei 128 Kinder und sechzehn Erwachsene ums Leben kamen. Am Abend des 20. Oktobers erzählte eine Frau sechs Bekannten von einem Wachtraum, den sie gehabt hatte: »Erst sah ich eine alte Schule in einem Tal, dann einen walisischen Kumpel und dann eine Kohlenlawine, die den Berg herunter kam ...« Als sie dies träumte, befand sie sich mehr als dreihundert Kilometer von Aberfan entfernt. Eine andere Person sagte sieben Tage vor der Katastrophe zu zwei Freunden: »Ich hatte einen grauenhaften Traum von einer furchtbaren Katastrophe in einer kleinen Zechenstadt. Das war in einem Tal mit einem großen Gebäude voller Kinder. Berge von Kohle und Wasser kamen das Tal heruntergestürzt und begruben das Gebäude. Die Schreie der Kinder waren so echt, daß ich selber schrie.«

Es gibt noch mindestens zwei weitere derartige Berichte aus der Zeit vor der Katastrophe. Die traurigste Geschichte ist wohl die eines kleinen Mädchens, das an jenem Morgen zu ihrer Mutter sagte, sie sei im Traum in der Schule gewesen und plötzlich sei alles schwarz geworden. Das Mädchen flehte die Mutter an, sie nicht zur Schule zu schicken, aber diese hörte nicht auf sie.

In den sechziger Jahren kündigte der bekannte britische Autor J. B. Priestley im Fernsehen an, er wolle eine Untersuchung zu ungewöhnlichen Zeit-Erfahrungen durchführen. Die Zuschauer wurden aufgefordert, ihm zu schreiben, und er erhielt Tausende von Briefen. Er verfügte über ein Team von ausgebildeten und natürlich skeptischen Forschern, die diejenigen Berichte aussortieren sollten, die auf Betrug oder offensichtlichen Irrtümern beruhten oder auf »natürliche« Weise zu erklären waren. Es blieben Berichte übrig, auf die keine dieser Erklärungen anzuwenden war, und diese wurden als Buch veröffentlicht. Einer von Priestleys Berichten betraf den Luftwaffenpiloten Sir Victor Goddard, der sich 1934 bei Nebel und Regen über Schottland verflogen hatte. Dann sah er unter sich den Flugplatz von Drem. Goddard sah einen voll betriebsbereiten Landeplatz mit Mechanikern in blauen Overalls, die sich an vier gelben Maschinen zu schaffen machten und nicht die Reihe verwahrloster Hangars zwischen Feldern, die Drem damals tatsächlich war. Vier Jahre später entstand genau das, was Goddard gesehen hatte: Der Flugplatz wurde hergerichtet und wieder eröffnet; die Schulflugzeuge waren jetzt gelb (und nicht mehr silbern wie früher), und der blaue Overall war zur Standardbekleidung der Flugzeugmechaniker geworden.

Viele Menschen haben ähnliche Präkognitionen wie Goddard, können sie aber in der Welt, an die wir glauben, nirgendwo unterbringen. Also sagen sie sich, es sei wohl eine Täuschung gewesen, oder sie behalten ihre Erfahrungen für sich, damit niemand sie für verrückt hält. Wenn ich von solchen Dingen vor einer Gruppe spreche, ist häufig ein hörbares Seufzen der Erleichterung die Folge – und dann erzählen sie Geschichten, die sie immer für sich behalten haben, die ihnen aber unter die Haut gingen und zu den bedeutsamsten Dingen ihres Lebens zählen. Psychotherapeuten hören oft Geschichten von Präkognition; in der therapeutischen Situation haben die meisten wohl weniger Angst, daß man sie für ein bißchen verdreht hält, außerdem achten sie mehr auf Träume und flüchtige Bilder und sind eher bereit sich mitzuteilen. Was diese Berichte so glaubwürdig macht, ist, daß sie so gar nichts Spektakuläres an sich haben. Solche Erlebnisse kommen einfach, wir haben keinen Einfluß auf sie, und häufig sind sie ohne besondere Bedeutung.

Alle diese Geschichten zeigen, daß wir uns von dem Gefühl freimachen müssen, die Zeit sei außerhalb von uns. Wir müssen das Gefühl loswerden, daß die Zeitlinie absolut und das objektive Behältnis unserer gesamten Erfahrung ist.

Wissenschaftler jedoch entwerfen ein Weltbild, in dem die Zeit immer den Hintergrund bildet. Die Welt, von der sie reden, ist niemals die Welt *dieses* Augenblicks. Es ist eine allgemeine Welt mit allgemeinen Menschen, Tieren, Bäumen, die allgemeine Dinge tun. Daraus kann man natürlich nur allgemeine Gesetze ableiten. Wissenschaftlich läßt sich nichts aussagen über den bestimmten

Menschen Vanessa in diesem besonderen Augenblick, nämlich am heutigen Tag und zu genau dieser Stunde und Minute.

Vielleicht ist Dir schon der neue Trend bei der Fernsehwerbung aufgefallen: Man zeigt keine richtigen Filme mehr, sondern Computeranimationen. Eine Bausparkasse beispielsweise zeigt nicht mehr richtige Menschen vor einem richtigen Eigenheim, sondern eine Computersimulation; und eine Autofirma zeigt ein computersimuliertes Auto bei der Fahrt auf einer computersimulierten Straße.

Als ich das zum ersten Mal sah, fiel mir die sonderbare Wirkung auf: Die Computerbilder schienen mir eindrücklicher als die eines herkömmlichen Films oder Fotos zu sein. Die Computerbilder von Häusern und Autos wirken irgendwie wirklicher als wirkliche Bilder. Ein reales Haus und seine Umgebung können nie so makellos und vollkommen dastehen wie eine Computerdarstellung. Die Bilder dringen besser ein, weil sie unserer Idealvorstellung von einem Haus oder Auto genauer entsprechen – und solche Vorstellungen sind für uns selbst anscheinend realer als ein bestimmtes wirkliches Haus oder Auto. Das Ganze hat etwas von der Welt, die die Wissenschaft entwirft.

Die Wissenschaft erzählt die Geschichte einer Idealwelt, einer imaginären Welt, einer allgemeinen Welt. Sie formuliert allgemeine Gesetze darüber, wie die Dinge sich im allgemeinen verhalten. Und das wirkt realer als die Welt, die wir tatsächlich erleben. Aber es ist eine gespenstische Welt, eine computersimulierte Welt. Es gibt in ihr kein Jetzt. Wissenschaftler können niemals genau sagen, wie die Dinge sich eben jetzt verhalten werden. Wenn Wolken aufziehen, können sie allenfalls sagen, daß es mit einer gewissen Wahrscheinlichkeit regnen wird, aber wann genau es regnen wird, falls überhaupt, das wissen sie nicht, und sie können es nicht wissen. Du weißt, daß das Wasser in der Dusche eines schönen Tages plötzlich kalt werden kann, aber welcher Tag genau das sein wird, weißt Du nicht. Du weißt, daß Du Dich irgendwann mal in einen anderen Menschen verlieben wirst, aber Wissenschaftler können Dir nicht sagen und werden Dir niemals sagen können, wann genau das sein wird.

Im April 1987 kam es in Halifax in Nova Scotia zu einem ungewöhnlichen Naturereignis, als Chögyam Trungpa Rinpoche, der große Lehrer des tibetischen Buddhismus, dort starb. Für ein paar Tage vor und nach seinem Tod trieben riesige Eisblöcke, richtige kleine Eisberge, in den Hafen von Halifax. Sie legten den gesamten Schiffsverkehr lahm, und das will bei der Größe des Hafens – Halifax besitzt den zweitgrößten natürlichen Hafen der Welt – einiges besagen. Dergleichen war seit Menschengedenken noch nie beobachtet worden und ist auch in den Jahren seither nie wieder beobachtet worden. Warum erschienen die Eisberge in dem Augenblick, in dem ein großer Lehrer starb, der sich mit beinahe übermenschlichem Einsatz um die Ansiedlung des Buddhismus im Westen, insbesondere in Nova Scotia, bemüht hatte? Bloßer Zufall? Oder bedeutsame Koinzidenz?

Bis vor ein paar Jahrzehnten haben Wissenschaftler an der Vorstellung festgehalten (sie verlieh ihnen einen gewissen Abglanz des Göttlichen), daß alles, jedes noch so kleine Ereignis, im Prinzip vorhersagbar sei. Sie dachten die erfolgreiche Anwendung der newtonschen Gesetze auf die Planetenbewegungen weiter und meinten, man werde früher oder später alles vorausberechnen können. Sogar heute geben sich viele Wissenschaftler noch dieser Illusion oder Arroganz hin. »Noch wissen wir es nicht ...«, raunen sie und betonen das »noch«.

In den letzten zwanzig Jahren haben einige Wissenschaftler jedoch hochkomplexe Systeme wie etwa das Wettergeschehen untersucht und festgestellt, daß solche Systeme prinzipiell, das heißt auch theoretisch, in ihrem Verhalten nicht vorhersehbar sind. Ein so kompliziertes System wie das weltweite Wettergeschehen ist so empfindlich, daß eine winzige Veränderung hier woanders zu einem gewaltigen Wetterumschwung führen kann. Der Entdecker dieses Prinzips spricht hier vom »Schmetterlingseffekt«, um anzudeuten, daß etwas so Bedeutungsloses wie der Flügelschlag eines Schmetterlings in Südamerika einen Orkan über dem Nordatlantik auslösen kann. Natürlich ist das nur ein Bild, das man nicht zu wörtlich nehmen darf, denn zu viele Einflußgrößen spielen hier eine Rolle; aber das Prinzip gilt: Ein sehr kleines Ereignis kann von gewaltigem Einfluß auf ein großes System sein, und dadurch ist dieses System unberechenbar, sogar theoretisch.

Die reale Welt, in der wir leben, folgt einfach nicht den geradlinigen Ursache-Wirkung-Gesetzen, die Wissenschaftler für sie vorsehen. Zu viele Faktoren sind an jeder realen Situation beteiligt, und eine winzige Veränderung irgendwo kann an einer ganz anderen Stelle dramatische Auswirkungen haben.

Betrachten wir zum Beispiel die folgenden Worte José Matsuwas, eines Heilers vom Stamm der Huichol. Bei seinem zweiten Besuch in Kalifornien sagte er:

*Letztes Mal, als ich in eurem Land war, haben wir eine Zeremonie gemacht. Ich habe mit meinem Herzen gesungen. Und nach der Zeremonie hat es mächtig geregnet. Ja, wir haben die ganze Nacht gefeiert und uns morgens am Meer gereinigt; dann zogen Wolken auf und ein paar Stunden später goß es in Strömen. Ihr hättet mir früher sagen sollen, daß ihr solche Schwierigkeiten habt. Dann wäre ich früher gekommen und hätte eine Zeremonie gemacht, um die Lage zu ändern.*

Widersprechen solche Aussagen den Gesetzen der Naturwissenschaft? Nein! Und zwar deshalb nicht, weil sie einen bestimmten Augenblick betreffen, ein Jetzt. Die Meteorologen können für einen bestimmten Tag ein paar Anhaltspunkte zum Wetter geben und ungefähr sagen, mit welcher Wahrscheinlichkeit es regnen wird, aber wann genau es zu regnen anfängt, wissen sie nicht. Und wenn ein leichtes Flattern in Brasilien sich auf das Wetter über dem Atlantik auswirken kann, ist nicht einzusehen, weshalb ein

Ritual, das aus der Erfahrung von Generationen erwächst, nicht in der Lage sein sollte, in Kalifornien Regen fallen zu lassen.

Um die Fülle jedes Augenblicks erleben zu können, müssen wir unsere Erfahrung *dieses Augenblicks* fühlen. Und da wir diesen Augenblick in unserem Körper erleben, müssen wir zusehen, daß wir Körper und Geist verbinden. Sobald wir den Fluß unserer von Augenblick zu Augenblick sich ändernden Erfahrung wieder spüren, werden wir eine Reichhaltigkeit und Tiefe entdecken, die generationenlang verschüttet war. Wir müssen nur aufhören, unsere Erfahrung in die dünne, gerade Röhre der objektiven Zeit zu pressen, dann werden wir die ganze Breite unserer pulsierenden und vielschichtigen Erfahrung wieder empfinden. Wir werden sehen, daß die reale, gelebte Zeit ihre Rhythmen und Qualitäten und sogar Diskontinuitäten oder Lücken hat. In diesen Lücken der Jetztheit können die Dinge – auf eine fast unheimliche Weise – zusammenfallen oder uns zufallen. Das ist die tiefere Bedeutung dessen, was wir gern »Zu-Fall« nennen, was aber treffender als Koinzidenz bezeichnet ist, weil wir es als bedeutsam empfinden. Wenn wir auf solche Koinzidenzen achten, können sie uns wachrütteln.

Jeder Augenblick unseres Lebens ist eine Koinzidenz, wörtlich ein »Zusammen-Fallen«. In jedem Augenblick fallen die Dinge zusammen, aber die Wissenschaft wird uns nie sagen können, welche Dinge *eben jetzt* zusammenfallen werden. Und nur *jetzt* können Resonanzempfindungen, Götter, Dralas Zugang finden.

Was eine Lücke in Deiner Erfahrung entstehen läßt, indem es Dich anhält und zum gegenwärtigen Augenblick zurückholt, kann Dir das Herz öffnen, so daß Du das Lied der Dralas hörst und fühlst. Und dieses Lied folgt häufig der Melodie der bedeutsamen Koinzidenz. Ich werde Dir in einem späteren Brief noch mehr über die bedeutsame Koinzidenz schreiben; einstweilen möchte ich vorschlagen, daß Du in den nächsten Tagen bei Deinen üblichen Beschäftigungen auf Koinzidenzen zu achten versuchst. Du wirst vielleicht überrascht sein, was da alles durch die Lücken in der linearen Zeit aufscheint. Manchmal kann eine Koinzidenz das ganze Leben verändern. Manchmal läßt sie Dich lächeln. Und oftmals hilft sie Dir bei einer anstehenden Entscheidung. Immer jedoch bringen Koinzidenzen Bedeutung und Fülle in Dein Leben, wenn Du sie nicht einfach als »Zufall« abtust. Koinzidenz hilft Dir nämlich, die Verbindung zur lebendigen Welt wiederherzustellen.

## 6. Brief
### Erstes Intermezzo

*Liebe Vanessa,*

als ich noch ein Junge war, gab es im Fernsehen zwischen den einzelnen Sendungen häufig sogenannte Schaltpausen, in denen nicht etwa Werbung gezeigt wurde, sondern sehr einfache, stille Szenen von Tieren, Landschaften und ähnlichem. Eine dieser Szenen zeigte Fische in einem Aquarium. In einer anderen, die ich ganz besonders liebte, sah man zwei Männern an einem hoch auflodernden Feuer zu, die immer wieder Holz nachlegten. Sie gingen hin und her und holten trockenes Astwerk, das sie dann ins Feuer warfen, so daß es prasselnd aufflackerte und die beiden klein dagegen wirkten. Man wurde so still bei diesen Pausenszenen, man war einfach für ein paar Minuten, zwischen einer Unterhaltung und der nächsten, bei sich selbst.

Im Alltag machen wir nur selten Pausen in unserer Geschäftigkeit, um für einen Augenblick ganz bei uns selbst zu sein. Das trägt vielleicht bei zu Streß und Trübsinn in unserer Welt.

In diesem Intermezzo (es folgen später noch zwei weitere) will ich Dir von Übungen erzählen, durch die Du die lebendige Welt besser sehen und dann dieser Sicht entsprechend handeln kannst. Wir sehen ohne weiteres ein, daß man üben muß, wenn man Klavierspielen, Malen, Fußballspielen oder Skifahren können will. Aber Dir ist vielleicht noch nicht der Gedanke gekommen, daß man eine neue Art des Sehens auch einüben muß.

Wenn beispielsweise jemand blind geboren ist und es dann im Erwachsenenalter gelingt, seine Augen durch eine Operation funktionstüchtig zu machen, sieht er die Welt durchaus nicht so wie wir. Anfangs sieht er nichts als ein völlig unbegreifliches Gewirr von Formen und Farben. Manche Menschen, die das erlebt haben, fielen in schwere Depressionen, weil sie auch ihre Welt aus Lauten und Berührungen nicht mehr so erleben konnten wie früher. Es bedarf einer sehr intensiven Schulung, bis diese Menschen die Welt sehen können.

Was Übung bedeutet, sieht man auch an dem folgenden Bericht Michael Polanyis über das Erlernen der Röntgendiagnostik:

*Stellen wir uns einen Medizinstudenten vor, der einen Kurs über die Röntgendiagnostik der Lungenerkrankungen belegt hat. Er betrachtet in einem dunklen Raum schattenhafte Spuren auf einem Fluoreszenzschirm, der sich vor der Brust des Patienten befindet, und hört sich an, was der Radiologe seinem Assistenten in medizinischer Fachsprache über die im vorliegenden Fall bedeutsamen Züge dieser Schatten mitteilt. Zunächst ist der Student vollkommen ratlos. Er sieht auf dem Röntgenbild der Brust nur schattenhaft das Herz und die Rippen und dazwischen ein paar Flecken mit spinnenbeinartigen Fortsätzen. Die Experten scheinen sich da über lauter Phantasiegebilde auszulassen; er jedenfalls sieht nichts von dem, was sie da besprechen. Aber wenn er dann ein paar Wochen aufmerksam zugehört und dabei die Bilder von neuen Fällen genau betrachtet hat, dämmert ihm allmählich so eine Art erstes Verstehen; er wird nicht mehr auf die Rippen schauen, sondern anfangen die Lunge zu sehen. Schließlich, wenn er beharrlich und mit Intelligenz bei der Sache bleibt, wird sich ihm ein ganzes Panorama signifikanter Details offenbaren: physiologische Abweichungen und pathologische Veränderungen, Narben, chronische Infektionen und die Zeichen akuter Krankheiten. Er ist in eine neue Welt eingetreten. Immer noch sieht er nur einen Bruchteil dessen, was der Experte sieht, aber jetzt werden ihm die Bilder verständlich und die Kommentare ebenfalls. Es kommt der Augenblick des Erfassens dessen, was da gelehrt wird – es hat gefunkt.*

Um die lebendige Welt sehen und fühlen zu können, müssen wir zunächst uns selbst kennen, und so möchte ich Dir in diesem Intermezzo zuerst eine Übungsform nahebringen, die uns erlaubt, ganz einfach und direkt unseres Selbst innezuwerden. Ich weiß, daß Du selbst diese Praxis schon aufgenommen hast, aber es wird nicht schaden, sie noch einmal durchzugehen – auch für andere, die vielleicht diese Briefe lesen werden. Beim täglichen Tun Pausen einzulegen und still für sich zu sitzen, ist nicht nur natürlich, sondern absolut notwendig, wenn man wahrhaft Mensch sein will. Ohne das wird man sich selbst nur schwer kennenlernen. Es gehört zum Kernbestand spiritueller Praxis, dies in einer bestimmten Form zu tun. Manche nennen es Übung der Stille, andere Einsichts-Meditation oder Achtsamkeits-Gewahrseins-Übung.

Heute bin ich in der Morgendämmerung aufgestanden, um vor dem Frühstück zu meditieren, wie ich es während dieser Schreib-Klausur jeden Tag gemacht habe. Ich fange an mit Achtsamkeits-Gewahrseins-Meditation, die wir manchmal auch »einfach sitzen« nennen, denn genau das tun wir da: einfach sitzen und still sein. Bei dieser Übung sitze ich mit überkreuzten Beinen, und die Hände ruhen mit den Innenflächen auf den Oberschenkeln. Ich achte darauf, daß der Rücken gerade und die Herzgegend entspannt bleibt; meine Augen sind geöffnet.

Ich wende die Aufmerksamkeit meinem auf dem Kissen sitzenden Körper zu. Ich fühle mein Herz in der Brust schlagen und das Blut durch meinen Körper pulsieren; ich erlebe die Festigkeit und Erdhaftigkeit dieses Körpers. Die Übung besteht nun darin, einfach alle aufsteigenden Gedanken und Gefühle zur Kenntnis zu nehmen, sobald sie aufsteigen und solange sie da sind, und wieder von ihnen abzulassen, wenn sie verschwinden wollen. Auf diese Direktheit kommt es an und darauf, daß ich mir selbst gegenüber ehrlich bin: nicht zurückscheuen vor Gedanken, die sich ungut anfühlen, und nicht festhalten an angenehmen Gefühlen. Ich versuche, behutsam und freundlich mit meinen Gedanken und Gefühlen umzugehen und sie, ohne ihnen unnötige Nahrung zu geben, sein zu lassen, wie sie nun mal sind.

Wenn meine Aufmerksamkeit abschweift und ich vergesse, daß ich auf meine Gedanken und Gefühle achten wollte, wenn ich mich also in etwas verliere, dann bringe ich meine Aufmerksamkeit sanft zum Atem zurück. Ich achte auf den ausströmenden Atem. So bekommt meine Aufmerksamkeit eine Art Anker, der sie zwischen all den aufsteigenden Gedanken und Gefühlen im Hier und Jetzt hält.

Das kann manchmal ganz schön langweilig werden; ich wälze ein und denselben Gedanken immer und immer wieder, und die ganze Sache scheint sinnlos zu sein. Das kann auch recht schmerzhaft sein, wenn Dinge, die ich vergessen oder mit denen ich mich lange nicht beschäftigt habe, an die Oberfläche kommen. Manchmal kommt auch ein unverhoffter Geistesblitz, und ich werde ganz aufgeregt, möchte ihn weiterverfolgen oder aufspringen und ihn niederschreiben. Ein andermal ist die Übung voll stiller Freude: Ich fühle mich präsent in meinem Körper, und das erfüllt meinen Geist mit Wärme und Klarheit.

Körper, Geist und Emotionen scheinen die meiste Zeit in verschiedene Richtungen zu laufen. Mein Denkapparat beschäftigt sich mit dem bevorstehenden Tag, mein Körper ist noch verschlafen und langsam, und mein Gefühl möchte etwas, was ich eben jetzt nicht habe (eine warme Dusche zum Beispiel). Aber manchmal kommen die drei zusammen und werden eins, und für diesen Augenblick fühle ich mich ganz. Dann spüre ich, daß der Mensch wohl so gemeint ist – Körper, Gedanken und Gefühle in harmonischem Zusammenspiel wie bei einer gut gestimmten Gitarre. In solchen Augenblicken kann man Dinge erleben wie Kathleen Raine, von der ich Dir im ersten Brief erzählte.

Aber es spielt eigentlich keine Rolle, ob ich mich langweile oder bedrückt oder aufgeregt oder froh bin. Wichtig ist vor allem, daß ich einfach darin fortfahre, mich Tag für Tag dieser Meditation im

Sitzen zu widmen. Mir scheint, daß ich nur so wirklich gut zu mir selbst sein kann; ich gebe mir Gelegenheit, zur Ruhe zu kommen und wirklich bis in die Tiefe zu erkennen, wer ich bin.

Das ist wie bei einem Naturforscher, der stundenlang, tagelang ununterbrochen eine Kolonie Präriehunde beobachtet, wie sie aus ihren Löchern schlüpfen und blitzartig wieder verschwinden – bis ihre Bewegungen ihm so vertraut werden, daß das Gefühl, von ihnen getrennt zu sein, gänzlich verschwindet. Er bekommt nicht nur ein Gespür für das übergreifende Verhaltensmuster der gesamten Kolonie, sondern auch für jedes einzelne Tier. An diesem Punkt kann es zu einem unmittelbaren Begreifen des Verhaltens dieser Tiere kommen.

Auch bei der Achtsamkeitsübung im Sitzen wirst Du mit Deinen eigenen geistigen Prozessen immer mehr eins, bis schließlich der »Beobachter« verschwindet, dieses Gefühl, Deinen eigenen inneren Vorgängen gegenüberzustehen. Dann offenbart sich Dir unmittelbar die Natur Deiner Gedanken und Emotionen und des gesamten Wahrnehmungsprozesses. Natürlich ist das alles leichter gesagt als getan, denn wir haben nun mal die tiefsitzende Angewohnheit, uns selbst zu täuschen, und wenn es darum geht herauszufinden, wer wir wirklich sind, weichen wir gern aus. Aber es ist möglich, wenn wir den Mut aufbringen, ehrlich zu uns selbst zu sein.

Die Übung von Achtsamkeit und Gewahrsein hat zwei Komponenten, die der zweifachen Funktionsweise unseres Geistes entsprechen: zum einen die Konzentration auf ein Tun oder einen Gedanken und daneben ein weniger deutliches, aber umfassendes Gefühl unserer Erfahrung. Der Achtsamkeitsaspekt besteht in der Ausrichtung der Aufmerksamkeit auf unsere Gedanken, Emotionen und Körperempfindungen. Wir werden vollständig eins mit ihnen, so daß nichts übrigbleibt, kein Ichbewußtsein, kein Beobachter, kein gespaltener Geist. Wir *beobachten* nicht, was wir tun, denken und fühlen, sondern *sind* es bis in die letzte Einzelheit.

Die Achtsamkeit kann sich auch auf die Zeit nach dem Üben im Sitzen ausdehnen, wenn unsere Aufmerksamkeit ganz bei dem bleibt, was wir jeweils tun: eine Blume aufstellen, eine Teeschale auswischen, das Auto waschen, einen Computer programmieren oder was auch immer. Sorgsam, beinahe planvoll, achten wir auf jedes Detail.

Gewahrsein setzt Achtsamkeit voraus. Wenn wir völlig präsent *sind*, entsteht Offenheit, und unser Leben stellt sich uns auf neue Weise dar. Wir betrachten mit forschendem Interesse das Umfeld, in dem unser Tun und Denken stattfindet, und unser Geist bekommt etwas Weites und Leichtes. Durch Gewahrsein erkennen wir, daß unsere Gedanken, Emotionen und Wahrnehmungen nichts Festes oder Dinghaftes sind, sondern einfach Energiemuster.

Gewahrsein erleben wir manchmal als eine Lücke oder Öffnung in der fest gefügten Gliederkette unseres Denkens oder eines halbbewußten inneren Plapperns – ein plötzlicher Hauch von Frische. Wir können nicht ermitteln, woher das kam, wir können es weder festhalten noch willentlich wiederherstellen. Im Gewahrsein sehen wir vielleicht eine Blume oder das Gesicht eines Menschen plötzlich mit ganz neuen Augen. Es kann auch sein, daß eine Verärgerung unverhofft in ein Lächeln übergeht.

Achtsamkeit und Gewahrsein treten eigentlich ganz von selbst in jedem Augenblick unserer Erfahrung auf, mal mehr, mal weniger. Aber sie sind meistens eher zerfasert und überlagert, so daß sie uns verborgen bleiben und wir sie nicht bewußt nutzen können. Aber wir benutzen sie instinktiv.

Achtsamkeit bedeutet einfach aufmerksam zu sein. Wir alle merken auf, wenn etwas unsere Aufmerksamkeit anzieht oder wir ein unbekanntes Geräusch hören oder einen attraktiven Menschen sehen. Selbst in einer langweiligen Schulstunde versuchst Du aufmerksam zu sein, aber Du wirst sicher feststellen, daß Deine Gedanken immer wieder abschweifen. Selbst wenn wir etwas wirklich gern lernen wollen, fällt es uns oft schwer aufzupassen.

Gewahrsein heißt, daß Du Deinen Geist in jedem Augenblick offen sein läßt und ein breites Spektrum von Wahrnehmungen und Empfindungen aufnimmst. Wenn Du beispielsweise in einem Orchester mitspielst, mußt Du einerseits alle Details Deiner eigenen Stimme präsent haben und zum anderen mit einer Art Rundum-Wahrnehmung verfolgen, was das Orchester als Ganzes und was der Dirigent tut.

Ich habe einmal mit dem Ausbildungsleiter der kanadischen Fluglotsen gesprochen. Als ich ihm von Achtsamkeit-Gewahrsein erzählte, rief er aus: »Aber das ist ja genau das, was Fluglotsen brauchen!« Dann erklärte er, inwiefern seine Arbeit just diese beiden Bestandteile hat. Fluglotsen müssen sehr genau auf ihren Radarschirm und die in ihrer Verantwortung liegenden Flugzeuge achten können – Achtsamkeit. Aber sie müssen dabei auch ständig den gesamten Luftraum im Auge haben – Gewahrsein.

Oder nehmen wir an, Du möchtest eine etwas anspruchsvollere Mahlzeit zubereiten – ausnahmsweise mal nicht Makkaroni und Käse. Vielleicht das Weihnachtsessen. Du schneidest mit einem scharfen Messer Karotten, also mußt Du gut aufpassen – Achtsamkeit. Außerdem ist da aber noch eine Soße, die langsam heiß wird, und bald mußt Du die Pute wieder begießen, die Kartoffeln fangen an zu kochen, die Weinflasche muß entkorkt werden und so weiter. Du mußt also ein Gewahrsein vom Ganzen Deiner Essensvorbereitungen haben und zugleich genau auf das achten, was Du gerade tust.

Du weißt ja, viele halten Meditation für exotischen, östlichen, religiösen Nabelschau-Unsinn – und meist sind das Leute, die gar nicht erst herauszufinden versuchen, was es damit auf sich hat. Ich nehme an, daß diese Ablehnung meditativer Übungsformen etwas mit der Furcht vor dem Kennenlernen der eigenen Person zu tun hat.

Aber die Achtsamkeits-Gewahrseins-Übung hat wie Du weißt überhaupt nichts Fremdartiges oder Exotisches. Der große amerikanische Psychologe William James sagte schon zu Anfang unseres Jahrhunderts: »Die Fähigkeit, eine schweifende Aufmerksamkeit immer und immer wieder bewußt zurückzuholen, ist die Wurzel des Urteilsvermögens, des Charakters und des Willens. Eine diese Fähigkeit schulende Erziehung wäre Erziehung par excellence. Aber es ist leichter, dieses Ideal zu umreißen, als praktische Anleitungen zu seiner Verwirklichung zu geben.«

Nun, diese Anleitungen hier sind sehr praktisch und dienen tatsächlich dieser Verwirklichung. Es wirft ein recht schlechtes Licht auf das Verständnis des Geistes in unserer Gesellschaft, daß die meisten Menschen nicht einmal wissen, daß der Geist auf so einfache Weise trainiert werden kann. Oder hast Du vielleicht in der Schule jemals davon gehört? Natürlich nicht! Ist das nicht ein Trauerspiel?

Irgendeine Praxis der Stille, zum Beispiel die Achtsamkeits-Gewahrseins-Übung, *ist* einfach notwendig, wenn wir wissen, fühlen, erleben wollen, wer wir sind. Und ohne eine solche Praxis wird es Dir kaum gelingen, die Konditionierungen zu sehen und zu durchschauen, die Dich fesseln und Dich Deine Welt nicht so erleben lassen, wie sie ist, verzaubert und heilig.

So Vanessa, jetzt hatten wir unser Intermezzo und werden mit den Briefen fortfahren.

In den ersten sechs Briefen habe ich mit den Geschichten der lebendigen und der toten Welt die Grundlagen zu schaffen versucht. Ich habe gesagt, daß wir zweierlei tun müssen, um Zugang zur lebendigen Welt zu bekommen. Wir müssen die Konditionierungen sehen und auflösen, die uns an die tote Welt fesseln, um dann die Alternativen erkennen zu können; und wir müssen uns auf irgendeine Form der direkten Praxis einlassen, um zu erleben, wie diese Konditionierungen in uns am Werk sind.

Die nächsten Briefe werden eine Art Reise durch unsere Konditionierungen, und dabei wird sich nach und nach die Geschichte der lebendigen Welt abzeichnen. Der nächste Schritt, in den drei folgenden Briefen, wird darin bestehen, daß wir uns den Tanz der Wahrnehmung anschauen, der in der bedeutsamen Koinzidenz jedes Augenblicks unsere Welt hervorbringt.

Bevor wir weitermachen, vielleicht ein Merkspruch. Wie wär's mit:

SITZEN – frische Luft zum Atmen!

## 7. Brief
## Sieht Dein Gehirn?

*Liebe Vanessa,*

heute morgen möchte ich Dir etwas über unsere Wahrnehmung einer Welt »da draußen« schreiben. Wie verschaffen uns Körper und Geist diese Erfahrung? Ich sage nicht *die* Welt, sondern *eine* Welt, denn ich möchte Dir zeigen, daß wir nicht einfach *die* Welt wahrnehmen, sondern *unsere* Vorstellung von ihr. Und ich sage »verschaffen«, weil Wahrnehmung, anders als wir gemeinhin annehmen, keineswegs etwas ist, was unsere Sinne mechanisch tun, sondern etwas Schöpferisches.

Daß ich Dir etwas über diesen schöpferischen Tanz zwischen unserem Körper-Geist und der Welt erzählen möchte, hat zwei Gründe. Erstens möchte ich, daß Du weißt, wie weitgehend die Welt, die Du Augenblick für Augenblick erzeugst, von den Ideen geprägt ist, die Du im Laufe Deiner Kindheit und Jugend in Dich aufgenommen hast. Das ist wichtig zu wissen, bevor wir uns näher mit den Ideen beschäftigen, die die tote Welt ausmachen. Wenn du siehst, wie die Tote-Welt-Geschichte Dich geprägt hat, kannst Du Dich von ihr befreien – falls Du möchtest.

Später möchte ich dann darstellen, wie Du all das zu etwas ganz Persönlichem machen kannst: Du hast die Möglichkeit zu verfolgen, wie Du Deine Welt selber herstellst, und dann kannst Du vielleicht etwas ändern. Ein möglicher Zugang ist die Achtsamkeits-Gewahrseins-Übung, von der ich Dir im letzten Brief geschrieben habe.

Zweitens möchte ich über den schöpferischen Tanz der Wahrnehmung deshalb sprechen, weil es mir darum geht, daß Du Deine

Welt auf neue Weise zu sehen lernst, als magisch. Du sollst wissen, daß Körper und Geist in jedem Augenblick Deines Lebens mit der Welt tanzen und etwas vollkommen Frisches hervorbringen. Das ist ein schöpferischer Prozeß und wie alles Schöpferische immer frisch, immer offen für Neues. Es ist nicht nötig, daß Du durch die Ideen, mit denen Du groß geworden bist, an eine tote, beengte Welt gefesselt bleibst.

Die meisten Menschen denken nicht darüber nach, wie es kommt, daß sie überhaupt etwas wahrnehmen. Wenn Du sie fragst: »Wie siehst du?«, werden sie wahrscheinlich sagen, daß die Augen so etwas wie das Objektiv einer Videokamera sind und bewegte Bilder aufnehmen, die dann ins Gehirn eingespeist werden. Im Gehirn werden diese Bilder dann zu unserer persönlichen Welterfahrung aufbereitet, ähnlich wie ein Computer Information aufbereitet. Die meisten Leute gehen schlicht davon aus, daß »da draußen« tatsächlich eine Welt aus Dingen vorliegt, aus Bäumen, Autos, Menschen und anderen Materieklumpen. Irgendwie stellt das Gehirn ein mehr oder weniger treffendes Bild dieser Welt her, und das sehen wir uns dann an wie einen Film. Man spricht hier von der »Repräsentationstheorie der Wahrnehmung«, weil dieser Gedanke besagt, daß die Sinne uns die Welt abbilden oder eben repräsentieren.

Aber so ist es nicht. Zunächst einmal wird uns nur ein Bruchteil der von den Sinnesorganen zum Gehirn gelangenden Impulse überhaupt bewußt. Zum Beispiel kann ein einzelnes Stäbchen (lichtempfindliche Zelle) der Netzhaut eine siebenundzwanzig Kilometer entfernte Kerzenflamme registrieren. Die Haarzellen des Ohrs nehmen Schwingungen auf, die kleiner sind als die, welche vom Blutstrom in den Ohrgefäßen erzeugt werden; sie registrieren sogar Moleküle, die gegen das Trommelfell prallen. Und die Rezeptoren in der Nase brauchen nicht mehr als vier Moleküle eines Geruchsstoffs, um anzusprechen. Aber das meiste davon nehmen wir nicht wahr, und diese selektive Wahrnehmung ist notwendig, damit wir überhaupt leben können. Wenn unsere

Sinne die Flut der von »außen« kommenden Signale nicht irgendwie regulieren und eindämmen würden, wären wir durch schiere Reizüberflutung lahmgelegt. Andererseits dürfte eine allmähliche Emanzipation von unseren Konditionierungen wohl daran zu erkennen sein, daß unsere Verarbeitungskapazität für die gewaltige Fülle der uns zugänglichen Information größer wird und wir angemessener reagieren können.

Sehen wir uns jetzt aber an, was das Gehirn denn tatsächlich macht. In den letzten zehn Jahren ist zur Frage, welche Rolle unser Gehirn bei der Erzeugung unserer Welt spielt, einiges an faszinierender Forschungsarbeit geleistet worden. Um uns selbst so weit wie möglich kennenzulernen, sollten wir auch darüber ein wenig informiert sein. Die Hirnforscher haben inzwischen sehr detailliert ermitteln können, welche Gehirnregionen beteiligt sind, wenn wir denken oder bestimmte Emotionen haben oder bestimmten Verrichtungen nachgehen.

Um zu zeigen, wie das Gehirn an der wahrnehmenden Erschaffung der Welt beteiligt ist, möchte ich ganz kurz beschreiben, welchen Weg ein visuelles Bild durch das Gehirn nimmt. Hier möchte ich vor allem darauf hinaus, daß das endgültige Bild, das das Gehirn uns präsentiert, sehr stark mitgestaltet ist von unseren Emotionen und vorgefaßten Anschauungen: was Du sehen möchtest, was Du nicht sehen möchtest, was Du erwartest und so weiter. Das Vermengen der von außen kommenden Botschaft mit Deinen Ideen beginnt in dem Augenblick, wo Licht in Dein Auge fällt.

Nehmen wir an, Du blickst Deiner Freundin Margaret ins Gesicht. Was passiert, wenn das Licht von Margarets Gesicht durch Deine Augenlinsen gegangen ist und dann auf der Netzhaut beider Augen ein winziges Bild erzeugt?

Zunächst einmal steht dieses Netzhaut-Bild auf dem Kopf, ist rechts-links-verkehrt und außerdem in über Hundertmillionen einzelne elektrische Impulse der über Hundertmillionen Neuronen (Nervenzellen) jeder Netzhaut zerlegt. Die verschiedenen Neuronen der Netzhaut reagieren unterschiedlich auf bestimmte Züge des Bildes – Farbe, Intensität, Form, Tiefe, Bewegung und so weiter – und zerlegen also das Bild vom ersten Augenblick an in Komponenten. Diese Millionen einzelner elektrischer Botschaften durchlaufen dann im Gehirn einen ungeheuer komplexen Verarbeitungsprozeß. Und Du hast eine bewußte Wahrnehmung von Margarets Gesicht. Wie kam Deine Wahrnehmung ihres Gesichts zustande, während Hundertmillionen elektrischer Ströme von jeder der beiden Netzhäute in den Leitungsbahnen Deines Gehirns unterwegs waren?

Das Gehirn besteht aus etlichen deutlich unterschiedenen Teilen. Ich will hier nur drei erwähnen: Großhirnrinde oder Kortex, Thalamus und limbisches System (siehe Abbildung 2). Der Kortex,

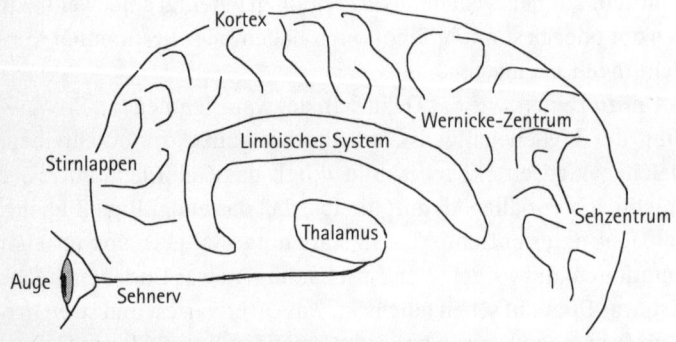

*Abb. 2:* Eine schematische Ansicht des Gehirns, auf der einige mit dem Sehvermögen zusammenhängende Strukturen bezeichnet sind.

die äußerste Schicht, sieht ein bißchen wie eine Walnuß aus – oder eben wie »Rinde«, so die Übersetzung des lateinischen Wortes *cortex*. Die Hirnregionen, die mit dem Berührungs- und Bewegungssinn zu tun haben, sind im oberen Teil des Kortex in einer Struktur angesiedelt, die einem Körperumriß ähnlich sieht. Der Kortex besteht aus einer rechten und einer linken Hemisphäre, die jeweils die Bewegungen und Empfindungen der gegenüberliegenden Körperseite steuern; die linke Hemisphäre ist also für den rechten Arm, das rechte Bein und so weiter zuständig, die rechte Hemisphäre für die andere Seite.

In der Großhirnrinde sind auch Sprache, Logik, Interpretation und alle »Denk«-Funktionen ansässig. Dabei scheinen die beiden Hemisphären für unterschiedliche Denkweisen zuständig zu sein: Die linke Hemisphäre ist mehr mit analytischem Denken, mit Zahlen und Mengen befaßt, während es im Denken der rechten Hemisphäre mehr um Qualitäten und räumliche Anordnung geht – sie ist, kurz gesagt, eher intuitiv. Sprache und Ichbewußtsein beanspruchen nun beide offenbar nur die linke Hemisphäre.

Außerdem gibt es Regionen der Großhirnrinde, in denen die von den Sinnesorganen ausgehenden Impulse empfangen und auch wieder zurückgeschickt werden. Wieder andere Regionen sorgen für die Verknüpfung der Sinne *untereinander*. Es gibt Millionen von Querverbindungen zwischen den Kortex-Regionen mit sensorischen oder Denk-Funktionen und weitere Millionen von Verbindungen zu den niederen Gehirnteilen.

Bevor die Abermillionen Bildfragmente von der Netzhaut in die Großhirnrinde gelangen, treten sie in eine tief ins Gehirn eingebettete Struktur namens Thalamus (das griechische Wort für »Kammer«) ein. Von dort aus gelangen Teile des visuellen Bildes über Leitbahnen in etliche verschiedene Bereiche der Großhirnrinde. Für jede Faser, die von der Netzhaut her in den Thalamus eintritt, führen mehr als achtzig von der Großhirnrinde zum selben Punkt zurück. Damit ist der Thalamus so etwas wie ein Relais, in dem das von der Netzhaut her ankommende Bild von Margarets Gesicht durch die von den höheren Gehirnteilen zurückkommenden Signale beeinflußt werden kann – und diese übergeordneten Regionen sind zum Beispiel an unseren Emotionen, unserem Denken und Planen, unseren Erwartungen und Interpretationen beteiligt.

Die visuellen Regionen der Großhirnrinde sind direkt mit dem darunterliegenden limbischen System verbunden, das an so unterschiedlichen Gefühlen und Gefühlszuständen wie Lust und Schmerz, Zorn und Zuwendung und an unseren Stimmungen und Erinnerungen beteiligt ist. Das limbische System erhält über die Sinne Informationen von außen, aber auch direkte Informationen aus dem Körperinneren. Alle Botschaften von außen müssen auf dem Weg zur Großhirnrinde das limbische System durchlaufen. Also wirken auch Stimmung und Gefühlstonus auf Margarets Bild ein, bevor es in die Großhirnrinde gelangt. Es bestehen außerdem Verbindungen zwischen der visuellen Hauptregion der Großhirnrinde und den ebenfalls zu ihr gehörenden Stirnlappen, die an unserer Zukunftsplanung und dem Empfinden von Sinn in unserem Leben beteiligt sind.

So bestehen also unzählige komplizierte Rückkopplungen zwischen dem visuellen Bereich der Großhirnrinde und den anderen genannten Gehirnteilen, und hier mischen sich Emotionen und Gedanken mit dem ankommenden Bild von Margarets Gesicht zu dem, was schließlich Dein *bewußtes* Bild ist.

Eine wichtige Region der Großhirnrinde möchte ich noch erwähnen, nämlich das Wernicke-Zentrum, benannt nach dem deutschen Arzt, der als erster von einem Patienten mit einer Hirnläsion in diesem Bereich berichtete. Das Wernicke-Zentrum (in der linken Großhirnrinde) ist eines der wichtigsten Sprachzentren; es ist an der Bildung von Begriffen und Namen beteiligt. Eine Schädigung in diesem Bereich führt dazu, daß der Patient Schwierigkeiten hat, Wörter zu verstehen. Interessanterweise ist dieses Gebiet aber auch für das Zusammenwirken der Sinne zuständig; nur beim Menschen scheint es zur Verknüpfung von Signalen aus verschiedenen Sinnesbereichen – etwa dem Gesichts- und dem Tastsinn – zu kommen. Wir haben hier also den Ort, an dem Form, Farbe und Geschmack einer Orange zu einem Ganzen verbunden werden. Das ist natürlich wichtig für unsere Fähigkeit, ganze »Objekte« wahrnehmen und – was ja die andere Funktion des Wernicke-Zentrums ist – sie benennen zu können.

Schon aus dieser vereinfachten Darstellung kannst Du sehen,

daß das Bild, das Margarets Gesicht auf Deiner Netzhaut erzeugt, durch ein unglaublich komplexes Labyrinth von ineinandergreifenden Schleifen und Querverbindungen geschleust wird. Dieses Geflecht verknüpft unsere visuellen Eindrücke mit unseren anderen Sinnen, unseren Emotionen, unseren Interpretationen, unseren Interessen und unserer Wahrnehmung und Benennung von Objekten.

Und all das wird nun zurückgeführt an die Stelle, an der die ursprüngliche visuelle Information in den Sehnerv eintritt. Deine Großhirnrinde entscheidet also schon mit, wohin Du den Blick wenden wirst, bevor Du auch nur weißt, was da zu sehen sein wird: Ein junger Mann wendet sich einer hübschen Frau zu, *bevor* er sie bewußt wahrgenommen hat. Und natürlich existieren für die anderen Sinne ähnliche Systeme.

Die ganze Sache geht offenbar in einem dynamischen Geflecht von Schleifen und Verbindungen um und um, ein wirbelndes Muster elektrischer Aktivität. Und dieses Muster wird zu dem, was Du als Margarets Gesicht siehst. Aber kein Mensch weiß, *wie* aus diesem elektrischen Muster ein bewußtes Bild wird.

Wie sind wir nur auf den Gedanken gekommen, das Auge sei wie eine Kamera, die originalgetreue Schnappschüsse der Welt »da draußen« macht? Und was machen wir jetzt mit der Vorstellung, daß außerhalb des Körpers eine reale, handfeste Welt der »Dinge« existiert und das Gehirn irgendwie in der Lage ist, mit all seinen inneren Mechanismen ein Abbild, eine »Repräsentation« dieser Außenwelt zu liefern? Wie »originalgetreu« kann solch ein Abbild wohl sein? In den folgenden Briefen will ich noch etwas näher darauf eingehen, wie unser Körper-Geist wahrnimmt und wie er mitwirkt bei der Erzeugung der Welt, in der Du lebst.

Bevor wir das Gehirn verlassen, möchte ich noch auf einen weiteren wichtigen Punkt hinweisen: Wenn eine bestimmte Hirnregion dadurch aktiviert wird, daß jemand etwas Bestimmtes tut oder eine bestimmte Emotion erlebt, heißt das nicht unbedingt, daß das Gehirn die Ursache dieses Tuns oder dieser Emotion ist. Es heißt nur, daß dieser Teil des Gehirns »angeht« – wie das Licht im Zimmer angeht, wenn Du den Schalter betätigst. Weder der Schalter noch die Birne noch die Kabel sind die *Ursache* dafür, daß es hell wird, wenngleich natürlich alle ihren Anteil daran haben. Man muß tiefer gehen, denn da ist ja noch der Strom, und der ist nicht Bestandteil der Armaturen; wie fein wir die Drähte auch zerschneiden, die Birne auch zerlegen mögen, Strom finden wir da nicht.

Die wissenschaftlichen und nichtwissenschaftlichen Wortführer unserer Gesellschaft geben sich alle Mühe, uns davon zu überzeugen, daß unser Geist nichts weiter ist als unser Gehirn. Wenn sie Erfolg hätten, wäre der Geist endgültig auf Materie reduziert – der endgültige Triumph der toten Welt. Aber es gibt immer noch genügend Wissenschaftler, die es nicht so eilig haben, diese Position zu beziehen. Sie halten das Gehirn eher für ein Instrument des Geistes oder Bewußtseins und setzen die beiden nicht einfach gleich.

Hirnforscher haben erstaunliches geleistet, um bestimmte Funktionen wie das Sehen, die Motorik, die Sprache, die Emotionen und so weiter bestimmten Hirnregionen zuzuordnen. Teile unserer mentalen Funktionen werden ganz offensichtlich vom Gehirn übernommen, aber es geht ja um unsere *Erfahrung*, um unser *Bewußtsein* von der Welt.

Ist Dein Bewußtsein oder Dein Gefühl, jetzt hier zu sein, nur eine unter vielen Funktionen Deines Gehirns oder sogar Deines ganzen Körpers? Wissenschaftler haben jedoch keinerlei Vorstellung, wie unsere *Erfahrung* zustande kommt. Ist Dein Bewußtsein vom Anblick Deiner Freundin vom Gehirn und im Gehirn *erzeugt*, oder ist das Gehirn einfach das Instrument, mit dessen Hilfe Dein Bewußtsein diesen Anblick erfährt?

Der Unterschied zwischen dem Gehirn als *Werkzeug* des Geistes und dem Gehirn *als* Geist ist nicht schwer zu verstehen, aber man muß sich immer wieder an ihn erinnern, wenn man über das Gehirn nachdenkt oder liest. Um es noch etwas plastischer zu machen: Stell

Dir vor, daß vor Dir auf dem Tisch zwei Fernsehapparate stehen. Der eine sei batteriebetrieben, der andere an eine Solarzelle angeschlossen, also direkt mit Sonnenenergie betrieben.

Jetzt schaltest Du beide Geräte ein und siehst Dir zum Beispiel eine Quizsendung an. Du schaltest um und stößt zum Beispiel auf eine Dokumentation über Tiere. Beide Apparate tun, soweit Du sehen kannst, genau das gleiche.

Wir wissen natürlich, daß da ein gewaltiger Unterschied zwischen den beiden besteht. Das eine Fernsehgerät erzeugt seine Energie, das heißt seine Fähigkeit, Dir Erfahrungen zu vermitteln, in sich selbst. Das andere empfängt sie aus dem Raum.

Das Beispiel der Fernseher soll noch einmal die eben angesprochene Frage, ob das Bewußtsein *identisch* mit dem Gehirn (oder dem ganzen Körper) ist oder das Gehirn (der Körper) ein *Instrument* des Bewußtseins ist, verdeutlichen. Das erste Gerät, das batteriebetriebene, steht dann für den Körper als *Ursache* des Bewußtseins, das zweite für den Körper als *Instrument* des Bewußtseins. Das erste erzeugt seine Energie in sich selbst, und das entspricht der Auffassung, daß der Körper das Bewußtsein selbst generiert. Der zweite Fernseher empfängt seine Kraft aus dem Raum, und das entspräche einem Angeschlossensein des Körpers an die Bewußtseins-Energie des Raums.

Ich spreche hier vor allem vom Erfahrungsaspekt des geistigen Geschehens, vom direkten Gewahrsein oder Fühlen unserer Erfahrung. Natürlich hängt es auch vom Körper ab, welche *Art* von Welt Du erlebst, keine Frage. Aber ist er die *Ursache* Deines Erlebens? Wenn Bewußtsein vom Körper erzeugt wird, ist der erste Fernseher der bessere Vergleich. Wenn aber Bewußtheit und Fühlen überall sind, im gesamten Universum, dann wäre der Körper mehr eine Art Instrument, mit dessen Hilfe Du, dieser besondere Mensch mit Deinem besonderen Körper, Deine Welt erfährst – wie auch der zweite Fernseher seine Energie von außen erhält und dadurch das Instrument sein kann, durch das Du den Tierfilm erlebst.

Nimm diesen Vergleich übrigens nicht zu wörtlich und überleg, was der Sonne im Bereich unserer Erfahrung entspricht. Es geht nur um den Gedanken, daß eine bestimmte Hirnregion nicht deswegen schon als *Ursprung* einer Wahrnehmung anzusehen ist, weil sich herausgestellt hat, daß sie irgendwie an ihr beteiligt ist.

Man könnte die Beziehung zwischen Körper und Gewahrsein auch so darstellen, daß man sich das Gewahrsein-Fühlen als einen breiten Strom vorstellt. Jedes einzelne Ding – ein Stein, ein Baum, ein Hund, ein Mensch, ein Engel, ein Drala oder was auch immer – wäre dann ein Wirbel in diesem Strom. Komplexere Dinge wie Menschen oder Dralas bilden tiefere Wirbel, weil bei ihnen das Gewahrsein größer ist. Aber alles, was in unserer Welt existiert, bildet Wirbel im Strom des Gewahrseins, sei er nun klein und kaum wahrnehmbar oder riesengroß, denn alles hat in mehr oder weniger großem Umfang teil am Gewahrsein. Auch unser Körper ist einfach etwas, das wir in eben diesem Gewahrsein wahrnehmen – er gehört zum Gewahrsein wie der Wirbel zum Strom.

In unserem Vergleich mit den beiden Fernsehern würde der eine Apparat dann nicht nur von der Sonne gespeist, sondern aus Sonnenlicht *bestehen*.

Was ich Dir vor allem klarmachen möchte, ist, daß nichts, aber auch gar nichts in der gegenwärtig gültigen Naturwissenschaft zu entscheiden erlaubt, ob Gehirn und Körper die Ursache unserer Erfahrung und unseres Gewahrseins sind oder einfach deren Instrumente. Wenn die konventionelle Wissenschaft die Entscheidung gefällt hat, daß Geist nichts anderes als Gehirn ist, dann ist das eine philosophische oder religiöse Entscheidung, keine wissenschaftliche. Diese Entscheidung hat, wie das bei einer nicht hinterfragten Annahme nicht anders sein kann, zu einer schrecklichen Blindheit in der konventionellen Wissenschaft geführt.

In späteren Briefen werde ich Dir von ein paar interessanten Experimenten erzählen, die auf die universale Präsenz von Gewahrsein schließen lassen. Diese Experimente wurden von aner kannten Forschern nach streng wissenschaftlichen Methoden durchgeführt. Doch die konventionelle Wissenschaft weigert sich, die Befunde dieser Experimente auch nur zur Kenntnis zu nehmen – wie Galileis Kollegen, die nicht einmal durch seinen »Gucker« schauen wollten.

Ich habe unsere Betrachtung der Wahrnehmung in diesem Brief mit einem Blick auf die Rolle des Gehirns begonnen. Wir haben gesehen, wie das Gehirn Information verarbeitet, und dadurch wissen wir bereits, daß in unsere Erfahrung dessen, was wir zum Beispiel sehen oder hören, auch unsere Ideen und Interpretationen und emotionalen Reaktionen eingehen. Morgen werden wir uns die Wahrnehmung ein wenig mehr von innen ansehen und auch da wieder feststellen, daß Emotion, Interpretation, vorgefaßte Meinungen und Erwartungen in jedem Augenblick unserer Erfahrung zusammenkommen.

# 8. Brief
## Interpretation färbt unsere Welt

*Liebe Vanessa,*

im gestrigen Brief habe ich Dir kurz den Weg der visuellen Eindrücke im Gehirn geschildert. Wir haben gesehen, wie die von Deiner Netzhaut ausgehende Botschaft – das Bild von Margarets Gesicht in Form von Hundertmillionen elektrischer Impulse – im vielschichtigen Labyrinth der Neuronen bearbeitet wird. Sie durchläuft dabei Gehirnteile, die offenbar für Interpretation und emotionale Reaktion zuständig sind. Das läßt darauf schließen, daß unsere Wahrnehmung sehr stark von unseren Emotionen und Ideen über die Welt gefärbt ist.

Wir sehen einen Vogel ja nicht nur, sondern haben auch Freude an ihm und finden ihn schön. Wir hören ein Geräusch nicht nur, sondern es ist ein Geräusch, das wir mögen oder eben nicht mögen wie zum Beispiel das Hundegebell drüben auf der anderen Seeseite, das die schöne Stille zerreißt. Alles, was wir hören, sehen, schmecken und so weiter, geht mit einem Gefühl einher: »Mag ich«, »Mag ich nicht«, »Ist mir eigentlich egal«. Das geschieht so unmittelbar und selbstverständlich, daß wir es kaum bemerken. Wir müssen es aber bemerken und uns eingestehen, wenn wir unsere Welt wirklich verstehen wollen.

Im heutigen Brief möchte ich Dir noch auf andere Weise zeigen, inwiefern alles, dessen Du Dir bewußt wirst, schon durch Deine Deutungen, Erwartungen und Emotionen gefärbt ist, ohne daß Du davon weißt. Es gibt sogar ein intelligentes Handeln auf der Basis einer »Wahrnehmung« ohne Bewußtsein, auf der Basis dessen, was ich hier Gewahrsein nenne: Manchmal erfaßt man auf irgendeiner

Ebene die Bedeutung einer Sache, ohne aber bewußt nachzuvollziehen, daß es so ist.

Es gibt ein erstaunliches Phänomen, das Blindsichtigkeit genannt wird und ebenfalls zeigt, daß Signalverarbeitung stattfinden kann, ohne daß man etwas davon weiß. Manche aufgrund von Hirnschäden erblindete Menschen – sie können wirklich überhaupt nichts sehen – sind in der Lage, einen ihnen zugeworfenen Ball zu fangen. Wenn sie die Position eines Gegenstands in ihrer Umgebung »erraten« und auf ihn zeigen sollen, sind sie dazu erheblich häufiger in der Lage, als aufgrund der Zufallswahrscheinlichkeit zu erwarten wäre.

Stell Dir folgende Situationen vor:

1. Du sitzt in der Küche und plauderst mit einer Freundin. Das Gespräch nimmt Dich völlig in Anspruch. Irgendwann streckst Du den Arm aus und drehst den Wasserhahn fester zu, ohne daß Dein Gedankengang dadurch unterbrochen würde. Später sagt Deine Freundin: »Dieses Getropfe ging mir auch schrecklich auf die Nerven.« Erst dann wird Dir *bewußt*, daß Du den Hahn zugedreht hast, obwohl es Dir bereits im Moment der Handlung irgendwie gegenwärtig war. (Wir kommen später noch ausführlich auf diesen wichtigen Unterschied zwischen Bewußtsein und Gewahrsein zurück.)

2. Du sitzt wieder im Gespräch mit einer Freundin in der Küche. Das Gespräch nimmt Dich völlig in Anspruch. Dann wird Dir ein Geräusch bewußt, Du erkennst es als das Tropfen des Wasserhahns und drehst ihn zu. Danach nimmst Du das Gespräch wieder auf.

In beiden Situationen hast Du dasselbe getan: den Hahn zugedreht. Aber beim ersten Mal war die Handlung nicht *bewußt*.

Oder vielleicht hast Du schon mal ein spannendes Buch gelesen und dabei ein Glas Saft neben Dir stehen gehabt. Du greifst nach dem Glas, setzt es an und kommst dann mit einem Ruck plötzlich zu Dir, weil es leer ist. Du hast bereits alles getrunken, aber es war Dir nicht bewußt.

Betrachten wir jetzt einmal etwas näher die Weltverarbeitungsprozesse, die sich in Dir abspielen, ohne daß sie Dir zu Bewußtsein kommen. Im vorigen Brief haben wir den Weg eines visuellen Eindrucks durch das Gehirn verfolgt, und Du wirst Dich erinnern, daß eine der Stationen auf dem Weg zur Großhirnrinde das limbische System ist. Das limbische System spielt eine große Rolle für die Emotionen, und so kann man erwarten, daß visuelle (und andere) Wahrnehmungen von unserem emotionalen Zustand beeinflußt werden. Hier ein paar (von vielen) Experimente, die erkennen lassen, daß es tatsächlich so ist. Sie zeigen, daß unsere Wahrnehmung eines Objekts durch unsere emotionale Reaktion auf dieses Objekt mitbestimmt ist, *ohne daß wir uns je dieses Einflusses bewußt wären.*

Bei einem dieser Experimente wurden den Versuchspersonen Tabuwörter wie *Penis, ficken* oder *Hure* subliminal gezeigt, das heißt so kurz, daß sie nicht erkannt und bewußt wahrgenommen werden konnten. Die Probanden betrachteten also neutrale bis eher angenehme Bilder, und dabei wurden diese Wörter blitzartig eingeblendet, so kurz, daß sie nicht zu bemerken waren. Dennoch bewirkten diese Wörter Veränderungen des elektrischen Hautwiderstands (Lügendetektoren funktionieren auch nach diesem Prinzip), und das zeigt eindeutig, daß eine emotionale Reaktion stattfand, obwohl die Wörter nicht bewußt wahrgenommen worden waren.

In einem anderen Experiment wurden emotional neutrale Bilder wie etwa von einem geigespielenden Jungen gezeigt. Die subliminalen Einblendungen bestanden diesmal aus Bildern: im ersten Fall Kopf und Schultern eines häßlichen, bedrohlich wirkenden Mannes in einer Bildecke; im zweiten Fall ein lächelndes Gesicht. Wenn die Teilnehmer das Bild betrachtet hatten, erhielten sie die Aufgabe es nachzuzeichnen und zu kommentieren. Etliche Teilnehmer der ersten Gruppe (die das Bild mit der subliminalen Einblendung des bedrohlichen Mannes betrachtet hatten) gaben ihrer Zeichnung und ihrem Kommentar eine Wendung ins Negative; sie zeichneten beispielsweise die auf dem sichtbaren Bild dargestellte Gestalt als tot oder von einem dunklen Schatten überlagert. Diese Resultate erwiesen sich als so verläßlich, daß man sie in Norwegen und Schweden sogar für das Auswahlverfahren von Luftwaffenpiloten einsetzte.

Solche Experimente demonstrieren den Einfluß unterschwelliger emotionaler Reize auf die Wahrnehmung. Mit anderen Experimenten läßt sich zeigen, daß so auch das Verhalten beeinflußt werden kann. Zum Beispiel hat man einer Gruppe von Studenten einen Film gezeigt und dabei alle sieben Sekunden das Wort *beef* (Rindfleisch) für jeweils eine Hundertstelsekunde eingeblendet (also viel zu kurz für eine bewußte Wahrnehmung). Nach dem Film hatten die Studenten anhand einer Skala anzugeben, wie hungrig sie waren. Es zeigte sich, daß die Studenten, denen das Wort »Rindfleisch« eingeblendet worden war, signifikant mehr Hunger hatten als eine Vergleichsgruppe, die den Film ohne die Einblendung gesehen hatte.

Mit wieder anderen Experimenten läßt sich zeigen, daß Gefühle, auch recht irrationale, sich auf Entscheidungen auswirken. Man sagt den Versuchspersonen beispielsweise: »Angenommen, Sie haben sich eben zum Kauf eines Taschenrechners zum Preis von fünfzehn Mark entschlossen. Der Verkäufer sagt ihnen, dieses Gerät sei gerade in einer anderen Filiale, zwanzig Minuten entfernt, für zehn Mark im Sonderangebot. Nehmen Sie den Weg auf sich?« Die meisten Leute antworten mit Ja.

Einer anderen Gruppe stellt man die gleiche Frage, nur mit anderen Zahlen: Der Rechner kostet hundertfünfundzwanzig Mark und in der anderen Filiale hundertzwanzig. Hier äußert die Mehrheit der Befragten, daß sie den Weg dafür nicht auf sich nehmen würden. In beiden Fällen sind fünf Mark zu sparen. Aber bei einem Einkauf von fünfzehn Mark bietet diese Einsparung viel mehr Befriedigung als bei einem von hundertfünfundzwanzig Mark. Die meisten Menschen geben eher diesem Gefühl nach, als daß sie logisch handeln.

Viele Experimente dieser Art zeigen sehr deutlich, daß unsere

Wahrnehmung und Entscheidung unbemerkt durch Emotionen mitbestimmt sind. Als nächstes wollen wir betrachten, wie ähnliche Einflüsse auch von Interpretationen und Erwartungen ausgehen. An optischen Täuschungen wird sehr gut erkennbar, wie wir interpretieren, was wir sehen.

Betrachte einmal Abbildung 3. Sind die beiden horizontalen Linien gleich lang? Fast alle Befragten antworten, die obere sei länger. Selbst wenn wir wissen, daß beide gleich lang sind, sehen wir die obere doch noch als länger. Ich habe mal einen Vortrag zu dieser Thematik gehalten und genau dieses Demonstrationsobjekt gewählt und mit Lineal und Leuchtstift auf ein großes Blatt Papier gezeichnet. Natürlich habe ich dabei sehr genau gemessen, damit auch alles stimmte. Als ich fertig war und zurücktrat, kam mir die obere Linie so eindeutig länger vor, daß selbst mein Wissen um diesen Täuschungseffekt nichts half und ich tatsächlich noch einmal nachmessen mußte.

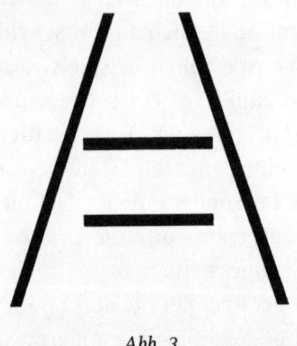

*Abb. 3*

In unserer Alltagswelt kommen vielfach parallele Linien vor, die von uns weg in die Ferne verlaufen – denk nur an Fahrstreifen auf der Straße oder an Bahngeleise mit ihren gleich langen Schwellen zwischen den Schienen. Bei einer geraden Schienenstrecke scheinen die Schienen um so näher zusammenzulaufen und die Schwellen um so kürzer zu werden, je weiter Du den Blick wandern läßt. Wenn wir uns Abbildung 3 ansehen, interpretiert unser Gehirn die beiden aufstrebenden Linien nicht als zueinander hin geneigte Linien auf zweidimensionalem Grund, sondern als in die Ferne weisende Parallelen. Damit nimmt es aber zugleich an, daß die obere der beiden waagerechten Linien kürzer erscheinen sollte als die untere (wie es bei Eisenbahnschwellen der Fall ist). Da dem nicht so ist, kommt es zu dem Schluß, daß die obere Linie »in Wirklichkeit« länger sein muß.

Diese kleine Täuschung ist sehr aufschlußreich. Erinnerst Du Dich an die Bilder von van Goghs Zimmer? Betrachte sie noch einmal. Das obere Bild, hatte ich dazu geschrieben, erscheint wirklichkeitsechter, weil wir es gewohnt sind, alles unter dem Gesichtspunkt gleichsam mitgedachter Fluchtlinien zu sehen. Abbildung 3 demonstriert, wie das funktioniert.

Dann haben wir das Phänomen der *Mehrdeutigkeit*, wofür Abbildung 4 ein Beispiel ist. Zuerst siehst Du vielleicht nur das Halbprofil einer häßlichen alten Frau. Dann siehst Du eine junge Frau mit abgewandtem Gesicht. Danach kannst Du zwischen den beiden Darstellungen hin und her springen. Da dieses Umschalten offensichtlich nichts mit Augenbewegungen zu tun hat, muß es eine höhere Gehirnfunktion sein, die zwischen den beiden Interpretationen umschaltet. Das Gehirn scheint darauf programmiert

*Abb. 4*

zu sein, sich bei solchen Mehrdeutigkeiten auf jeweils eine der beiden Möglichkeiten festzulegen.

Bei einem anderen Typ von Mehrdeutigkeit, für den Abbildung 5 ein Beispiel ist, hängt Deine Interpretation vom Kontext ab. Siehst Du im Zentrum eine 13 oder ein B? Hängt davon ab, ob Du die Zeile oder die Spalte liest, nicht wahr? Das einfache schwarze Zeichen in der Mitte sieht wie eine 13 oder wie ein B aus, je nachdem, in welchem Kontext Du es betrachtest.

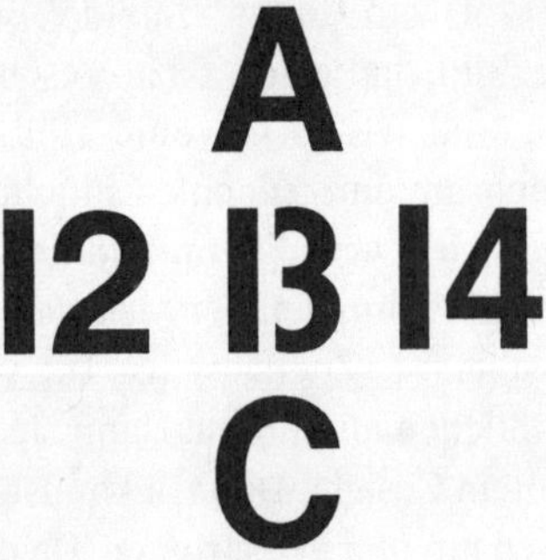

A

12 13 14

C

*Abb. 5*

Ich habe gestern morgen selbst solch einen Fall von Mehrdeutigkeit bei der Wahrnehmung erlebt. Als ich nach dem Sitzen aufstand, war draußen inzwischen der Morgen angebrochen, und ich blickte aus dem Fenster über den See, wo ich Nebel aufsteigen sah. Wir hatten eine Zeitlang Frost gehabt und auf dem See hatte sich eine Eisdecke gebildet, aber jetzt war es seit einigen Tagen wieder wärmer gewesen. Deshalb war es gar nicht so abwegig, daß dort draußen vielleicht Dunst vom Schnee aufstieg. Aber irgend etwas stimmte da nicht. Die Dunstschwaden hatten so seltsam scharfe Grenzen, und daß sie sich so gar nicht bewegten, kam mir auch merkwürdig vor. Dann ging mir ein Licht auf: Eigentlich waren da nur weiße Eisstreifen zwischen nassen Stellen der Seeoberfläche zu sehen.

Nein, daran stimmte auch wieder etwas nicht so ganz. Mein Gehirn schaltete immer wieder hin und her zwischen aufsteigendem Dunst und Tauwassermustern auf dem Eis. Mir war etwas unbehaglich zumute. Keine der beiden Möglichkeiten stimmte ganz, und etwas in mir mochte diese Unklarheit überhaupt nicht. Dann hob ich den Blick zur Baumlinie, die sich drüben auf der anderen Seeseite gegen den Himmel abzeichnete: dasselbe Muster wie das, worüber ich mir gerade den Kopf zerbrach. Was ich gesehen hatte, war also das Spiegelbild der Baumlinie im Schmelzwasser auf dem zugefrorenen See. Mit einem fast spürbaren Einrasten war plötzlich alles klar, alles paßte zusammen. Und das wirklich Seltsame war, daß ich es von da an bei jedem weiteren Blick aus dem Fenster nur noch so sehen konnte.

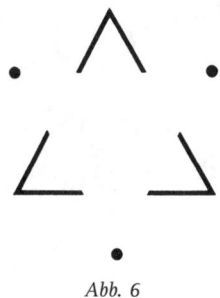

*Abb. 6*

Heute morgen ist noch was Komisches passiert. Ein Blauhäher kam rätschend direkt am Fenster vorbei und landete dann auf dem Geländer der Veranda. Ich beobachtete ihn und wollte gern wissen, was ihn angelockt hatte. Er sprang auf den Boden und hüpfte auf einen flachen braunen Stein zu, der einem Stück Brot täuschend ähnlich sah, pickte ein paarmal daran – und flog wieder weg. Vögeln passiert es also auch!

Siehst du in Abbildung 6 ein weißes Dreieck, das drei Punkte verbindet? Selbst wenn wir uns Mühe geben, es nicht zu sehen, wir sehen es doch. Bei dieser Art Täuschung füllen wir Lücken, wir erfinden etwas dazu – Fiktion. Das passiert auch unter natürlichen Umständen, wie der gefleckte Hund in Abbildung 7 erkennen läßt. Hier denkt unser Gehirn einfach den vagen Eindruck von Schlappohren und Halsband weiter und ergänzt ihn zu einem Hund, obwohl die übrigen Punkte und Flecken des Bildes aber auch gar nichts mit einem Hund zu tun haben.

*Abb. 7*

Diese Täuschungen begründen den Verdacht, daß das, was wir sehen, vielleicht nie ausreicht, um uns eindeutig zu sagen, was da ist. Also macht sich unser Geist-Gehirn vielleicht selbst durch eine Art Abstimmungsprozeß einen Reim auf das, was »da draußen« vorliegt. Dabei spielt auch eine Rolle, was wir unbewußt erwarten.

Erinnerst Du Dich, daß ich in meinem zweiten Brief von Jerome Bruners Experimenten mit falschfarbigen Spielkarten erzählt habe? Diese Experimente zeigen, daß wir etwas in unserer Umgebung leichter erkennen, wenn wir schon damit rechnen, daß wir es wahrnehmen werden. Und wir haben große Schwierigkeiten etwas zu erkennen, was wir nicht zu sehen erwarten. Das gilt natürlich für alle Sinne in gleicher Weise.

Bekommst Du jetzt einen Eindruck von dem staunenswert schöpferischen Tanz, der unsere Welt hervorbringt? Unser Körper-Geist nimmt sich ein Stückchen Gesehenes, eine Prise Geräusch, ein Berührungsempfinden, vermengt das alles mit einer ordentlichen Portion Mögen und Nichtmögen, interpretiert es nach besten Kräften so, daß wir in dem behaglichen Gefühl bleiben können, alles sei so, wie es sein soll – und präsentiert uns dann eine Welt. Außerdem ist das ein ziemlich merkwürdiger Zirkeltanz, denn unser Körper-Geist *gehört* ja zur Welt. Unser Körper-Geist ist ein Teil der Welt, die er hervorbringt und wahrnimmt. Bißchen unheimlich, oder?

Dieser Abstimmungsprozeß ist nicht nur im Spiel, wenn wir die »Außenwelt« wahrnehmen, sondern auch bei unseren Versuchen, die Wahrnehmung innerer Energien – Empfindungen, Gefühle – zu deuten. Vor allem wenn starke emotionale Energien hochkommen, bemühen wir uns, ihnen eine vertraute Deutung, einen vertrauten Namen zu geben, uns eine Geschichte darüber zu erzählen. So können wir die Energie restlos einer bekannten Emotion zuordnen, mit der wir umgehen können.

Die Experimente und Bildbeispiele zeigen, daß wir auf unserem Weg durch die Welt nicht sehen, was *wirklich* da ist. Was wir erfahren, ist eigentlich eine gemischte Kreation aus Vorliegendem und den jeweils angemessen erscheinenden Ideen und Emotionen. In einer vertrauten Welt befinden wir uns so lange, wie unser Wahrnehmungssystem das Vorliegende mit etwas Vertrautem in unserem Gedächtnis zur Deckung bringen kann, und das geschieht schneller, als wir bewußt erkennen können.

Um noch einmal sehr deutlich zu machen, welche Macht unsere Konditionierungen über uns haben können, möchte ich Dir von der Arbeit des Psychologen Martin Seligman erzählen. Seligman vermutet, daß sehr tiefe Persönlichkeitsstrukturen wie etwa das Gefühl absoluter, unüberwindlicher Hilflosigkeit, mit dem manche Menschen aufwachsen, auf unsere Konditionierung zurückzuführen sein kann. Seine Experimente, die das mit schmerzhafter Deutlichkeit zeigen, führte er mit Hunden durch.

Er arbeitete mit drei Gruppen von Hunden. Die der ersten Gruppe bekamen leichte elektrische Schläge, die sie aber durch Druck mit der Nase gegen ein Brett abstellen konnten. Die Hunde der zweiten Gruppe wurden den gleichen Stromschlägen ausgesetzt, konnten aber nichts unternehmen, um sie abzustellen. Die Hunde der dritten Gruppe bekamen keine Stromschläge.

Nachdem die Hunde auf diese klassische Art konditioniert worden waren, kamen sie in Boxen, die durch eine niedrige Zwischenwand zweigeteilt waren. Einem Stromschlag konnte jeder Hund mühelos durch einen Sprung über die Zwischenwand ausweichen. Und jetzt kommt das Unglaubliche. Wenn Hunde der ersten oder dritten Gruppe leichte Stromschläge erhielten, lernten sie schnell, daß sie sich mit einem Sprung über die Trennwand in Sicherheit bringen konnten. Aber die Hunde der zweiten Gruppe, die »gelernt« hatten, daß *nichts*, was sie je unternehmen mochten, irgendwie helfen würde, machten nicht einmal den Versuch, über die Trennwand zu springen, obwohl sie es ebenso leicht hätten tun können wie die Hunde der ersten und dritten Gruppe. Sie legten sich einfach hin und winselten. Sie hätten entkommen können, aber sie glaubten nicht, daß sie es konnten. Sie hatten gelernt hilflos zu sein. Jetzt weißt Du, was Konditionierung ist.

Seligman gelang es, diese Hunde zu dekonditionieren, von ihrer erlernten Hilfsigkeit zu befreien, und das ist das eigentlich Wichtige, nicht nur für die armen Hunde; es zielt auf den Kern dessen, was ich Dir in diesen Briefen klarmachen möchte. In den folgenden Briefen werde ich Dir anhand weiterer Beispiele aus der

Wissenschaft die Ideen aufzeigen, die Deine Wahrnehmung prägen; und ich möchte Dir Wege aus dieser Konditionierung zeigen. All das wird jedoch erst nachvollziehbar, wenn man den schöpferischen Tanz der Wahrnehmung verstanden hat.

Wichtig ist, daß Du mich hier nicht falsch verstehst. Ich will nicht, wie es während der achtziger Jahre in der Phase der blinden Begeisterung für alternative Heilweisen manchmal geschehen ist, behaupten, daß jede Kleinigkeit, die Dir widerfährt, durch etwas verursacht ist, was Du getan hast. Bei diesem Moralisieren kommt am Ende heraus, daß beispielsweise ein Krebskranker denkt: »Ich habe Krebs, weil ich etwas getan habe, und wenn ich nur wüßte, was es war, könnte ich es bereinigen und dadurch Heilung finden.« Durch dergleichen werden kranke Menschen nur noch mehr gequält. Die Frage ist vielmehr, über was für ein »Ich« reden wir? Wer oder was tanzt hier den schöpferischen Tanz der Wahrnehmung? Wohl kaum dieses kleine bißchen Bewußtsein, das, wie wir im vorigen Brief gesehen haben, häufig nicht einmal an unseren ganz gewöhnlichen Tätigkeiten beteiligt ist.

Kurzum, es geht offenbar vieles in uns vor, wovon wir nichts wissen. Wir reagieren häufig auf emotionale Anstöße, ohne zu wissen warum, ohne uns die Bedeutung unserer Wahrnehmungen klarzumachen. Wir weichen vor etwas als bedrohlich Empfundenem zurück oder gehen auf Verlockendes zu, bevor wir auch nur bewußt registriert haben, daß es bedrohlich oder verlockend ist. Wir spüren die Eigenschaften unserer Welt, der Dinge, der Menschen, und oft handeln wir danach, ohne uns unserer Gefühle und Reaktionen bewußt zu sein.

Der Glaube, daß wir rationale Wesen seien oder sein sollten, die alles nach logischen Gesichtspunkten tun, ist wie vieles andere ein reines Hirngespinst. Aber wir können uns durchaus besser kennenlernen – die emotionalen Reaktionen und unbewußten Deutungen, die wir uns angewöhnt haben. So können wir allmählich Verbindungen zwischen Kopf und Herz schaffen und dann als *ganzer* Mensch auf unsere Welt reagieren. Dazu müssen wir allerdings unsere *gesamte* Erfahrung direkt betrachten – unsere Gedanken, unsere Emotionen, unsere Körperempfindungen, unsere Art und Weise unsere Wahrnehmungen zu interpretieren und auf sie zu reagieren. Das kann zum Beispiel durch die Achtsamkeits-Gewahrseins-Übung geschehen. Deshalb soll morgen von dem die Rede sein, was Meditierende über den Wahrnehmungsprozeß herausgefunden haben.

## 9. Brief
### Der schöpferische Tanz

*Liebe Vanessa,*

heute möchte ich näher darauf eingehen, wie Meditierende den schöpferischen Tanz der Wahrnehmung beschrieben haben. Vorher möchte ich Dir aber noch von ein paar faszinierenden klinischen Untersuchungen mit Meditierenden berichten. Hier zeigten sich nämlich zum Teil die gleichen Stadien der Wahrnehmung, wie sie von Kognitionspsychologen in Experimenten wie den gestern dargestellten gefunden wurden. Der in Harvard ausgebildete klinische Psychologe Daniel Brown verglich die Erfahrungen der Achtsamkeits-Gewahrseins-Praxis dreier ganz verschiedener Traditionen. Er stellte fest, daß die drei Traditionen sehr ähnliche Stadien der Meditationserfahrung beschreiben. Er führte Tests mit Meditationsmeistern durch und fand heraus, daß ihre Erfahrungen offenbar den Stadien entsprechen, die in den klassischen Meditationswerken dargestellt werden.

Die frühen Stadien stimmen bei allen drei Traditionen ziemlich genau mit der wissenschaftlichen Sicht des Wahrnehmungsprozesses überein. Meditierenden wird beispielsweise bewußt, wie der Benennungsprozeß im Wahrnehmungsgeschehen abläuft, wie also »rund«, »orangefarben«, »süß-aromatisch« den Aufkleber »Apfelsine« bekommt.

Einem Meditierenden kann auch bewußt werden, wie der Geist die von den verschiedenen Sinnen ausgehenden Signale synthetisiert. Im Fall der Apfelsine heißt das: Der Meditierende kann tatsächlich »zusehen«, wie sein Geist den visuellen Eindruck von orangefarben und rund mit dem süßen und aromatischen Geruch verbindet. Und das ist natürlich ein notwendiges Stadium vor der Erfahrung »Das ist eine Apfelsine!«

Brown fand heraus, daß Meditierende so weit in den Wahrnehmungsprozeß eindringen können, daß sie überhaupt keine Welt der Objekte mehr sehen, sondern die Welt als Einzelblitze von Signalen der verschiedenen Sinne erleben. Sie erleben den Wahrnehmungsprozeß in Aktion, auf eine Weise, die unserem Bewußtsein normalerweise verschlossen bleibt. Und das geschieht schon in den Anfangsstadien der Meditation!

Bei anderen Tests ließ man für Sekundenbruchteile Lichter aufblitzen – so kurz, daß sie normalerweise nicht gesehen werden. Versuchspersonen, die ein dreimonatiges Intensivtraining in Meditation absolviert hatten, konnten viel kürzere Lichtblitze wahrnehmen als zuvor oder als andere, die nicht an einer Schulung teilgenommen hatten.

Bei einem Versuch blitzten zwei Lichter so kurz nacheinander auf, daß sie normalerweise als ein einziges Aufblitzen wahrgenommen werden, aber einige besonders geübte Meditierende konnten sogar den Beginn des Blitzes, den Blitz selbst, sein Ende und die winzige Pause bis zum nächsten unterscheiden. Schnell aufeinanderfolgende Lichtblitze werden normalerweise als ein leicht flimmerndes, aber durchgehendes Licht erlebt. Das ist das Prinzip des Films, wo wir kontinuierliche Bewegungen sehen, weil wir den Wechsel von einem Bild zum nächsten nicht wahrnehmen. Unsere Wahrnehmung ist normalerweise einfach zu grob. Aber diese Experimente zeigen, daß unsere Aufmerksamkeit so trainiert werden kann, daß wir kleinere Zeitintervalle wahrnehmen können.

Natürlich geht es bei der Übung im Sitzen nicht vornehmlich darum, daß wir in die Feinheiten des Wahrnehmungsprozesses eindringen, aber solche Studien sind für die wissenschaftliche Erforschung der Wahrnehmung interessant. Sie bestätigen, daß die von Wissenschaftlern beobachteten – nicht an sich selbst, sondern indirekt und unter sehr künstlichen Bedingungen an anderen beobachteten – Stadien der Wahrnehmung tatsächlich in der persönlichen Erfahrung so vorkommen. Es ist ungefähr so, als würden Wissenschaftler im Labor Präriehunde beobachten und ihre Beobachtung dokumentieren, und dann käme ein Bauer daher und sagte: »Jo, genau so machen sie das draußen auch.«

In den beiden letzten Briefen habe ich die Wahrnehmung so dargestellt, wie ein Forscher sie an anderen beobachtet. Aber wie erfahren wir selbst Wahrnehmung? Wissenschaftler behaupten, daß man das unmöglich selbst genau beobachten könne. Sie wissen im allgemeinen nicht, daß es Methoden wie die Achtsamkeits-Gewahrseins-Übung gibt, mit denen man die tiefen Prozesse der Wahrnehmung und des Gewahrseins selbst erkunden kann.

Wie wird nun die Wahrnehmung von den Meditierenden selbst beschrieben? Vor allem Buddhisten haben erkannt, daß unsere Erfahrung aus sich wiederholenden Mustern besteht. Von einem einzigen Augenblick der Erfahrung, zum Beispiel einem kurzen Blick in das Gesicht Deiner Freundin, bis zum Leben in seiner Gesamtheit ist unsere Erfahrung eine Abfolge sich wiederholender Muster.

In einem späteren Brief möchte ich Dir davon erzählen, wie die heutige Wissenschaft zunehmend komplexe Muster betrachtet. Vielfach zeigt sich nämlich, daß ein beobachtbares Muster nur die Wiederholung eines ganz gleichen Musters von sehr viel kleinerem Maßstab ist und dieses Muster sich auf einer tieferen Ebene abermals wiederholt und so weiter. Solche Wiederholungsmuster in ein und demselben Betrachtungsgegenstand findet man zum Beispiel in Wolken, Landschaften und Bäumen, in vielen Formen der Natur, auch in dynamischen wie etwa dem Wetter. Und buddhistische Meditierende haben eine ähnliche Musterwiederholung – vom ganz Kleinen bis zum ganz Großen – in unserer persönlichen Erfahrung entdeckt.

Das Grundmuster, sozusagen der Baustein der größeren Muster unseres Lebens, besteht aus fünf Teilen. Sie werden *Skandhas* genannt, und dieses Sanskritwort kann man mit »Bestandteile«

übersetzen. Ich möchte, was die Skandhas angeht, nicht allzu sehr ins Detail gehen. Doch Buddhisten haben diese Skandhas bis in alle Einzelheiten erforscht, und ihre Befunde gewähren uns erstaunliche Einblicke in unsere Psyche und den Wahrnehmungsprozeß.

Hier also eine stark vereinfachte Darstellung der fünf Skandhas. Die erste Stufe der Musterbildung wird *Form* genannt: In jeder Erfahrung, die wir machen, gibt es hier ein Ich und dort ein Du oder Es. In jeder Erfahrung. In jedem Augenblick unterteilen unsere Sinne die Welt in »Ich«, hier, und »Das«, dort. »Ich«, mein Körper-Geist, bin hier; »Das«, der Baum oder das Geräusch eines auf der Landstraße vorbeifahrenden Lastwagens, ist da drüben. So ist das bei allen fünf Sinnen, sie unterteilen die Welt in das, was sie erfassen, und ein Ich, das erfaßt.

Die Trennungslinie zwischen »Ich« und »Das« orientiert sich aber nicht immer unbedingt an dem, was innerhalb, und dem, was außerhalb unseres Körpers ist. Manchmal erleben wir einen Teil unserer selbst als »Ich« und einen anderen als »Das«. Zum Beispiel können wir unseren Geist als »Ich« und unseren Körper oder unsere Emotionen als »Das« erleben.

Dies ist also der grundlegende Teil aller unserer Erfahrungen. Unsere gesamte Welt teilen wir so ein. Das ist der erste Teil des Skandha-Musters. Er ist schwer zu verstehen, denn er erscheint uns völlig selbstverständlich, weil er so grundlegend ist.

Alle übrigen Teile ergeben sich aus diesem ersten. Der zweite Skandha ist *Fühlen* – »Ich« hat ein Gefühl über »Das«. Vielleicht mag ich es oder ich mag es nicht oder es interessiert mich überhaupt nicht. Jeder und alles kann »Das« sein, jemand in meiner Klasse oder ein plötzliches Geräusch draußen. Vielleicht auch eine Farbe oder ein Geruch. Oder mein eigener Körper. Jedenfalls habe »Ich« ein Gefühl über »Das« – Zuneigung, Abneigung oder Gleichgültigkeit.

Alles, was wir von Augenblick zu Augenblick wahrnehmen, geht mit einer Gefühlsqualität einher, positiv oder negativ oder im

Augenblick einfach neutral. Wenn Du auf Deine Gefühle achtest, während Du Dich in Deinem Zimmer umsiehst, kannst Du erahnen, wie jede Wahrnehmung mit dieser Positiv-Negativ-Färbung verbunden ist. Wir haben alle unsere Lieblingstasse, die sich immer gut anfühlt, einen Platz, an dem wir besonders gern sitzen, und Erinnerungen, die unsere Augen zum Leuchten bringen. Es gibt aber auch Orte, an denen wir uns nicht gut aufgehoben fühlen, oder Fotos, die uns unangenehm sind, und dergleichen. All das geschieht ständig, und zwar bevor es uns bewußt wird oder wir es benennen.

Doch etwas ist ganz wichtig (ich werde gleich noch darauf zurückkommen): Wir *müssen* die Dinge nicht ausschließlich unter dem Gesichtspunkt von Zuneigung und Abneigung fühlen. Wir können sie auch einfach so fühlen, wie sie sind. Wenn ich das Blau des Himmels fühle, zwingt mich nichts, es zu mögen oder es nicht zu mögen. Bei einer dreibeinigen Katze, die sich auf unsere Veranda verirrt hat, ist es ebenso: Fühl einfach das Katzenhafte der Katze. Aber meist tun wir das nicht. Wir fühlen unsere Zuneigung und Abneigung viel stärker als die Dinge selbst.

Der dritte Teil des Skandha-Musters wird meist *Impuls* genannt. Wir reagieren impulsiv auf alles in unserer Welt. Und unsere Impulsreaktion auf etwas, auf »Das« mit anderen Worten, hängt von unserem Gefühl diesem »Das« gegenüber ab. Wenn wir es mögen, wollen wir es haben, wenn wir es nicht mögen, wollen wir es los sein – so einfach ist das.

Den vierten Teil des Musters bilden die *begrifflichen* Interpretationen, die wir allem im Leben geben. In jedem Augenblick interpretieren, beurteilen, taxieren, prüfen wir, was uns begegnet – Menschen, Cafés, Filme, Musik, einfach alles. Wahrnehmungen werden nach den komplexen philosophischen, psychologischen und praktischen Denkstrukturen kategorisiert und benannt, die wir aus früheren Erfahrungen gewonnen haben, und die uns zur Gewohnheit geworden sind. Was hier auf der Ebene von Sprache und Begriffen passiert, ist immer noch nicht bewußt. Diese Ebene besteht aus einem weitgespannten Netz aus Assoziationen und Denkstrukturen: zuträglich und abträglich, religiös und weltlich – alle unsere Annahmen, Meinungen und Vorurteile, denen wir unsere Erfahrung halb bewußt, halb automatisch zuordnen.

Der fünfte Skandha schließlich, der fünfte Teil dieses Wiederholungsmusters, das unsere Erfahrung ausmacht, ist das *Bewußtsein*. Von dieser Ebene des Bewußtseins geht ein ständiger Strom von Gedanken und bewußten Wahrnehmungen aller Art aus. Das können Gedanken über Wahrnehmungen sein (»Dies ist eine rote Blume«) oder auch tiefschürfende philosophische Gedanken, schwerelose, unstete Gedanken, flüchtige Erinnerungen, plötzlicher Heißhunger auf etwas und so weiter. Aber all das ist so verbunden, daß unser Gefühl einer fest gefügten, sicheren, verständlichen Welt aus jedermann verständlichen Dingen und Zusammenhängen und allem, was noch dazugehört, stets gewahrt bleibt. Aufgrund dieses Gedankenstroms, der alle früheren Stadien überlagert und verfestigt, bemerken wir in unserer Alltagserfahrung die Einzelheiten der Wahrnehmung normalerweise nicht. Wir bemerken das Einsetzen und Enden eines Augenblicks der Erfahrung nicht, sondern der Strom der Gedanken gibt uns ein Gefühl der Stetigkeit unserer Erfahrung. Es gibt kaum Lücken, kaum Andeutungen, daß da auch Frische und Offenheit möglich wären.

Um Dir ein Beispiel zu geben, wie diese Musterbildung abläuft: Stell Dir einen Säugling vor, ein noch ganz kleines Mädchen, wie es in seine Welt hineinwächst. Anfangs empfindet sie noch keinerlei Trennung zwischen sich und der Welt. Dann spürt sie allmählich, daß sie einen Körper hat, der nicht ganz dasselbe ist wie andere Dinge. Sie reagiert positiv oder negativ auf diese Dinge. Später lernt sie Dinge, die ihr gefallen, zu ergreifen und festzuhalten, während sie andere, die sie nicht mag, von sich fernzuhalten versucht. Dabei hat sie aber noch keine Namen für all diese Dinge. Allmählich lernt sie auch die Namen der Dinge und was sie ihr bedeuten – sie fängt an zu denken. Schließlich, mit etwa drei Jahren, wird ihr ihre eigene Individualität bewußt, ihre Identität als Person. Da siehst Du das Werk der fünf Skandhas. Das ist eine stark vereinfachte Darstellung unseres Hineinwachsens in die Welt, aber selbst wenn wir mehr in die Einzelheiten gingen, wir würden überall das gleiche Muster finden, nur in kleinerem Maßstab.

In dieser von buddhistischen Meditationsmeistern stammenden Beschreibung der Muster unserer Erfahrung finden sich nun viele Übereinstimmungen mit der wissenschaftlichen Sicht der Wahrnehmung. Auch Wissenschaftler sehen – genau wie Buddhisten –, daß positive und negative Gefühlsreaktionen, Impulshandlungen, Interpretationen und Beurteilungen häufig ohne Beteiligung des Bewußtseins ablaufen.

Emotion und Interpretation bestimmen mit – und meist ohne daß Du etwas davon merkst –, was für eine Welt Dein Körper-Geist Dir präsentiert. Das ist einigermaßen leicht einzusehen, wenn wir darauf hingewiesen werden. Aber in unserem alltäglichen Tun vergessen wir das so gut wie immer und gehen einfach davon aus, daß alles, was wir wahrnehmen, wirklich da ist. Wir glauben in einer unmittelbar realen Welt zu leben und handeln auch so. In den letzten Briefen habe ich Dir gezeigt, daß dem einfach nicht so ist.

Das kann man gar nicht oft genug betonen. Denn sollte es Dir in irgendeiner konkreten Situation doch einmal gelingen, Dich an diese einfache Tatsache zu erinnern, dann wirst Du wissen, daß *Du* da bist und dies *Deine* Welt ist. Die Welt, die Du wahrnimmst, ist nicht einfach *da*, sondern ist eine Beziehung zwischen Dir und dem, was da ist. Hast Du Verachtung im Herzen, wird auch Deine Welt voller Verachtung sein; hast Du Liebe im Herzen, ist auch Deine Welt liebevoll. Deutest und empfindest Du die Welt als tot, stirbt sie. Fühlst Du sie als etwas Lebendiges, lebt sie.

Jetzt fragst Du Dich vielleicht, ob das, was »da draußen« zu sein scheint, womöglich so sehr das Werk Deines Körper-Geistes ist, daß Deine gesamte Erfahrung nicht mehr als Dein Phantasiegebilde ist. Wie kann überhaupt der Eindruck entstehen, daß ich und meine Freunde in der gleichen Welt leben? Viele Menschen denken so, wenn sie merken, daß das Gehirn nicht einfach die Welt ablichtet, oder wenn sie auf kognitionspsychologische Experimente wie die in den letzten Kapiteln dargestellten stoßen oder wenn sie von den Einsichten buddhistischer Meditierender erfahren. Es kommt zu der verständlichen Schlußfolgerung, daß »alles im Geist« ist – womit in der Regel der kleine persönliche Gehirn-Geist gemeint ist.

Dieser Eindruck zeigt allerdings nur, daß es hier um eine Gratwanderung geht, bei der man in zwei Extreme fallen kann. Das eine haben wir schon betrachtet: Es gibt eine völlig reale und vorgegebene Welt der Dinge, die unser Gehirn einfach abbildet, das heißt unserem Bewußtsein *repräsentiert*. Das andere Extrem besteht nun in der Annahme, die wahrgenommene Welt sei *nichts als* Projektion – »alles im Geist«.

Wir haben unsere Betrachtung der Wahrnehmung mit dem weitverbreiteten Glauben begonnen, es gebe eine reale Welt, nämlich die, die wir wahrnehmen, die aber schon vollständig da ist, bevor wir daherkommen, um sie wahrzunehmen. Dann stellten wir fest, daß der Gehirn-Geist offenbar eine große Rolle bei der *Konstruktion* der von uns wahrgenommenen Welt spielt. Und das bringt uns nun in die Gefahr, ins andere Extrem zu fallen. Wir könnten glauben, daß es außerhalb unseres kleinen Gehirn-Geistes überhaupt keine Realität gibt: Alles ist einfach ein Machwerk unseres Geistes. Wenn die meisten Menschen heute am Glauben an eine fix und fertige, reale Außenwelt festhalten, dann vor allem deshalb, weil ihnen diese zweite Möglichkeit so völlig abwegig erscheint.

Daß zwischen den beiden Extremen noch etwas sein könnte, ist offenbar sehr schwer zu sehen. Und die meisten Menschen, geachtete Wissenschaftler eingeschlossen, können es deshalb nicht sehen, weil unsere moderne Kultur so sehr auf die gegenseitige Ausschließung von Subjekt und Objekt, Innen und Außen fixiert ist. Wer felsenfest davon überzeugt ist, daß Geist nirgendwo anders als im Kopf sein kann, der ist auch zu glauben gezwungen, daß es *entweder* eine reale Welt gibt *oder* alles im Kopf ist: Die Welt kann nur drinnen oder draußen sein, eine dritte Möglichkeit, einen mittleren Weg, gibt es nicht.

Wenn sich etwas in meinem Gesichtsfeld ändert, etwa ein Licht, das nachts im Freien plötzlich auftaucht, ist das dann draußen oder drinnen? Wenn ich in den klaren blauen Himmel blicke und dann unzählige tanzende Lichter sehe, sind sie dann außerhalb oder innerhalb meines Körper-Geistes? Wenn ich plötzlich einen Knall wie von einem Kurzschluß höre, ist das außen oder innen?

Es gibt da seltsame Zwischenphänomene. Laß einen roten Lichtstrahl auf eine weiße Wand fallen. Halte Deine Hand in den roten Lichtstrahl. Deine Hand wird in dem roten Lichtfleck an der Wand sichtbar. Was glaubst Du, welche Farbe sie hat? Na, weiß natürlich, denn die Wand ist ja weiß und Deine Hand schirmt an dieser Stelle lediglich das rote Licht ab. Tatsächlich siehst Du aber eine blaugrüne Hand in dem roten Lichtfleck an der Wand. Ich habe das selbst schon gesehen. Man glaubt es kaum. Aber wie kommt es nun, daß Deine Hand blaugrün erscheint? Wir gingen aus von einer weißen Wand, die rot angestrahlt wird. Nirgendwo Blaugrün. Dann hältst Du Deine Hand in den roten Lichtstrahl und ihre Abbildung an der Wand ist blaugrün. Ist das Blaugrün in Deinem Körper-Geist oder außerhalb? Ist es real oder nicht? Sollen wir es unter »Halluzinationen« abheften, oder versuchen wir, es zu verstehen?

Wir haben uns so daran gewöhnt zu glauben, daß wir die Welt von der Warte eines objektiven Betrachters aus wahrnehmen (wie Gott oder ein Wissenschaftler in weißem Kittel). Wenn wir so denken, ist es nur natürlich, daß wir die Welt zweiteilen: hier der Körper-Geist, den wir betrachten, dort seine Umwelt. Aber was, wenn Du Dir das Ganze nur von innen her, vom Standpunkt des Körper-Geistes selbst, einbildest? Wenn Dein Körper-Geist auf ein lautes Geräusch hin zusammenfährt, wie stellst Du dann fest, ob er auf etwas Äußerliches reagiert oder auf eine plötzliche Zustandsänderung in ihm selbst?

Sind die Welten, die ein Schamane oder ein tibetischer Yogi oder ein Meditationsmeister bereist, bloße Illusion? Und ist die Welt Deiner Träume bloße Illusion? Oder ist die Welt des normalen Wachzustands genauso illusorisch – oder genauso real?

Für jemanden, der gelernt hat, sein normales Ichbewußtsein im Traum »aufwachen« zu lassen – man nennt das »luzides Träumen« –, wirkt die Traumwelt so real wie die des Wachbewußtseins, manchmal sogar noch lebendiger. Wir halten die Welt, die wir im Wachzustand wahrnehmen, im allgemeinen für realer, weil wir darin gemeinsame Erfahrungen machen. Wir sehen den gleichen Baum – zumindest nehmen wir das an. Beim luziden Träumen kannst Du jedoch Deine Traumwelt verändern. Das geht so weit, daß man sogar in die Traumwelt anderer eintreten kann und umgekehrt. Es gibt Fälle, daß zwei Menschen durch gezieltes Training so weit kamen, daß sie dieselbe Traumwelt aufsuchen konnten. Nacht für Nacht trafen sie sich an einem verabredeten Traumort und bestanden gemeinsame Abenteuer, wie sich dann nach dem Aufwachen bestätigen ließ. Von einem Paar wurde sogar bekannt, daß sie das Traumexperiment abbrachen, weil die Traumwelt, die sie Nacht für Nacht gemeinsam aufsuchten, allmählich realer zu wirken begann als ihre Wachwelt, und sie befürchteten, sie könnten eines Tages nicht mehr zurückkehren wollen. Also, welche Welt ist *wirklich* wirklich?

Wir müssen einen mittleren Weg einschlagen zwischen den Extremen, daß *nur* die Außenwelt wirklich ist oder *alles* im Kopf ist. Den mittleren Weg gehen heißt zu sehen, daß Dein Körper-Geist auf seinem Weg durchs Leben nicht einfach eine gänzlich vorgegebene Welt durchmißt, sondern bei jedem Schritt zwischen einer ganzen Reihe von Möglichkeiten wählt. Wir verarbeiten nicht einfach Informationen, die uns aus einer fix und fertigen Welt zugehen, sondern bringen unsere Welt hervor – aus einem Bereich, in dem noch nicht alles fertig und festgelegt ist.

Eine Welt hervorbringen oder »in Szene setzen« ist einem »dynamischen Gestalten oder Herumprobieren« vergleichbar, sagt der Neurowissenschaftler Francisco Varela, einer der Hauptvertreter des mittleren Weges. Wie unsere Wahrnehmung unsere Welt gestaltet, verdeutlicht er am Beispiel des Wassers, das in den Bergen zur Zeit der Schneeschmelze kleine Rinnsale bildet. Das Bett, das solch ein Rinnsal auswäscht, wird immer tiefer, so daß nachfolgendes Wasser diesen Weg immer leichter nimmt – ganz ähnlich unserem Wahrnehmen und Handeln, das immer bereitwilliger den gewohnten Bahnen folgt. Aber es besteht jederzeit die Möglichkeit einer neuen Verzweigung, die ein neues Bachbett entstehen läßt – und so besteht auch für unsere Erfahrung immer die Möglichkeit, daß etwas völlig Neues einsetzt.

Die Welt, die unser Körper-Geist aus der Fülle, in die wir eingebettet sind, herausgreift und wahr-nimmt, ist nur durch unsere eigene Geschichte und die unserer Umwelt eingeschränkt, aber innerhalb dieser sehr weit gezogenen Grenzen stehen unserer Erfahrung viele Möglichkeiten offen – ganz ähnlich wie bei einem Schachspiel, bei dem stets etliche Möglichkeiten für den nächsten Zug bestehen, aber die bereits gemachten Züge eine gewisse Einschränkung darstellen.

Wie kommt es, daß Du und ich die gleiche Welt wahrnehmen oder das zumindest glauben? Zunächst haben wir beide menschliche Körper. Das prägt unsere Erfahrung schon sehr weitgehend, so daß Deine und meine Welt einander viel ähnlicher sind als etwa der einer Fledermaus. Wir sind auch in derselben Kultur mit ihren feststehenden Annahmen über Existierendes und nicht Existierendes aufgewachsen. Dann die Sprache: Wir erkennen ein Muster und geben ihm beide denselben Namen, zum Beispiel »Apfelsine«. Wie unsere Sprache mitbestimmt, was »da draußen« in unserer Welt zu sein scheint, habe ich bereits dargestellt. Mit diesen drei Dingen – wir haben beide einen menschlichen Körper, wir sind in derselben Kultur groß geworden, und wir sprechen dieselbe Sprache – haben wir genügend Gemeinsamkeiten zwischen unseren beiden Welten, um für alle praktischen Zwecke annehmen zu können, daß wir in ein und derselben Welt leben.

Die sogenannte reale Welt ist eine aus einer Vielzahl möglicher Welten zusammengebaute gemeinsame Erfahrung. Wir erleben heute keine anderen Welten mehr, weil das in unserer Gesellschaft seit Jahrhunderten verpönt ist. Die Methodik der Wissenschaft ruht auf dem Prinzip, daß nur real sein kann, was von allen gleich erfahren wird (und die psychiatrische Zunft schließt sich dem an). Alles Einzigartige wird mehr und mehr ins Abseits gedrängt, bis wir geradezu Angst bekommen vor Menschen, die anders oder gar exzentrisch wirken, da sie die *Realität* unserer gemeinsamen Welt in Frage zu stellen scheinen.

Fassen wir zusammen: Es gibt keine von Dir getrennte vorgegebene Welt, die passiv wie von einer Kamera wahrgenommen wird, aber die von Dir wahrgenommene Welt ist auch nicht gänzlich Deine eigene Kreation. Vielmehr formen und gestalten Du und Deine Welt einander von Augenblick zu Augenblick gegenseitig, während Dein Denken und Handeln den Pfad Deines Lebens durch die Ganzheit bahnen, von der Du ein Teil bist. Was Du wahrnimmst, ist durch Deine Konditionierung eingeschränkt, aber innerhalb dieser Grenzen liegt es bei Dir, welche Welt Du wahrnimmst und in was für einer Welt Du lebst.

Bevor ich diesen Brief abschließe, möchte ich noch etwas zum Muster der fünf Skandhas sagen, und zwar zu der Frage, wie sie in unserer Erfahrung auf Körper und Geist aufgeteilt sind. Wir sind daran gewöhnt, unsere Erfahrung auf Körper und Geist aufzuteilen, und auch die Skandhas müssen hier zuzuordnen sein. Nun, sie sind es, aber ich will im Augenblick nur sagen wie, ohne allzu sehr ins Detail zu gehen.

Der erste Skandha – wie wir unsere Erfahrung in ein »Ich« und ein »Das« aufteilen – entspricht der körperlichen Ebene unseres Seins. Der dritte bis fünfte Skandha entsprechen der mentalen Ebene: Wir haften an Dingen und greifen nach ihnen, wir interpretieren alles, was uns geschieht, und wir entwickeln Bewußtsein. Und der zweite Skandha, Gefühl, verbindet Körper und Geist. Ich komme darauf im elften Brief zurück, wenn davon die Rede sein wird, wie die Vereinigung von Körper und Geist uns eine neue Art des Fühlens erschließt.

Das wichtigste Merkmal ungeschulter Menschen besteht nun nach buddhistischer Auffassung darin, daß die fünf Teile des Musters, die fünf Skandhas, ziemlich unabhängig voneinander wirken. Wir können beispielsweise Zuneigung oder Abneigung empfinden, ohne daß dieses Gefühl sonderlich viel mit dem zu tun haben muß, was wir im Augenblick gerade sehen oder hören. Wir klammern uns an Dinge oder Menschen, die wir nicht wirklich mögen. Oder wir halten uns Menschen und Dinge vom Leib, die uns helfen könnten. Wir interpretieren unsere Erfahrung, ohne dabei wirklich auf unsere Gefühle zu achten. Und so weiter und so weiter. Selten handeln wir in diesen Dingen wirklich ganz bewußt.

Aber das ganz Wunderbare ist, daß wir die fünf Teile des Musters verbinden *können*. Wir können ganze Menschen werden, bei denen die Teile des Musters harmonisch zusammenwirken. Wir können unser Fühlen an das anbinden, was wirklich da ist; wir können nehmen, was gut für uns ist, und weglassen, was nicht gut ist; wir können unsere Welt richtig interpretieren. Aber dazu müssen wir des ganzen Musters, des gesamten Prozesses der fünf Skandhas in unserer Erfahrung und unserem Sein, gewahr sein.

Die Teile des Musters selbst streben ständig nach einem harmonischen Zusammenwirken, das ist ihre Natur. Behindert werden sie darin einzig und allein durch unsere mangelnde Bewußtheit. Wenn wir des gesamten Prozesses inne sind, brauchen wir gar nichts zu tun. Wir können die Dinge sich selbst überlassen.

Heute nachmittag werde ich Dir mehr über die Vereinigung von Körper und Geist schreiben und dabei von einer neuen Art des Fühlens – dem erwachten Fühlen oder erwachten Herzen – erzählen, das sich einstellt, wenn wir Körper und Geist vereinigen. Im Augenblick allerdings ruft der Körper und singt dem Geist laut und deutlich vor: »Ich bin heute morgen ganz schön früh aufgestanden, und es gab nur ein leichtes Frühstück, und jetzt habe ich *wirklich* Hunger!«

## 10. Brief
### Sprache und ein Gefühl für die Welt

*Liebe Vanessa,*

die Welt, in der wir leben, ist unendlich, und so gibt es in jedem Augenblick unendlich viele Möglichkeiten dessen, was wir erfahren können. Unsere Erfahrung zieht aus diesen unendlichen Möglichkeiten eine bestimmte Erfahrung heraus. Einen sehr wichtigen Anteil daran hat die Sprache. Deshalb möchte ich, bevor wir weitergehen, mit Dir zusammen betrachten, was Sprache ist und was sie bewirkt. Welche Beziehung besteht zwischen dem, was wir sehen, den Geschichten, die wir über unsere Welt erzählen, und unserer Erfahrung? Inwiefern diktiert die Sprache, was und wie wir etwas erfahren? Das ist wichtig, um zu verstehen, wie wir den Zauber unserer Welt verloren haben und wie wir ihn wiederfinden können. Wie kommt es, daß wir die Energiemuster, die wir Götter oder Dralas nennen, nicht mehr fühlen können? Kirche und Wissenschaft haben uns diese Fähigkeit allmählich genommen, indem sie sagten, dergleichen existiere nicht, und es sei falsch, auch nur darüber zu reden. Wer doch solche Wesenheiten sah, der durfte nicht glauben, daß sie real seien. Schließlich sprachen wir nicht mehr über sie, und so konnten wir sie auch nicht mehr sehen.

Normalerweise gehen wir davon aus und zweifeln keinen Augenblick daran, daß etwas, was wir sagen, dem Ding oder Geschehen entspricht, von dem wir gerade reden. Wenn ich sage: »Ich höre den Kuckuck, der Frühling kann nicht mehr weit sein«, gehst Du davon aus, daß ich wirklich einen Kuckucksruf gehört habe und eine baldige Wetteränderung erwarte. Aber besteht wirklich eine so einfache Beziehung zwischen der Sprache und dem, was existiert?

In unserer Kultur denken wir in einer »Ding«-Sprache und versuchen immer, Teile aus dem Ganzen herauszulösen. In der Schule lernst Du, daß die Welt voller realer Dinge ist und *Fakten* zutreffende Aussagen über diese realen Dinge machen. Du lernst beispielsweise etwas über die Teile eines Autos, wie diese Teile zu einem funktionstüchtigen Auto zusammengefügt werden, und was für verschiedene Arten von Autos es gibt. Oder Du lernst etwas über Blüten: ihre verschiedenen Farben und Formen, ihren Aufbau aus Stempel, Narbe, Staubgefäßen und so weiter; Du lernst wie Bienen, indem sie den Nektar einer Blume sammeln, diese mit dem Blütenstaub einer anderen Blume befruchten. Oder Du erfährst etwas von Atomen und wie sie sich zu Substanzen verbinden und diese Substanzen sich zu Lebewesen wie Menschen verbinden.

Wenn Du älter wirst, hast Du einen Freund oder eine Freundin, und er oder sie sagt zu Dir: »Ich liebe dich.« Das löst in Dir eine sonderbare Mischung aus Herzklopfen und Zweifel aus, für die Du noch keinen Namen hast, und so fragst Du: »Ist das wahr? Meinst du das wirklich so?« Die Antwort, »Ja, ich liebe dich wirklich«, bewegt Dich, Deine eigenen Gefühle auch so zu nennen, und Du sagst: »Ich liebe dich auch.«

All das setzt den Glauben voraus, daß die Worte, die wir sagen, deckungsgleich sind mit dem, was in der Welt ist. Wir glauben, daß unsere Sätze für Dinge in der Welt und die Beziehungen zwischen ihnen stehen – Substantive für Dinge, Verben und Adjektive für die Beziehungen.

Das setzt voraus, daß jeder Satz entweder wahr oder falsch ist, je nachdem, ob er den Tatsachen entspricht oder nicht. Nehmen wir an, Du deutest auf einen Baum und sagst: »Dieser Baum ist grün.« Das trifft zu, wenn dieser spezielle Baum tatsächlich grün ist. Aber wir können noch weiter gehen und sagen, der Satz »Bäume sind grün« sei wahr, wenn tatsächlich alle Bäume grün sind.

Diese scheinbar so selbstverständlichen Ideen haben den schönen Namen »Korrespondenztheorie der Wahrheit« erhalten. Diese Korrespondenztheorie der Wahrheit scheint bei der Frage, ob ein bestimmtes Blatt grün sei, zu funktionieren, solange nur eine ganz allgemeine Vorstellung von Grün benötigt wird. Aber wenn wir zwischen Grün und Gelb und Braun oder zwischen einem Busch und einem Baum zu unterscheiden versuchen, werden allmählich Schwierigkeiten sichtbar. Stell Dir eine Farbskala mit hundert Abstufungen vor: reines Tiefrot am einen Ende, klares Hellgelb am anderen und dazwischen alle nur möglichen Abstufungen von Rot, Orange und Gelb. Nehmen wir an, Du fängst am roten Ende an und fragst jemanden: »Ist das rot?« Jeder wird hier sofort mit Ja antworten können. Am gelben Ende wird der Befragte ebenso eindeutig mit Nein antworten können. Aber wo ist in diesem fein abgestuften Farbspektrum die Stelle, an der ja in nein umschlägt? Diese Frage können wir nicht beantworten, obwohl wir die Unterschiede zwischen den einzelnen Farbfeldern deutlich wahrnehmen.

In unserem Leben gibt es überall solche Abstufungen. Wo, genau, wird ein Bach ein Fluß? Wann wird ein Kind ein Erwachsener? Liebe und Haß lassen sich gewiß nicht als die beiden Enden einer Skala mit hundert Abstufungen auffassen. Aber Du gehst doch davon aus, daß der Satz »Ich liebe dich« oder »Ich hasse dich« einem Faktum in der realen Welt entspricht, einer realen Liebes- oder Haßbeziehung zwischen zwei realen Dingen, mir und Dir. Für Amerikaner war lange Zeit völlig selbstverständlich, daß die Sätze »Die Russen sind böse« und »Die Amerikaner sind gut« echte Faktenaussagen über reale Dinge (in *dieser* Welt sind Menschen Dinge) darstellen. Und so ist es Tag für Tag mit Millionen anderen Dingen, die wir sagen oder lieber für uns behalten.

Die Korrespondenztheorie der Wahrheit versagt hier ganz offensichtlich, und für die Geschichten der Wissenschaft gibt sie auch nicht viel mehr her. Das uralte Muster ist hier: Wann immer etwas Neues entdeckt wird, erfindet und benennt man etwas, was dafür verantwortlich sein soll. Das begann im Zeitalter der Alchimie, als man die Brennbarkeit und das Wärmeverhalten von Stoffen durch feinstoffliche Substanzen oder »Fluida« wie dem Phlogiston genannten »Feuerstoff« erklärte; und es setzte sich fort beispielsweise im Postulat eines »Äthers« als dem Medium, in dem sich Lichtwellen ausbreiten. Und die damaligen Forscher glaubten, daß den von ihnen erfundenen Namen wirkliche Dinge entsprächen – bis wieder etwas Neues entdeckt und irgendein anderes »Ding« benannt wurde. Heute werden »Felder« und »Quarks« für reale Dinge gehalten, und man fragt sich, wie lange dies so sein wird.

Die Sprache erschafft unsere Welt und ist ihr fließender, wandelbarer, schönfärberischer Spiegel. In den letzten Briefen haben wir uns angesehen, wie wir unsere Welt in unserem Körper erfahren. Wir haben auch gesehen, daß wir durch unsere Sinne nicht eine »da draußen« fertig vorliegende Welt wahrnehmen. Unsere Sinne interagieren mit *etwas*, und daraus entsteht eine Welt. Die Sprache spielt eine wichtige Rolle bei diesem Welt-Erschaffen, das wir alle jeden Augenblick tun, ohne überhaupt zu realisieren, daß wir es tun.

Nehmen wir ein schon mehrfach verwendetes Beispiel: Was ist rund, orangefarben und hat beim Hineinbeißen einen süß-aromatischen Geschmack? Da haben wir drei verschiedene Wahrnehmungen, zu denen zwei unserer Sinne beitragen: Rundheit, orangefarben, süß-aromatisch. Irgendwie bringen wir diese zusammen und sagen dann »Apfelsine«. Unser Geist bündelt ein paar Empfindungen und gibt diesem Komplex dann einen Namen. Der Autor Jorge Luis Borges sagt dazu: »Wir berühren eine runde Form, sehen einen sonnenuntergangfarbenen Fleck, unseren Mund erfüllt eine prickelnde Süße und dann sagen wir, irrtümlich, diese drei Dinge seien eines.« Folgerichtig fragt er sich: »Warum bilden wir kein Wort, ein einziges Wort, für die Wahrnehmung des Gebimmels von Kuhglocken vor dem Sonnenuntergang in der Ferne?«

Wird Dir jetzt allmählich klar, wie fließend unsere »Wirklich-keit« sein könnte und wie wir diesen Fluß mittels der Sprache entweder eindämmen und anhalten oder befreien können? Unsere Sprache fixiert nicht nur unsere Welt, sondern sie erschafft auch neue Welten. Borges' Vorschlag ist gar nicht so weit hergeholt. Wie würdest Du das Gefühl nennen, mit dem wir an einem Spät-herbstnachmittag einem südwärts ziehenden Flug Gänse nach-blicken? Oder was ist das für ein Gefühl, wenn eine Mutter ihrem scheidenden Sohn nachwinkt, der ins Ausland geht und vielleicht nie zurückkommt? Traurigkeit trifft es nicht genau. Wehmut auch nicht.

Wir haben kein Wort für dieses Gefühl. Vielleicht hast Du auch noch nie daran gedacht, daß am Gefühl dieser beiden und ähn-licher Situationen etwas gleich ist. Die Japaner hingegen haben ein Wort dafür, *yugen*. Yugen bezeichnet ein Gefühl von Harmonie und zugleich unauslotbarer Tiefe und Schönheit. Und jetzt, da Du das Wort kennst, kannst Du das Gefühl vielleicht künftig wieder-erkennen und dann sagen: »Ich fühle mich heute yugen.«

Während meiner Forschungsarbeiten am Massachusetts Insti-tute of Technology saß ich einmal mit einem anderen Biologen im Café, und wir unterhielten uns sehr angeregt über die spirituellen Lehren Gurdjieffs, die wir gerade für uns entdeckt hatten. Ich versuchte ihm eine Erfahrung zu erklären, die ich gemacht hatte – irgend etwas mit Verliebtsein, soweit ich mich erinnere –, fand aber nicht recht die Worte dafür. Er sagte zu mir: »Wenn du es mir nicht beschreiben kannst, hast du es auch nicht erlebt.« Ich war sehr verblüfft. Ich wußte, daß ich es erlebt hatte, ich wußte genau, wie sich das anfühlt, das Gefühl war sogar jetzt wieder da, wäh-rend ich es zu schildern versuchte, nur hatte ich eben keine Worte dafür.

Und das ist ein sehr wichtiger Punkt, nicht wahr? Wir müssen unsere Einstellung gegenüber der Sprache wirklich genau befra-gen. Unser automatischer Glaube an die Korrespondenztheorie der Wahrheit – und damit der Sprache – verzerrt ständig unsere

Erfahrung, und das mußt Du erst einmal wirklich gesehen und gefühlt haben. Wir glauben mehr an das, was wir sagen und denken, als an unsere tatsächlichen Wahrnehmungen. Wir sind sogar meistens so sehr in unseren Worten befangen, daß wir nicht einmal mitbekommen, was wir tatsächlich sehen und hören. Mach es Dir immer wieder einmal klar, vielleicht wenn Du auf der Straße gehst. Sei ganz bei Dir selbst und sieh!

In allen Situationen des wirklichen Lebens hängt die Wahrheit auch der einfachsten Sätze vom jeweiligen Zusammenhang ab. Gerüchte und Klatsch leben davon, daß sie dieses Prinzip umgehen; sie reißen etwas, das jemand gesagt hat, aus dem Zusammenhang und bringen es dann als wahr in Umlauf.

Die Bedeutung dessen, was wir sagen, liegt nicht nur in den Worten, sondern ist durch eine ganze Reihe von Nebenumständen bedingt – Tonhöhe, Lautstärke, Zeitmaß, Augen- und Kopfbewegungen, Gesichtsausdruck, Gebärden, Körperhaltung und so weiter. Man bezeichnet sie als die paralinguistischen (außersprachlichen) Elemente des Sprechens. Mir ist zum Beispiel das Telefonieren lange Zeit schwergefallen, weil ich meine Gesprächspartner dabei nicht sehen konnte. Schließlich ging mir auf, daß ich zum Telefonieren einfach eine ganz andere Art des Sprechens und Zuhörens erlernen mußte.

Wenn man in einem Gespräch die paralinguistischen Elemente auf einer der beiden Seiten künstlich ausschließt – etwa dadurch, daß der Gesprächspartner unsichtbar hinter einem Schirm sitzt und mit monotoner Computerstimme spricht –, geht fast alles an Bedeutung mit verloren. Die Gesprächsteilnehmer werden konfus, nervös und ärgerlich; sie verlieren den Faden oder verhaspeln sich, und irgendwann sagen sie gar nichts mehr.

Außerdem hängen Bedeutung und Wahrheitsgehalt auch noch vom größeren Zusammenhang oder Hintergrund ab. »Die Bäume sind rot«, kann für eine malende Vierjährige eine wahre Aussage sein; »Der Mond ist aus Frischkäse« für eine Schaufensterauslage, die mit verschiedenen Käsesorten das Sonnensystem darstellt;

»Du bist gemein, Papa« ist vorübergehend wahr, wenn Papa seiner kleinen Tochter vor dem Mittagessen die Süßigkeiten wegnimmt; »Heute geht es ihm erstaunlich gut« für einen sterbenden Krebskranken, der die Augen öffnete und seine Frau begrüßte; »Der Weltraum ist leer« für einen Astronauten, dem die funktionierende Sauerstoffversorgung in seinem Raumanzug sehr am Herzen liegt; »Die Zeit vergeht sehr schnell« für zwei Liebende.

Die Wahrheit einer Aussage über einen Gegenstand in einer bestimmten Situation hängt auch davon ab, wie wir die Dinge unbewußt in Schubladen einordnen. Nimm als Beispiel ein wohlbekanntes Rätsel: Die Polizei wird an den Ort eines Verbrechens gerufen. Die Beamten finden in einem Zimmer einen Mann, der tot am Boden liegt, zwei umgekippte Stühle, einen Tisch und dreiundfünfzig Fahrräder. Was war geschehen? Die Antwort findest Du nur, wenn Dir einfällt, daß es bei uns einen weitverbreiteten Spielkartensatz gibt, bei dem auf den Kartenrückseiten Fahrräder abgebildet sind. Und wenn davon *drei*undfünfzig vorhanden waren, muß hier jemand betrogen haben. Kann man dies Rätsel nicht lösen, so liegt das daran, daß man das Wort »Fahrräder« gleich auf eine bestimmte Weise eingeordnet hat und keine andere Möglichkeiten mehr bedenkt.

Oder nehmen wir als Beispiel jemanden, der gebeten wird, zu einer Gesprächsrunde nach dem Abendessen vier Sitzgelegenheiten mitzubringen. Er bringt einen Eßzimmerstuhl, einen Schaukelstuhl, einen Knautschsessel und eine Hängematte, die alle für eine Diskussionsgruppe durchaus geeignet sind. Wären die Sitzgelegenheiten für ein gemeinsames Essen gedacht gewesen, hätte der Gastgeber sicher ein langes Gesicht gemacht. Die Bedeutung von »Sitzgelegenheit« ist also nicht festgelegt, sondern hängt vom Zusammenhang ab, von der Situation, in der Sitzgelegenheiten benötigt werden.

Die Art, wie Wörter in einer Kultur benutzt werden, läßt Rückschlüsse auf deren Wertesystem zu. Für die Inuit im hohen Norden ist Schnee etwas sehr Wichtiges, wie Du Dir denken kannst. Wir nennen diesen weißen Stoff einfach Schnee und charakterisieren ihn dann vielleicht noch mit ein paar Adjektiven wie sauber oder schmutzig. Aber die Inuit haben mindestens siebzehn Wörter für verschiedene Arten von Schnee – für verharschten Schnee, sulzigen Schnee, lockeren Schnee und so weiter.

Wir dagegen haben viele Wörter, die mit »kämpfen« zu tun haben, ein Hinweis darauf, daß Konflikt und Aggression in unserer Kultur einen hohen Stellenwert haben. Politiker *kämpfen* ständig für unsere Rechte; Ärzte führen einen *Feldzug* gegen den Krebs; unser Körper muß eindringende Bakterien *abwehren*; das Militär *kämpft* für den Frieden; bei einem Streitgespräch sind wir *Gewinner* (oder Verlierer). Dieses immer wieder angesprochene Kämpfen oder Austragen von Konflikten beeinflußt unser Denken und Verhalten sehr tiefgreifend. Warum sprechen wir kaum oder nie von Begeisterung für unsere Rechte, vom Friedensschluß mit dem Krebs, vom Zusammenarbeiten bei einer Diskussion?

Wenn wir die Sprachen anderer Kulturen betrachten, wird uns erst richtig klar, wie die Sprache unsere Erfahrung verändert; und nicht nur die Art, *wie* wir erfahren, ist davon betroffen, sondern auch *was* es überhaupt in unserer Welt zu erfahren gibt.

Eine Freundin unserer Familie, Trudy Sable, hat jahrelang bei den Mi'kmaw, den Ureinwohnern von Nova Scotia, geforscht, zusammen mit Bernie Francis, einem Mi'kmaw-Sprachwissenschaftler. In der Mi'kmaw-Sprache gibt es Substantive im Grunde nur als Verben mit besonderen Endungen, die sie zu Substantiven machen. Trudy sagt über diese Sprache: »Im Verb geschieht hier alles; es ist der Brennpunkt dieser Sprache ... Diese Verb-Orientierung zusammen mit der Vielzahl möglicher Endungen, die angehängt werden können, machen hier die außerordentliche Fülle und Kreativität des Ausdrucks aus. Die Sprache wird dadurch anpassungsfähig; sie vermag stets neue Ausdrücke hervorzubringen, um den wechselnden und unvorhersehbaren Realitäten des Lebens gerecht zu werden. Damit ist die Mi'kmaw-Sprache selbst ein Spiegelbild eines sich stets im Fluß befindenden

Universums, das sich ständig wandelt und niemals gleich bleibt. Außerdem eignet sie sich wunderbar für Humor.«

Betrachten wir als Beispiel die Farben. Zunächst einmal sind die Mi'kmaw-Wörter für Farben allesamt Verben. Das Wort für Schwarz etwa bedeutet wörtlich »schwarz seiend«. Und zweitens sind alle Farben – mit Ausnahme der Grundfarben Rot, Schwarz, Weiß und Gelb – von Erscheinungen in der Natur abgeleitet. So bedeutet etwa das Wort für die Farbe Blau soviel wie »himmlige Farbe« und das für Waldgrün lautet »baumige Farbe«. Das zeigt schon, daß in der Mi'kmaw-Welt Beziehungen das Wichtigste sind.

Ein weiteres schönes Beispiel für den Verbcharakter der Wörter sind die Ausdrücke, die die Missionare sich für den Begriff »Gott« aneigneten. Es hat in der Mi'kmaw-Sprache noch nie ein Substantiv für den Begriff eines einzigen Herrn der gesamten Schöpfung gegeben. Aber man verfügte über eine Anzahl von Verben für einzelne Aspekte dessen, was wir mit Gott bezeichnen wie »erschafft uns«, »sorgt für uns«, »wacht über uns« oder »ist mit uns«.

Schließlich gibt es noch Endungen, die darüber Auskunft geben, ob etwas belebt oder unbelebt ist. Und für ein und denselben Gegenstand kann die Endung noch je nach den besonderen Umständen unterschiedlich sein! Die meisten Steine oder Felsen beispielsweise sind unbelebt, aber manche werden »Großmutter« oder »Großvater« genannt, und die Endung verrät, daß sie als Lebewesen begriffen werden. Dabei verändert sich nicht nur der betreffende Felsbrocken selbst, sondern auch die Beziehung des Menschen zu ihm. Bernie Francis erzählte Trudy beispielsweise, daß ein wie ein Bär aussehender Felsbrocken lebendig werden könne, und dann würde man ihn als Bären bezeichnen, und er wäre nicht mehr einfach ein Stein. Der Stein wird also als Bär erfahren, und daher ist er ein Bär oder bärenähnlich, und man geht mit ihm um wie mit einem bewußten Wesen.

Trudy meint dazu: »Die Welt ist voll von solchen Möglichkeiten, daß Steine oder andere Dinge zu Lebewesen werden, mit denen man interagiert und kommuniziert. Bestimmte Gegenstände können ganz besondere Eigenschaften haben, wodurch sie zu Kraft-Objekten werden, die man bei sich behält, um seine persönliche Kraft zu steigern. Hier ist ein Spiel von Energien am Werk, das der Form Leben und Bewußtsein mitteilt.«

Vielleicht, Vanessa, kannst Du jetzt fühlen, wie ganz anders die Welt für einen Mi'kmaw sprechenden Menschen aussieht. Ich habe vor einer Weile versucht dies einer Gruppe zu erklären, und dabei änderte sich in meiner eigenen Erfahrung etwas. Für einen Augenblick kam mir die Welt fließender, energiereicher, lebendiger vor.

Sprache ist demnach so komplex wie die Welt selbst, und Deine Sprache entspricht ganz und gar nicht einer feststehenden realen Welt. Die Bedeutung Deiner Worte ändert sich je nach der augenblicklichen Verfassung Deiner Welt. Und die Worte, die Du gebrauchst, verändern wiederum die Situation. Kurzum, Deine Worte und Deine Welt beeinflussen einander ständig gegenseitig. Die Beziehung zwischen Sprache und Welt ist eher ein Tanz als die Spiegelung des einen im anderen.

Und nicht nur im Gespräch mit anderen filtert und formt die Sprache unsere Wirklichkeit – sie tut dies auch, wenn wir allein sind. Unentwegt sprechen wir mit uns selbst und deuten uns die Welt. Die meisten Menschen wissen nicht einmal um dieses ständige innere Plappern. Aber versuch nur einmal fünf Minuten (oder weniger) völlig untätig und still dazusitzen, dann wirst Du dieses innere Plappern bemerken – und wirst auch feststellen, daß es nicht anzuhalten ist.

Es scheint sich auf einer tieferen Ebene als Dein normales Oberflächenbewußtsein abzuspielen. Du möchtest es vielleicht unterbrechen oder ändern, aber Du kannst nicht. Dieses Plappern ist eng mit Deinen Emotionen verknüpft. Es deutet die Welt im Sinne Deiner emotionalen Reaktionen auf jedes Vorkommnis Deines Lebens. Damit schließt es natürlich die unmittelbare Erfahrung Deiner Welt aus. Deshalb ist es eines der Hauptanliegen dieser Briefe, Dir zu zeigen, wie dieses Geplapper Deine Welt herstellt; dann erst kann man nämlich Ausschau halten nach dem, was vielleicht hinter dem Geplapper steht.

Sprache bindet uns, solange wir glauben, die Welt sei das, was wir über sie sagen oder denken. Und sie wird uns noch mehr zum Gefängnis, wenn wir meinen, nur das sei eine echte Erfahrung, was wir auch zu beschreiben vermögen. Aber die Sprache kann uns auch befreien, wenn wir sie nur nicht zu ernst nehmen, wenn wir uns in ihr bewegen und zugleich die Welt nicht aus dem Auge verlieren, die jenseits der Sprache ist. Und natürlich schreibe ich diese Briefe in der Hoffnung, daß die Sprache, die wir hier be-nutzen – ich schreibend, du lesend –, Dich nicht noch mehr bindet, sondern zu Deinem Freiwerden beiträgt.

## 11. Brief
### Das Fühlen erwecken

*Liebe Vanessa,*

ich habe in diesen Briefen schon eine Menge über das gesagt, was Menschen bei der Achtsamkeits-Gewahrseins-Praxis entdeckt haben. Aber Du fragst Dich vielleicht, worum es bei der Übung im Sitzen oder irgendeiner spirituellen Praxis überhaupt geht (es muß nicht bei allen Übungsformen, die spirituell genannt werden, um das gleiche gehen). Es geht jedenfalls nicht darum, das Ebenbild eines anderen Menschen zu werden, sei es der Buddha oder Jesus oder einer der vielen Lehrer unserer Zeit oder Dein Psychotherapeut (ich weiß, daß Du keinen hast, aber viele andere Menschen haben einen). Es geht darum, daß Du ganz und authentisch das bist, was Du bist, und dann vielleicht anderen eine echte Hilfe sein kannst.

Aber was heißt das eigentlich: authentisch die sein, die Du bist? Wer sind wir? Wer bin Ich? Bin ich ein gesondertes, vereinzeltes Individuum? Ja, wir fühlen uns sicherlich manchmal isoliert und allein. Aber könnte mein »Ich« nicht auch an einem viel größeren Seinsgefühl teilhaben? Wir empfinden ständig eine Barriere zwischen uns und anderen, zwischen unserem »Innern« und dem »Äußeren«. Und wir glauben, ja fühlen, daß diese Barriere real ist. Dieser Glaube und die Barriere selbst bestimmen, wie wir unsere Welt erleben. Man nennt sie auch das Ego. Aber dieser Begriff ist eher irreführend, weil er so unterschiedlich angewendet wird in den verschiedenen Zusammenhängen. Wir werden also die Barriere, die wir zwischen uns und unserer Welt errichten, *Kokon* nennen, ein Ausdruck, der auf Chögyam Trungpa Rinpoche zurückgeht.

In den letzten drei Briefen habe ich dargestellt, wie Dein Kör-per-Geist mit all dem tanzt, was außerhalb seiner selbst ist, und so die Welt erschafft. Ich habe auch gezeigt, wie die Sinne und der Geist ständig unsere Erfahrung zu beherrschen versuchen: Wir nehmen wahr, was wir erwarten oder wahrnehmen wollen, und meist gelingt es uns, den Rest draußen zu halten. So kann der Tanz unseres Körper-Geistes, unseres Ichs, mit dem »Äußeren« die Illusion einer vertrauten Welt aufrechterhalten. Und wenn wir doch einmal etwas Unbekanntes wahrnehmen, empfinden wir es als »fremd« und »beängstigend«. Alles Fremde verstört und er-schreckt uns, aber es kann uns auch aufwecken. Die bewunderns-werte, wenn auch nutzlose Ausdauer, mit der unsere Körper-Geist-Wahrnehmung stets und ständig eine behagliche, vertraute Welt zu schaffen versucht, ist der Mechanismus, der den Kokon aufrechterhält. In der vertrauten Welt können wir uns geborgen fühlen und sind uns selbst genug.

Durch die Achtsamkeits-Gewahrseins-Übung kannst Du selbst unmittelbar erleben, daß der Kokon keine *absolute* Barriere ist, kein reales, handfestes Ding. Er ist ein relativ nützliches Mach-werk Deines Körper-Geistes, das Dir in der Phantasiewelt der Dinge zu funktionieren erlaubt.

Aber wie Du inzwischen wohl weißt, ist Deine Wahrnehmung einer Außenwelt, einer Welt des anderen, ein schöpferischer Tanz. Und der Kokon ist auch nur ein Teil dieses Tanzes. Das ist es, was ich in diesen Briefen zu zeigen versuche. Du und Deine Welt! Diese beiden können sich im Tanz vereinigen, und Du brauchst die eingebildete und doch so absolute Trennung zwischen ihnen nicht mehr, die Trennung, die wir sonst ununterbrochen empfinden.

Was ich Dir zeigen möchte, ist eigentlich ganz einfach, jeden-falls überhaupt nicht exotisch. Wenn Du Dir einen Film ansiehst oder ein Buch liest und eine der darin vorkommenden Gestalten Dich wirklich packt, vergißt Du dann nicht manchmal völlig, daß es eine Vanessa gibt? *Wirst* Du nicht manchmal diese Gestalt, fühlst Du nicht ihre Gefühle, als wären es Deine? Oder wenn Du mit Sernyi, Deinem kleinen Lhasa Apso, auf der Couch liegst, bist Du dann nicht manchmal so sehr eins mit ihr, daß Du weißt, was in ihr vorgeht? Das gleiche geschieht mit Menschen, die einander – als Liebespaar oder in einem anderen Sinne – lieben: Manchmal fühlen sie, daß sie innerlich eins geworden sind. Und Liebe, einfühlende und mitfühlende Liebe, ist das Mittel, mit dem der Kokon aufzulösen ist, die Barriere zwischen Dir und anderen.

Solange wir nicht in uns selbst ganz persönlich spüren, wie unsere Vorurteile, Interpretationen und Gefühle vorschreiben, was für eine Welt wir uns machen, werden wir ganz einfach in der toten Welt gefangen bleiben. Denn aus all dem, solange wir es nicht sehen, *besteht* der Kokon. Sehen wir es aber, löst der Kokon sich von selbst auf.

Wenn der Kokon sich auflöst, wird uns eine neue Qualität oder neue Ebene der Wahrnehmung zugänglich. Das ist die Wahrnehmung, die ich in früheren Briefen »Fühlen« genannt habe. Fühlen, oder Gefühl, ist kein besonders glückliches Wort dafür, aber ich habe kein besseres. Wie so viele Worte unserer Sprache kommt es mit allerlei unnützem Ballast daher.

Mit Fühlen meine ich keine Schwerlastgefühle wie Wut, Eifersucht, Panik und überbordende Leidenschaft. Das Fühlen, von dem ich spreche, ist ganz und gar nicht dasselbe wie Emotionalität. Es ist auch nicht identisch mit sexuellem Fühlen, obwohl die meisten Menschen wohl beim Sex dem Erlebnis dieses Fühlens noch am nächsten kommen. Die Art des Fühlens, von der ich schreibe, ist subtiler – inniger und zugleich offener für die Welt.

»Mitfühlen« wäre vielleicht besser oder »Einfühlen«, aber solche Worte klingen für viele Menschen zu hehr, zu sehr nach Religion oder anderen Dingen, mit denen sie nicht viel anfangen können. »Fühlende Einsicht« könnte man auch sagen, denn ich möchte ja hier erörtern, was geschieht, wenn unser Fühlen sich mit unserer Intelligenz, unserer Einsicht, verbindet. Einsicht erweckt unser Fühlen zu einer ganz neuen Qualität, macht es zu einem neuen Sinnesorgan.

Auch »Liebe« wäre möglich. Echte Liebe erkennt die Dinge, wie sie sind, fühlt sich eins mit ihnen, hält sie wahrhaft wert. Mit solcher Liebe kannst Du alles lieben, ein Stück Baumrinde ebenso wie einen Käfer, ein Stück Alteisen oder einen Menschen. Aber das Wort »Liebe« ist so überkrustet mit Gefühlsduselei, Frömmelei, Sex und Hollywood-Gefühlchen, daß man es eigentlich für nichts Echtes mehr verwenden kann. Echte Liebe kann auch schon mal sehr entblößend wirken und Dir wie ein Messer ins Herz schneiden. Wenn die Sonnenwärme das Eis schmelzen läßt – wer weiß, ob es nicht schmerzhaft ist für das Eis.

Aber was ich eigentlich sagen möchte, ist ebenso real wie einfach, und ich möchte es nicht mit neu zu erfindenden Ausdrükken befrachten oder mit alten, die nicht mehr taugen. Also werde ich meistens einfach »Fühlen« sagen und hier und da einen der anderen Ausdrücke verwenden, um daran zu erinnern, daß hier nicht von anklammernden, unproduktiven Gefühlen die Rede ist, sondern von einem Fühlen, das aufgewacht ist.

Wirf noch mal einen Blick in den neunten Brief, wo ich das Muster der fünf Skandhas dargestellt habe, das sich von Augenblick zu Augenblick wiederholt und so unsere Erfahrung bildet. In dem Abschnitt über das Fühlen sagte ich: »Wir *müssen* die Dinge nicht ausschließlich unter dem Gesichtspunkt von Zuneigung und Abneigung fühlen. Wir können sie auch einfach so fühlen, wie sie sind ... Aber meist tun wir das nicht. Wir fühlen unsere Zuneigung und Abneigung viel mehr als die Dinge selbst.«

Meistens läuft das Fühlen nach dem Muster »Ich mag« oder »Ich mag nicht«, »Er mag mich« oder »Sie mag mich nicht«. Wir interpretieren unsere Welt unbewußt (unter dem Gesichtspunkt der Barriere oder des Inhalts) als freundlich oder feindlich, nett oder zuwider. Wenn aber der Kokon sich aufzulösen beginnt oder zumindest ein paar kleine Löcher bekommt, ändert sich unser Fühlen und wird ein unmittelbares Reagieren auf die Energie unserer Welt, wie sie gerade ist.

Du stehst in Resonanz mit der Welt. Man könnte genausogut

sagen, die Welt findet in Dir Resonanz, denn es besteht keine Barriere zwischen »Dir« und »der Welt«. Diese Resonanz ist Fühlen oder Mit-Fühlen oder Fühlende Einsicht. Genau das ist Resonanz: Etwas fühlt mit etwas anderem. Eine Gitarre fühlt mit einer anderen, wenn sie gleich gestimmt sind und Du eine der beiden anschlägst.

Das ganze Abtragen des Kokons bis zur Freilegung des Fühlens ließe sich auch in einem einzigen Ausdruck zusammenfassen: Geist und Körper vereinigen. Richtiger wäre es allerdings zu sagen: erkennen, daß Körper und Geist eins sind.

Unsere Kultur ist zutiefst davon überzeugt, daß Körper und Geist zweierlei sind. Unser Geist soll möglichst rational sein, er soll denken, erkennen, verstehen können. (Er kann auch irrational sein, aber diese Seite erfreut sich nicht so großer Wertschätzung wie die logische und wird im allgemeinen nicht eigens ausgebildet.) Die Ausbildung der rationalen Seite geschieht durch Herumsitzen in stickigen Räumen, Stunde für Stunde, jahrein, jahraus. Das steht man nur durch, wenn man die Bedürfnisse des Körpers zu ignorieren lernt. Aber das weißt Du selbst am besten.

Unseren Körper empfinden wir als ein notwendiges, aber manchmal auch ein wenig peinliches Ding, das uns in die Nähe der Tiere rückt. Wir können tagelang derart in unseren Gedanken, unserer Geschäftigkeit aufgehen, daß wir den Körper kaum noch wahrnehmen. Wir töten unsere Gefühle ab. Früher oder später wird der so ignorierte Körper aufbegehren und krank werden. Dann müssen wir uns um seine Gebrechen und Schmerzen kümmern, und dabei vernachlässigen wir wiederum den Geist. So geht es immer weiter. Selbst wenn wir uns Zeit für ausreichend Bewegung und vernünftige Ernährung nehmen, lassen wir uns doch nicht darauf ein, unseren Körper wirklich zu fühlen.

Tatsächlich sind Körper und Geist schon eins. Wir müssen sie weniger vereinigen als vielmehr die Barriere aufheben, die wir künstlich zwischen ihnen geschaffen haben. Körper und Geist sind eins – nicht Geist und Gehirn oder Geist und Kopf. Geist ist überall im Körper. Fühlen ist überall im Körper.

Vor ein paar Jahren ist man auf eine ganze Reihe kleiner Moleküle gestoßen, die sich zwischen dem Gehirn und dem übrigen Körper bewegen. Diese Moleküle wurden Neuropeptide genannt. Sie werden im Gehirn hergestellt, aber es gibt im gesamten Immunsystem Rezeptoren für sie. Am besten bekannt sind unter den Neuropeptiden die Endorphine; dieses Wort ist eine Kurzform des Begriffs »*endo*gene *Morphine*« und bedeutet soviel wie »im Körper selbst hergestellte morphinähnliche Verbindungen«. Praktisch handelt es sich also um drogenähnliche Substanzen, um natürliche Lust-Drogen.

Überall im Körper gibt es Stellen, die Endorphine aufnehmen können. Man findet sie nicht nur im Immunsystem, sondern in besonders hoher Konzentration auch in allen Sinnesorganen. Das veranlaßte Candace Pert, einen der Entdecker, zu der Aussage, daß wir die Welt durch einen natürlichen Opiat-Schleier wahrnehmen.

Ergebnis dieser Entdeckung ist jedenfalls, daß kein Wissenschaftler mehr behaupten kann, Geist gebe es nur im Kopf. Geist muß zumindest als Funktion des gesamten Körpers gesehen werden. So sagt Pert: »Die alten Schranken zwischen Gehirn und Körper fallen in sich zusammen ... Gehirn und Immunsystem benutzen für ihre Kommunikation so viele Moleküle derselben Art, daß wir kaum noch sagen können, das Gehirn sei einfach ›da oben‹ und durch Nerven mit dem übrigen Körper verbunden. Es hat viel mehr von einem dynamischen Prozeß ... Ihr Geist ist in jeder Zelle Ihres Körpers.«

Viele Menschen – vor allem Tänzer, Musiker, Sportler und Meditierende – wußten schon immer, daß der Geist in jeder Zelle ihres Körpers ist. Die ganze heillose Verwirrung in dieser Sache ist überhaupt nur dadurch entstanden, daß Wissenschaftler seit Jahrzehnten im Brustton der Überzeugung behaupten: »Geist ist nichts anderes als der Output eures computerähnlichen Gehirns.« Doch jetzt, wie gesagt, hat die Wissenschaft selbst den Beweis erbracht, daß dieser Glaube überholt ist und Geist zumindest im gesamten Körper sein muß.

Die Trennung von Körper und Geist ist ein Abbild unserer tiefsten Überzeugungen, unseres Weltbilds, wiederzufinden auch in der Kluft zwischen Wissenschaft und Religion, dem Materiellen und dem Spirituellen, dem Toten und dem Lebendigen. Diese Kluft hat sich in unserem Nervensystem festgesetzt, in unserem Unbewußten, in unseren sozialen Interaktionen. Von diesen Überzeugungen hängt ab, wie wir auf die Menschen in unserem Leben, auf die Bäume und Wälder, die Vögel und Frösche unserer Erde reagieren.

Auch unsere Sicht der spirituellen Praxis ist von diesen Überzeugungen geprägt. Solange wir das nicht erkennen und uns eingestehen, können wir nichts dagegen tun, und dann besteht die Gefahr, daß unsere spirituelle Praxis die Kluft nur noch tiefer macht. Unter dem prächtigen Brokat unserer spirituellen Schulung bleibt die klaffende Wunde bestehen und entzündet sich schlimmstens noch, so daß unsere spirituellen Unternehmungen eher vergiftend als heilend wirken. Aber wenn wir die Wunde, die Kluft zwischen Körper und Geist, zur Kenntnis nehmen, kann die spirituelle Praxis zu ihrer Heilung beitragen.

Wir müssen also zur direkten Erfahrung dieser Kluft kommen; ein bloß intellektuelles Wissen genügt nicht, wir müssen die Kluft zwischen Körper und Geist fühlen, erst dann kann sie sich schließen.

Und das Gefühl ist ja schon da, wenn auch versteckt – eine namenlose Angst, eine tiefe Qual der Seele. Wir müssen die Barrieren durchbrechen und zum Fühlen vordringen. Und es sind natürlich Barrieren in unserem Körper und Geist. Sie liegen im Geist als uneingestandene Überzeugungen vor, die unser Welt-Gefühl und unser Handeln beherrschen. Und sie liegen im Körper als Spannungen vor – der Nerven, der Muskeln, des Herzens.

»Fühlen« oder »Gefühl« sagen wir häufig, wenn wir eigentlich

Emotion oder Empfindung meinen. Wir sagen: »Ich fühle mich so froh heute«, aber auch »Diese Lederjacke fühlt sich so schön glatt und weich an«. Interessanterweise verweist also dieses eine Wort vielfach auf Geist (Emotionen) *und* Körper (Empfindungen).

Und daran zeigt sich bereits, daß wir um die Einheit von Körper und Geist eigentlich schon wissen. Also geht es darum, diese Einheit wirklich zu vollziehen – Deinen Körper in Deinem Geist zu fühlen, Deinen Geist in Deinem Körper zu fühlen. Darum fühl Deinen Körper, fühl ihn von innen, fühl das innere Empfinden von Wärme in Deinen Armen, in Deiner Brust, fühl die Freude, die darin liegt.

Wenn Du mit diesem inneren Gewahrsein Körper und Geist vereinigst, fühlst Du die Energie Deines Körpers: wie er so voller lebendiger Wärme ist und Geist jede Pore Deines Körpers erfüllt. Und hast Du erst einmal realisiert, daß Fühlen-Gewahrsein überall im Körper ist, kannst Du einen Schritt weiter gehen und Dich fragen: Endet das Fühlen-Gewahrsein an den Grenzen meines Körpers? Wo hört der Körper überhaupt auf? Und wenn das Fühlen-Gewahrsein so weit reicht, weshalb dann nicht weiter?

Das fühlende Gewahrsein, das sich über Deinen Körper hinaus erstreckt, ist eine hochempfindliche und sehr reale Form der Wahrnehmung. Es ist die »Wahrnehmung des Herzens«, des vereinigten Herz-Geistes. Sie nimmt die *Qualitäten* der Dinge wahr. Wenn Du Blau siehst, so siehst Du nicht einfach Blau, sondern fühlst die Blauheit des Blau in der Energie Deines Körpers. Wenn Du an eine Freundin denkst, hast Du nicht einfach ein Bild vor Augen, sondern fühlst ihre Präsenz, ihren Körper-Geist, in Deinem eigenen Geist und im Fühlen Deines Körpers.

Du findest das Fühlen, wenn Du weniger auf den *Inhalt* Deiner Sinneswahrnehmungen als auf die Qualität des Wahrnehmens selbst achtest. Betrachte etwas, das Du als schön empfindest, eine Blume beispielsweise oder einen Menschen, den Du liebst. Achte für eine Weile auf den visuellen Eindruck selbst und laß

Deine Aufmerksamkeit dann zur Qualität der Erfahrung wechseln, zu dem mit ihr verbundenen Fühlen.

Das Fühlen spricht auf Harmonie und Disharmonie an, es unterscheidet zwischen Farben und Lauten – Blau fühlt sich anders an als Rot, der Ruf einer Krähe anders als der eines Tölpels. Wenn Körper und Geist zusammen auf das von den Sinnen Vermittelte reagieren, dann ist das Fühlen. Sehr zu unserem Schaden wird diese Art des Wahrnehmens und Erkennens in unserer modernen Welt völlig vernachlässigt oder gar nicht als solche gesehen. Geh mal an einem sonnigen Tag nach draußen und schau in den Himmel. Mach Dir klar, wie Dein Körper sich fühlt; fühl die Energie in Deinem Körper-Geist. Dann laß Deinen Blick auf etwas Grünes fallen – Gras oder Bäume beispielsweise – und spüre der veränderten Energie-Qualität in Deinem Körper-Geist nach.

Das Fühlen ist die Wahrnehmungsform, durch die wir physisch unsere Verbundenheit mit anderen, mit unserer Umgebung, mit unserer Welt erfahren. Wir heilen damit uns selbst und andere. Und schließlich ist das Fühlen auch das Medium sogenannter paranormaler Erfahrungen: Fernwahrnehmung, Psychokinese oder auch das Fühlen der Anwesenheit eines Engels bedürfen dieses Ein-Fühlens oder Mit-Fühlens.

Auf der Ebene des Fühlens – von Qualität, von Wert, von Bedeutung – kann der Raum friedlich oder wild, voller Energie, Wärme oder Kälte sein, und wir fühlen es. Wenn wir mit einem anderen Menschen sprechen, fühlen wir den Raum zwischen uns und seine Qualität. Wenn wir in einer Gruppe von Leuten sind und jemand geht oder dazukommt, ändert sich die Qualität des Raums. Und vielleicht können wir uns an die frühe Kindheit erinnern, wo wir all das noch viel stärker fühlten: Dieses Ende der Straße hat etwas Bedrohliches, der Wald ist freundlich, jede Ecke des Gartens hat ihre ganz eigene Gefühlsqualität.

Auch die Zeit hat Qualitäten, die wir fühlen. Die Qualität des Morgens ist anders als die der Tagesmitte oder des Abends. Tage haben ihre eigenen Qualitäten – manche sind bitter, manche köstlich oder friedvoll, manche erfüllt, manche gehetzt. Die Jahreszeiten haben ihre Qualitäten. Manchmal können wir kleinste Veränderungen in der Qualität eines flüchtigen Augenblicks ausmachen. Es kann sogar sein, daß wir ein Gefühl von Diskontinuität der Zeit bekommen.

Man könnte fast sagen, das Fühlen habe etwas von Pfaden oder Flugbahnen oder lichtleitenden Glasfasern – von Bahnen, auf denen das Gewahrsein innerhalb und außerhalb unseres Körper-Geistes im Raum unserer Welt zirkuliert. Es ist eine Art Netz, das uns mit allem anderen in der Welt verbindet.

Um zum Fühlen zurückzufinden, brauchen wir zweierlei. Zunächst eine Übungsform wie die Achtsamkeits-Gewahrseins-Praxis, um die Barriere, die das Fühlen ausschließt, zu überwinden, die Barriere zwischen Geist und Körper, zwischen »innen« und »außen«, zwischen »mir« und »dir«.

Außerdem müssen wir aber unsere Wahrnehmung umerziehen, indem wir ihr neue Interpretationen bereitstellen und neue Geschichten erzählen, Geschichten, die auch das Fühlen berücksichtigen. Die Tote-Welt-Geschichten haben das Fühlen jahrhundertelang betäubt, aber wir dürfen hoffen, daß sie es nicht ganz abgetötet haben.

In den nächsten Briefen werde ich Dir ein paar neue Geschichten erzählen, die Deinem Fühlen Nahrung geben können. Manche Wissenschaftler erzählen heute nämlich ganz andere Geschichten als die, mit denen Du aufgewachsen bist, die aber unsere Gesellschaft nach wie vor beherrschen und antreiben.

Eine der wichtigsten dieser neuen Geschichten, die über die Wahrnehmung, habe ich Dir bereits erzählt. Wir wachsen mit der Vorstellung auf, daß wir die Welt ungefähr so wahrnehmen wie eine Videokamera. Das ist heute eigentlich keine Geschichte der Wissenschaft mehr, sondern ein Glaube, in den wir hineinwachsen, eine Art Grund-Konditionierung. Die Wissenschaft und die Achtsamkeits-Gewahrseins-Übung zeigen jede auf ihre Weise, daß dem nicht so ist, daß Wahrnehmung vielmehr ein schöpferischer, die Welt von Augenblick zu Augenblick hervorbringender Tanz ist. Und unsere Interpretationen, Erwartungen und Emotionen tanzen mit. Hier wird direkt erkennbar, wie die Wissenschaft uns beim Überwinden irriger Annahmen über die Wirklichkeit helfen könnte.

Die neue Sicht der Wahrnehmung läßt den Schluß zu, daß die Wissenschaft genauso zu emotionalen Verzerrungen der Wahrnehmung neigt wie jeder andere Bereich menschlichen Tuns auch. Denk also immer daran, daß die neuen Geschichten, die manche Wissenschaftler jetzt erzählen, auch nur Geschichten sind. Sie unterscheiden sich von den alten Geschichten aber dadurch, daß sie Fühlen und Gewahrsein wieder zulassen. Laß Dich trotzdem nicht dazu verleiten, sie für endgültige Wahrheiten zu halten. Aber nimm sie ruhig auf und sieh zu, was sie für Dein Fühlen und Wahrnehmen hergeben. Betrachte die Welt durch die Brille dieser neuen Geschichten. Dann bleib einfach in Deinem Gewahrsein und vertraue auf Deine eigene Erfahrung.

## 12. Brief
### Kooperation in der Natur – wer hätte das gedacht?

*Liebe Vanessa,*

gestern habe ich Dir von einer neuen Qualität des Fühlens geschrieben, die sich einstellt, wenn Du Körper und Geist vereinigst und der Kokon für Dich dadurch durchsichtig und durchlässig wird (die Barriere zwischen »innen« und » außen«, zwischen »mir« und »dir«). Diese Qualität des Fühlens zeigt sich uns, wenn wir von den ichbezogenen Emotionen, blinden Überzeugungen und verzerrten Welt-Deutungen ablassen, aus denen der Kokon gesponnen ist. Wenn wir uns von unseren ach so gewichtigen Emotionen ein wenig lösen und nur die bebende Energie in ihnen fühlen, stoßen wir auf etwas, das wund und weh ist wie ein gebrochenes Herz, in dem Freude und Trauer zugleich sind. Diese lebendige, traurig-freudige Energie ist vollkommen bereit für die Welt, vollkommen empfänglich – sie ist erwachtes Fühlen.

Das Sanskritwort *bodhichitta* sagt ungefähr das, was ich hier zu vermitteln versuche. *Bodhi* bedeutet »wach« und *chitta* wird meist (je nach Persönlichkeit des Übersetzers, vermute ich) mit »Geist« oder »Herz« übersetzt. Das Sanskrit kennt keine Unterscheidung von Herz und Geist wie unsere Sprache.

Es gibt auch im Japanischen ein Wort, das sich hier verwenden ließe, *kokoro*. Kokoro wird häufig mit »Herz-Geist« übersetzt, wobei mit »Geist« sowohl der mentale als auch der spirituelle Aspekt gemeint ist und der Bindestrich andeutet, daß Herz und Geist vereint sind.

Ich werde jedoch bei dem Wort »Fühlen« bleiben. Es ist einfach wärmer als »Geist« und nicht so mit Sentimentalität befrachtet wie

»Herz«. Außerdem ist das Fühlen, wie ich im vorigen Brief dargestellt habe, das Schlüsselelement der Achtsamkeits-Gewahrseins-Praxis, durch die wir an unseren eingeübten Reaktionen auf die Welt wirklich etwas ändern können. Und es ist das, was Körper und Geist verbindet.

Fühlen ist nicht bloß etwas Eingebildetes, eine subjektive psychologische Sache, sondern eine ganz reale Energie. Es ist eine sehr feine Substanz, für die die Wissenschaft noch keinen Namen hat. Wenn wir unser Fühl-Organ öffnen, strahlen wir diese Substanz, dieses Fühlen, aus. Und wie ich im vorigen Brief gesagt habe, hat das Fühlen etwas von Bahnen, auf denen das Gewahrsein zirkuliert und uns mit der Welt verbindet – physisch verbindet.

Die Energie des Fühlens hat sehr viel mit Zirkulation und Austausch zu tun. Etwas geht von uns aus und etwas kommt zurück. Wenn Du einen Baum oder einen Hund oder einen anderen Menschen mit wachem Fühlen anblickst, spürst Du, daß Du etwas aussendest und etwas zurückbekommst. Ist das nicht so bei Sernyi oder Kater Peter, daß etwas von ihnen zurückkommt, wenn Dein Fühlen zu ihnen hingeht?

Eigentlich funktioniert die ganze Welt nach diesem Prinzip der Zirkulation oder des Austauschs – womit nichts anderes als eine gegenseitige Abhängigkeit gemeint ist. Die Welt ist ein stetiger Austausch von Energie, ein ständiges Geben und Nehmen. Im menschlichen Leben gibt es schlichte Großzügigkeit, nichts Hehres oder Großartiges, sondern einfache Großzügigkeit – Geben und Empfangen.

Das Geben und Empfangen bewahrt die Harmonie und verstärkt die Resonanz zwischen den Dingen oder zwischen Menschen, oder zwischen Menschen und Dingen.

Viele Völker, die noch nicht so sehr vom modernen Denken über menschliche Motivation beeinflußt sind, wissen noch um dieses Prinzip, daß die Welt – nicht allein die Menschenwelt, sondern die Welt überhaupt – nur mit Großzügigkeit bestehen kann. Nimm als Beispiel die folgenden Worte eines Sioux-Ältesten namens Gerald Red Elk. Aufgeschrieben wurden sie von Roger LaBorde, der von Gerald als Neffe adoptiert wurde und sein Heiler-Lehrling war:

*Manch einer hätte Geralds Haus als ziemlich vollgestopft empfunden. Allerlei Kleidungsstücke, Decken, Bilder, Schachteln und so weiter waren entlang der Wände des Zimmers gestapelt. Für mich fühlte sich sein Zuhause nicht so an. Es besaß Wärme, es hatte etwas von einem bequemen alten Sessel, in den man sich am liebsten kuscheln würde, um überhaupt nicht wieder aufzustehen ...*
*Nach der Adoption und der Namenszeremonie gab es ein großes Verschenken. Decken, Quilts, Geld, Lebensmittel, Gürtelschnallen und Kriegsschmuck wurden an alle Anwesenden verteilt – und das waren einige. Da lernte ich zum ersten Mal die unglaubliche Großzügigkeit von Geralds Familie kennen. Und jetzt wußte ich, was all die im Haus gestapelten Dinge sollten – er verschenkte sie.*

Oder denk an die Bewohner der Trobriand-Inseln, die bei einer *Kula* genannten rituellen Fahrt Hunderte von Kilometern in Kanus auf dem Meer zurücklegen. Das ist eine sehr gefährliche Fahrt: Der Wind kann die Boote vom Kurs abbringen oder auf den offenen Pazifik hinauswehen, und manches Boot hat der Sturm schon zerstört und versenkt. Die Leute glauben, daß ihnen unterwegs Riesenkraken oder lebendige Steine oder menschenfressende Hexen auflauern, daß sie bei der Vorbeifahrt an Inseln von unwiderstehlich schönen Frauen angelockt werden, die aber so stark sind, daß kein Mann ihre Leidenschaft überlebt.

Und wozu diese rituellen Fahrten? Nur um Geschenke mit ihren Gastgebern auf anderen Inseln auszutauschen. Es handelt sich dabei um Armreifen und Halsketten, von denen ohnehin alle schon so viele haben, daß eigentlich niemand noch welche braucht. Aber durch die Kula und den Umlauf der Armreife und Halsketten sichern die Inselbewohner die Fäden ihres weitmaschigen, viele Inseln umspannenden Netzes von Beziehungen. Über ein großes Gebiet des westlichen Pazifik verbindet dieses Netz verschiedene Stämme, die verschiedene Sprachen sprechen.

Ein weiteres Beispiel, diesmal aus dem Leben der Krabben, das Pjotr A. Kropotkin, Offizier und Geograph und später einer der Hauptvertreter des Anarchismus, in seinem 1902 erschienenen Buch *Gegenseitige Hilfe in der Entwicklung* schildert:

*Mich erstaunte, welches Ausmaß an Hilfsbereitschaft diese unbeholfenen Tiere einem in Not geratenen Artgenossen zuzuwenden in der Lage waren. Eine Krabbe war in einer Ecke des Tanks auf den Rücken gefallen und ihr schwerer, tellerartiger Rückenpanzer verhinderte ihre Rückkehr in die natürliche Lage, zumal sich in dieser Ecke eine Eisenstange befand, die das Unternehmen noch schwieriger machte. Ihre Artgenossen kamen zu Hilfe, und etwa eine Stunde lang beobachtete ich, wie sie sich mühten, ihrem Mitgefangenen aus seiner mißlichen Lage zu helfen. Sie kamen zu zweit und hoben ihren Freund an, bis er hochkant stand, doch dann war diese Eisenstange dem Rettungswerk im Wege, und die verunglückte Krabbe fiel schwer auf den Rücken zurück. Nach vielen Fehlversuchen verschwand einer der Helfer in der Tiefe des Tanks und holte zwei weitere Krabben, die sich mit frischen Kräften an das Schieben und Heben des hilflosen Artgenossen machten.*

Großzügigkeit, Hilfsbereitschaft, Kooperation – das sind Züge, die in der Natur nicht nur des Menschen, sondern auch der Tiere liegen ... Ah, Moment. Ich höre da einen Zwischenruf. Eine weibliche Stimme, ziemlich ärgerlich und besserwisserisch. Wer kann das sein, und was sagt sie da eben?

Ja, jetzt höre ich sie ganz deutlich. Es ist Deine Biologielehrerin, Mrs. Beattie, und sie sagt: »Das ist Unsinn, und so etwas dulde ich hier nicht! Wir *wissen*, daß alles menschliche und tierische Verhalten auf Eigeninteresse, nur Eigeninteresse und nichts als Eigeninteresse beruht.«

Au weia. Aber fragen wir sie doch mal, woher sie das weiß. »Das hat die Wissenschaft längst bewiesen«, sagt sie.

Es ist wahr, die meisten Lehrer, populärwissenschaftlichen Autoren und Magazine und viele praktizierende Biologen denken anscheinend so. Aber sehen wir uns die berühmte Theorie der Evolution durch Überlebenskampf einmal genau an.

Die Evolutionstheorie Charles Darwins nimmt im modernen Denken einen festen Platz ein. Sie besagt, daß alle heute anzutreffenden Tier- und Pflanzenarten sich im Laufe von zwei bis drei Milliarden Jahren durch Selektion oder natürliche Auslese aus wenigen weniger komplexen Formen entwickelt haben.

Die Vielfalt des Lebendigen erschien also auf dieser Erde, ohne daß es dazu eines transzendenten, dieser Welt äußerlichen Schöpfergottes bedurft hätte. Die staunenswerte, rätselhafte Welt um uns her ist demnach ihrem eigenen Tanz der Selbsterschaffung entsprungen.

Dieses Grundprinzip der Evolution ist nicht mehr zu bezweifeln. Darwin war gewiß ein großer Naturbeobachter, und seine Ideen kamen ihm während der weiten Reise auf der *Beagle* im Laufe ungezählter Stunden des Beobachtens, vor allem der Galapagos-Finken. Und seine Ideen brachten dem westlichen Bewußtsein die nie versiegende Schöpferkraft der Natur nahe.

Als problematisch erwiesen sich jedoch Darwins Vorstellungen vom *Mechanismus* der Evolution. Nachdem er die Grundtatsache der Evolution erkannt hatte, schlug er sich einige Zeit mit der Frage herum, *wie* sie denn zustande komme. Dann las er ein Werk des Geistlichen und Nationalökonomen Thomas Malthus, *Das Bevölkerungsgesetz*. Malthus ging davon aus, daß die Menschen sich zu rasch vermehren, so daß nie genügend Nahrungsmittel vorhanden wären und folglich immer Not herrschen würde, wenn die Armen, Schwachen und Unfähigen nicht auf der Strecke blieben. Darwin griff diesen verdrehten Gedanken auf und erweiterte ihn zum Erklärungsprinzip der gesamten Natur. Auch er ging davon aus, daß nicht genügend Nahrungsmittel für die ungehemmte Vermehrung aller Arten zur Verfügung stehen und es daher zu einem Konkurrenzkampf kommen muß. Im Kampf ums Überleben müssen alle Lebewesen ihre Waffen rücksichtslos einsetzen. Wenn es innerhalb einer Art durch Mutation zu einer Neuerung kommt, die einen wenn auch kleinen Vorteil mit sich bringt, so werden die Nachkommen dieser mutierten Wesen besser für das Überleben gerüstet sein als andere, sie sind »überlebenstüchtiger«. So wird Darwins Theorie auch gern als die Lehre vom »Überleben des Tüchtigsten« bezeichnet. Trotzdem, wie gesagt, handelt es sich um reine Spekulation auf der Basis einer ökonomischen Theorie. Und genaugenommen sagt der Ausdruck »Überleben des Tüchtigsten« gar nichts. Natürlich überlebt im großen und ganzen der Tüchtigste – genau das besagt ja der Begriff »der Tüchtigste«. Aber für die Ausweitung dieser auf der Hand liegenden Tatsache zur Theorie, daß Evolution vor allem Konkurrenzkampf und Aggression ist, Ausmerzung der Schwächeren durch die Stärkeren, spricht aus wissenschaftlicher Sicht überhaupt nichts.

Auch trifft es nicht zu, daß die überlebenden Arten zwangsläufig die »besten« sind oder auch nur besser als frühere. Das heißt aber, daß die Idee des »Fortschritts« ein Märchen ist. Es gibt keinen Grund, zumindest keinen biologischen, für die Annahme, daß Menschen »weiter« sind als Affen oder auch nur Bakterien. Die Evolutionsbiologen weisen darauf hin, daß einzellige Lebewesen wie Bakterien, die in unserem Verdauungstrakt leben, schon weitaus länger existieren als wir Menschen, daß sie Eiszeiten, Meteorschauer und Katastrophen jeder Art überlebt haben. So gesehen sollte man sagen, sie seien »besser« als Menschen. Fortschritt ist jedenfalls kein biologisches Faktum.

Und das ist eher ein Dämpfer für manche New-Age-Theorien zur »Evolution des menschlichen Bewußtseins«, die den Menschen ganz oben ansiedeln, den »modernen« Menschen zumal.

Im neunzehnten Jahrhundert wurde die Idee vom »Überleben des Tüchtigsten« zu einer weit über diesen Gedanken hinausgehenden Theorie menschlichen Verhaltens aufgebläht. Thomas Huxley beispielsweise schlug sich ganz entschieden auf die Seite Darwins und sagte: »Bei den Primitiven mußten die Schwächsten und Dümmsten weichen, während die Zähen und Schlauen – die mit den Umständen am besten zurecht kamen, aber nicht in irgendeinem anderen Sinne besser waren – überlebten ... Solange der Mensch im Naturzustand sich ungehemmt vermehrt, wird es Konkurrenzkampf – und zwar so scharf, wie er in kriegerischen Zeiten nur sein kann – auch in Perioden des Friedens und des Sorgens für den Lebensunterhalt nicht nur geben können, sondern geben müssen.«

Oder John D. Rockefeller Senior: »Das Heranwachsen eines großen Unternehmens ist nichts anderes als das Überleben des Tüchtigsten ... Es ist nur die Umsetzung eines Naturgesetzes und eines göttlichen Gesetzes.«

Diese Aussagen von zu ihrer Zeit hoch geachteten Männern sind reiner Unsinn. Aber seit damals haben sich diese fast schon perversen Aussagen eher noch gefestigt und sind mittlerweile tief in der kollektiven und individuellen Psyche verwurzelt. Deshalb wirkt die Großzügigkeit anderer manchmal eher verdächtig auf uns; vielleicht wollen sie nur etwas von uns, vielleicht müssen wir uns ihnen jetzt verpflichtet fühlen. Einfach nur anzunehmen und andere großzügig sein zu lassen, ist ziemlich schwierig, und wenn wir selbst großzügig sein möchten, läßt man uns manchmal nicht.

Die populäre Version der Evolutionstheorie sagt uns, daß Eigeninteresse, Konkurrenzkampf und das »Überleben des Tüchtigsten« und sonst nichts die treibenden Kräfte der Evolution seien. Und viele Biologen werden Dir das heute noch erzählen.

Man sagt uns ohne das geringste Zögern, daß die Natur grundsätzlich gewalttätig und feindselig sei. Tierfilme im Fernsehen zeigen weit häufiger den Konkurrenzkampf unter den Tieren als die gegenseitige Hilfe, die sie sich geben. Auch der Mensch, hören wir, sei von Natur aus selbstsüchtig, und daran sei nichts zu ändern, und echtes fürsorgliches Interesse an anderen gebe es im Grunde nicht. Zum Beweis beruft man sich auf die natürliche Auslese und das Überleben des Tüchtigsten.

Dieser schon religiöse Glaube an die Bedeutung des Überlebenskampfs ist in alle Bereiche unserer Kultur eingegangen, und das fängt an bei der Erziehung der Kinder. Auf jeder höheren Schule und im akademischen Bereich wird das so gelehrt. Ich kann gar nicht oft genug betonen, wie tief diese äußerst schädliche und wissenschaftlich unhaltbare Idee in uns verankert ist. Jedenfalls *glauben* die Menschen jetzt, daß sie im Grunde aggressive Tiere sind und man in dieser Welt nur durch Aggressivität überleben kann. Viele Firmen schicken ihre Mitarbeiter zu Schulungen, in denen sie aggressiver und damit erfolgreicher gemacht werden sollen.

Viele der führenden Evolutionsbiologen sagen jedoch inzwischen, daß die Lehre vom »Überleben des Tüchtigsten« schlichtweg falsch ist. So sagt Ledyard Stebbins, einer der großen modernen Evolutionisten: »Wie sehr hängt die natürliche Auslese von Gewalttätigkeit oder Kampf auf Leben und Tod ab? Die Antwort lautet: kaum.«

Es trifft auch unter sehr rauhen Umweltbedingungen keineswegs immer zu, daß Tiere und Pflanzen miteinander konkurrieren. So schreibt der Pflanzenphysiologe Frits Went: »In der Wüste, wo Wassermangel das normale Los aller Pflanzen ist, findet kein erbitterter Überlebenskampf statt, bei dem die Starken die Schwachen verdrängen. Im Gegenteil, die verfügbaren Ressourcen – Raum, Licht, Wasser und Nahrung – werden geteilt und alle sind in dieses Teilen eingeschlossen. Wo es nicht dazu reicht, daß alle groß und stark werden können, bleiben alle kleiner.«

Für viele Biologen ist die Lehre vom Tüchtigsten und von der überragenden Bedeutung des Konkurrenzkampfs heute einfach gegenstandslos. Evolution, so glauben sie, ist eher ein gemeinsames schöpferisches Spiel. Bei diesem Spiel entwickeln sich sowohl die Organismen als auch die Umwelt. Man spricht hier vom »Driften«: Die Umwelt ändert sich kontinuierlich und schafft dabei kontinuierlich neue mögliche Lebensräume, in welchen sich Lebewesen entwickeln können. Und wie sich irgendeine Spezies entwickelt, hängt von ihren inneren Bedürfnissen, ihrer »Neu-Gier«, und den zur Verfügung stehenden Möglichkeiten ab.

Ledyard Stebbins zum Beispiel schreibt: »Die heutigen Evolutionisten beschreiben die Evolution nicht mehr als Abfolge von Konkurrenzkämpfen, sondern eher als eine Serie von Spielen, die gespielt werden, weil sie sich anbieten.« Ein anderer Autor meint, das Naturgeschehen erinnere weniger an bitterernsten Kampf als an eine »herrliche Balgerei«. Und wir Menschen sind ein Teil dieser herrlichen Balgerei.

Der Irrglaube an Konkurrenzkampf, Überleben des Tüchtigsten und Eigeninteresse als wichtigste Triebfedern der Evolution steht dem Erkennen und Entwickeln unserer Anlage zu positiven Gefühlen sehr im Wege. Halten wir einmal die Anschauung eines Menschen dagegen, der aus einer anderen Kultur mit einem ganz anderen Menschenbild in den Westen kam. Chögyam Trungpa Rinpoche schildert, was er hier im Westen vorfand:

*Für mich als Kind einer Tradition, die das Gute im Menschen betont, war die Begegnung mit der abendländischen Tradition der Erbsünde einigermaßen schockierend ... Es scheint, daß der Gedanke der Erbsünde nicht nur in den religiösen Traditionen des Westens allgegenwärtig ist, sondern das gesamte westliche Denken, insbesondere das psychologische Denken, durchzieht. Patienten, Theoretiker und Therapeuten hängen offenbar gleichermaßen an der Idee irgendeines Ur-Fehlers, der die Ursache späteren Leidens bildet – eine Art Strafe für diesen Fehler. Man findet ziemlich durchgängig ein Gefühl von Schuld oder Verletztsein vor. Ganz gleich, ob die Leute tatsächlich an die Erbsünde oder überhaupt an Gott glauben, sie haben anscheinend alle das Gefühl, etwas falsch gemacht zu haben und dafür jetzt bestraft zu werden.*

Dieser schädliche Gedanke, daß etwas grundsätzlich nicht in Ordnung ist mit der menschlichen Natur, ist ein Erbstück der Kirche, das in unserer Gesellschaft durch Fehlinformation über Darwins Evolutionstheorie verewigt wurde. Es trifft einfach nicht zu, daß die menschliche Natur, und Natur überhaupt, durch Aggression, Gewalttätigkeit und brachiale Verdrängung der Schwachen durch die Starken gekennzeichnet ist. Und viele Biologen erkennen jetzt, daß die Vorstellung von Evolution durch erbarmungslosen Konkurrenzkampf geradezu peinlich naiv ist.

Aber wie hat denn nun das aus Millionen von Arten bestehende Gewebe des Lebens so lange existieren und gedeihen können, wenn nicht durch Konkurrenzkampf? Nun, wenn das Gegeneinander keine plausible Erklärung bietet, wie wäre es dann mit dem Miteinander?

Kooperation, gegenseitige Hilfe, Fürsorglichkeit, Freundlichkeit – all das erleben wir täglich. Menschliche Gesellschaften wären ohne sie unmöglich. Und die ganze herrliche Balgerei der Natur wäre unmöglich ohne Kooperation, ohne eine tiefe Übereinstimmung zwischen den Organismen.

Die Schul-Biologie und die Wissenschaftsautoren haben praktisch übersehen, daß es Kooperation überhaupt gibt. Die Ökologen sagen jedoch, sehr viel häufiger als Konkurrenzkampf beobachteten sie bei Pflanzen und Tieren, daß Kampf gemieden wird, wo immer das möglich ist, und daß gegenseitige Unterstützung oder Zusammenarbeit viel häufiger anzutreffen seien. »Der Zug zu Partnerschaften und kollaborativen Arrangements«, schrieb der bekannte Biologe Lewis Thomas, »ist vielleicht die älteste und stärkste Kraft in der Natur, ihre Grund-Kraft. Es gibt keine freilebenden Geschöpfe, die für sich allein leben; jede Lebensform ist von anderen abhängig.«

Sogar Organismen verschiedener Arten dienen einander auf

vielerlei Weise. Beispielsweise bieten sie Unterkunft: Manche Krabbenarten leben im Enddarm von Seeigeln. Oder sie helfen einander bei der Nahrungsbeschaffung: In Afrika verbünden sich der Honigkuckuck und der Honigdachs bei der Suche nach Bienennestern, und anschließend verzehren sie gemeinsam die Beute.

Solche Partnerschaften können so eng sein, daß keiner der Beteiligten allein überleben könnte. Ein Beispiel sind die Flechten, die man in grünlichen oder bläulichen Flecken auf blankem Gestein oder als bartartigen Bewuchs an Bäumen vorfindet. Man hielt sie lange für eine eigene Spezies, bis sich herausstellte, daß sie ein Kooperationsarrangement zwischen Algen und Pilzen darstellen. Die Kombination, die Flechte, verhält sich ganz anders als der Pilz oder die Alge allein. Weder Pilz noch Alge könnten aber allein auf nacktem Gestein überleben oder es gar aufschließen, um die lebensnotwendigen Mineralien zu gewinnen. Für sich allein können der Pilz und die Alge nur in relativ eng umgrenzten Lebensräumen existieren, aber zur Flechte vereinigt findet man sie in Wüsten wie in Regenwäldern, von Alaska bis in die Tropen.

Und *innerhalb* ein und derselben Art ist Kooperation eher die Regel als die Ausnahme. Die meisten Tiere leben und jagen zusammen, sie beschützen einander und spielen in Gruppen. Erinnerst Du Dich an Kropotkins Krabben? Oder nimm die afrikanischen Elefanten: Wird eine Kuh oder ein Kalb verletzt, so lassen die übrigen Mitglieder der Herde, angeführt von der ältesten Elefantenkuh, nichts unversucht, um dem verletzten Tier zu helfen und es aus der Gefahrenzone zu bringen.

Vielfach behandeln Tiere einander wie ihresgleichen, auch wenn sie biologisch überhaupt nicht miteinander verwandt sind. Es kommt auch vor, daß ausgewachsene Tiere sich um Jungtiere kümmern, die nicht ihre eigenen sind. Pinguine beispielsweise müssen täglich ihr Brutrevier verlassen, um im Meer zu jagen. Nur einige der Erwachsenen bleiben zurück, um sich um die Jungen zu kümmern – es hat etwas von einem Kindergarten.

Zudem gehen Tiere weit über bloße Kooperation hinaus. Sie

setzen sogar ihr Leben aufs Spiel, um die anderen Mitglieder der Gruppe zu warnen. Wenn beispielsweise ein Rudel Virginiahirsche fliehen muß, nehmen sie eine spindelförmige Aufstellung, angeführt vom Leittier und mit dem zweiten in der Rangordnung als Schlußlicht. Wenn die Hirsche durch eine Schlucht fliehen, wartet dieser zweite in der Rangordnung am Eingang der Schlucht und blickt dem Eindringling so lange entgegen, bis das Rudel ganz außer Sicht ist – notfalls so lange, bis er selbst einem Raubtier zum Opfer fällt.

Der Glaube, daß Tiere ohne Fühlen und Bewußtsein sind, noch so ein unsinniges Überbleibsel aus der Zeit Descartes', hat zur abscheulichen Praxis der Tierversuche im medizinischen, ja sogar im kosmetischen Bereich geführt. Diese Ignoranz und Arroganz gegenüber nichtmenschlichem Leben erzeugt Tag für Tag millionenfaches furchtbares Leiden. Dabei ist nach heutigem Erkenntnisstand nicht mehr zu bezweifeln, daß Tiere ganz ähnliche Gefühle der Identifikation mit ihresgleichen haben wie Menschen – vielleicht sogar noch intensiver, weil sie, anders als der Mensch, nicht in der Lage sind, sich rational von ihren Gefühlen zu distanzieren.

Ich gebe Dir nur zwei Beispiele aus einem vor nicht langer Zeit erschienenen sehr schönen und bewegenden Buch mit dem Titel *Wenn Tiere weinen*. Das Buch ist voller Beispiele von Tieren, die viele der uns Menschen bekannten Gefühle zeigen – Furcht, Hoffnung, Liebe, Freundschaft, Trauer, Wut, Grausamkeit, Mitgefühl, Altruismus, Scham und Sinn für Schönheit.

Zuerst ein Beispiel von Trauer über den Verlust einer Lebensgefährtin:

*Zwei Pazifik-Delphine im Marine Park von Hawaii, Kiko und Hoku, waren einander über Jahre hin liebevoll verbunden. Das ging so weit, daß sie einander häufig beim Umherschwimmen in ihrem Becken mit einer Flosse berührten. Als Kiko plötzlich starb, verweigerte Hoku die Nahrungsaufnahme. Er schwamm langsame Kreise, mit fest geschlossenen Augen, »als wolle er eine Welt, in der keine Kiko war, nicht sehen«, wie die Trainerin Karen Pryor schrieb. Man gab ihm eine neue Gefährtin, Kolohi, die neben ihm schwamm und ihn streichelte. Obwohl er sich auf sie einließ, hatten Beobachter immer das Gefühl, daß er sie nicht so sehr liebte wie Kiko.*

Das zweite Beispiel läßt ein Gefühl für Schönheit erkennen:

*Eines Nachmittags machte der Student Geza Teleki, der im Gombe-Reservat Schimpansen beobachtete, eine Pause, um zum Grat hinaufzuklettern und den Sonnenuntergang über dem Tanganjikasee zu beobachten. Während er dort saß, bemerkte er zuerst einen, dann einen zweiten Schimpansen, die von unten heraufkletterten. Die beiden ausgewachsenen Männchen waren nicht gemeinsam gekommen und bemerkten einander erst, als sie beide den Grat erreicht hatten. Teleki blieb für sie unsichtbar. Sie begrüßten einander mit Hecheln und dem Ineinanderlegen der Hände und setzten sich nebeneinander. In völliger Stille verfolgten Teleki und die Schimpansen den Sonnenuntergang und das allmähliche Verblassen des letzten Tageslichts.*

Man schätzt, daß auf dieser Erde 1,6 Milliarden verschiedene Arten leben. Und jede Art besteht aus Millionen oder Milliarden Einzelwesen. Stell Dir die Erde vor, wie sich eben jetzt all die verschiedenen Lebensformen auf ihr tummeln – von den Bakterien in Deinem Verdauungstrakt bis zu den Walen, von den gigantischen Redwoods bis zu den Flechten, die von ihren Ästen herabhängen, den Lhasa Apsos, den Spinnen, Flöhen, Orchideen, Fröschen, Blattläusen und Schildkröten. Und vergiß nicht die Galaxien und die Steine – und die Dralas!

Stell Dir all die prächtigen Farben und Muster vor, das Zirpen, Schnarren, Summen und Heulen, die scharfen, süßen, fauligen und beißenden Gerüche. Ganz zu schweigen von den Farben, die wir mit unseren Augen nicht sehen können, den Gerüchen und Lauten, die wir nicht wahrnehmen, und allerlei anderen Phänomenen, für die uns die Wahrnehmungsorgane fehlen. Schier unfaßbar der Energieumsatz all dieser Lebensformen in diesem Augenblick – fressen, kommunizieren, kopulieren, jagen, spielen. Die Harmonie und Ausgewogenheit, die diese ganze wunderbare Selbst-Schöpfung am Leben erhalten, sind kaum vorstellbar, aber vielleicht ahnst Du sie ja.

Wenn wir die Natur als Ganzes betrachten, liegt eigentlich auf der Hand, daß sie nur aufgrund eines ungeheuer starken Zugs zu Kooperation und Harmonie existieren kann. Natürlich gibt es Konkurrenzkampf, aber er kann kaum die wichtigste Triebkraft des Lebens sein, und selbst aus der Sicht der Biologie spricht wenig dafür.

Sind wir aus biologischen Gründen zum Eigennutz gezwungen? Gewiß nicht. Aus biologischen oder psychologischen Gründen sind wir weder zu Eigennutz noch zu Kooperation und Fürsorglichkeit gezwungen. Es ist unsere eigene Entscheidung.

Anfang der siebziger Jahre verbrachte der Ethnologe Colin Turnbull mehrere Jahre bei den BaMbuti-Pygmäen in Belgisch-Kongo (heute Demokratische Republik Kongo). Er verfaßte ein sehr schönes Buch über diese Menschen – die Zuneigung und Freundlichkeit, mit der sie einander begegneten, ihre tiefe Lebensfreude selbst in Zeiten unglücklicher Liebe oder der Trauer um Verstorbene, und ihre Liebe zur Wildnis, die sie als ihre Versorgerin, Beschützerin und Göttin-Mutter ansahen. Solche Berichte von Naturvölkern werden uns immer vertrauter, weil immer mehr von ihnen erscheinen.

Später verbrachte Turnbull noch einmal zwei Jahre bei den Ik, einem Bergvolk. Weniger als eine Generation (etwa zwanzig Jahre) vor Turnbulls Besuch waren die Ik noch Sammler und Jäger gewesen und hatten dem mit den Jahreszeiten wechselnden Nahrungsangebot folgend weite Gebiete zwischen Bergen und

Wäldern durchstreift. Ihre ganze Lebensweise war der Lebensweise anderer Naturvölker wie etwa der BaMbuti in vieler Hinsicht sehr ähnlich gewesen. Dann hatte man ihnen jedoch eine kleine, karge Bergregion zugewiesen und ihr ehemaliges Jagdrevier in ein Tierreservat umgewandelt, in dem sie nicht mehr jagen, ja nicht einmal Beeren sammeln durften. Ihr Leben war zu einem der Entbehrung und des Hungers geworden. In ihren Beziehungen untereinander stand es nicht mehr zum Besten – Ängste, Argwohn und Konkurrenzdenken breiteten sich aus. Und etwas ganz Neues kam auf, Schadenfreude.

So schilderte Turnbull, wie ein Kreis von Erwachsenen um ein Feuer saß, darunter auch eine Mutter mit ihrem kleinen Kind. Unter dem Gelächter aller Anwesenden krabbelte das Kind zum Feuer und griff nach einem brennenden Zweig. Ein andermal hatte Turnbull einer alten Frau zu essen gegeben und zeigte ihr dann den Weg zur Hütte ihres Sohnes, wo sie sterben wollte, obwohl sie wußte, daß ihr Sohn ihr nichts zu essen geben und sie in ihrer Qual nur auslachen würde. Nach ein paar Schritten blieb sie stehen, und Tränen liefen ihr übers Gesicht (es war das einzige Mal, daß Turnbull einen dieser Menschen weinen sah). Sie sagte, sie weine, weil sie sich plötzlich an eine Zeit erinnerte, in der die Ik zueinander so freundlich gewesen waren wie Turnbull eben zu ihr. Sie zählte vierzig Jahre, war aber eine Greisin.

Die Ik hatten jegliche Verbindung zu ihrem Land und ihren Göttern verloren. Turnbull deutet ihr Verhalten als Folge des Hungers und folgert daraus, daß Angst und Mißtrauen grundlegender sind als Freundlichkeit und Füreinander-Dasein. Aber andere Völker wie beispielsweise die australischen Aborigines leben unter ähnlichen Bedingungen und haben ihre tiefe Mitmenschlichkeit keineswegs verloren. Ich glaube eher, daß der Zerfall menschlicher Beziehungen und Gemeinschaftlichkeit bei den Ik damit zusammenhängt, daß ihnen die seit Jahrtausenden angestammte Heimat genommen wurde.

Turnbull beobachtete auch, daß die Ik stundenlang untätig und wortlos dasaßen und nur in das Tal starrten, aus dem sie vertrieben worden waren. Er deutete dieses Verhalten als Suche nach Nahrung, aber könnte es nicht auch einfach Sehnsucht nach einer Heimkehr in die vertraute Welt gewesen sein? Seine abschließende und dringendste Botschaft lautet aber, daß auch an uns die Symptome allzu großer Vereinzelung und Herzlosigkeit immer deutlicher zu erkennen sind. Und nur wir können das noch umkehren – wenn wir uns denn dazu aufraffen.

Um es noch einmal zu sagen: Es liegt an uns, ob wir uns wieder dem erwachten Herzen zuwenden oder es ganz verlieren wollen. Und die Verbindung zu unserem erwachten Herzen zu suchen, ist nicht bloß eine persönliche Sache der Wiedervereinigung von Körper, Geist und Herz, sondern hat auch mit der Rückbesinnung auf die Natur insgesamt zu tun.

Wenn wir uns aber für die Wiedererweckung unseres Fühlens entscheiden – und nur aus diesem Grund schreibe ich über all das –, dann gibt es dazu wohldefinierte praktische Ansatzmöglichkeiten. Das ist nicht einfach Wolkenkuckucksheim-Philosophie.

Wenn wir bei der Übung im Sitzen Körper und Geist vereinigen und das Fühlen wecken, gibt es Methoden, mit denen wir dieses erwachte Fühlen weiter nähren und stärken können. In der Tradition des tibetischen Buddhismus zum Beispiel gibt es eine Praxis, die *Tong-len* oder »Geben-Nehmen« heißt. Ich werde davon im nächsten Brief, unserem zweiten Intermezzo, erzählen.

Das Prinzip des Geben-Nehmens ist sehr einfach: Du schickst positive Energie zu anderen hin und nimmst dafür alles von Dir selbst oder anderen empfundene Negative entgegen, um es aufzulösen. Wenn Du Körper, Herz und Geist vereinigt hast und wirklich an Dein erwachtes Fühlen angeschlossen bist, kannst Du positives Energie-Fühlen in die Welt ausstrahlen und dafür einiges von der so erstickend dicht gewordenen seelischen Umweltverschmutzung absorbieren. Du wirst eine Art Baum. Praktisch, nicht?

## 13. Brief
## Zweites Intermezzo

*Liebe Vanessa,*
ich möchte Dir jetzt zwei aus der buddhistischen Tradition abgeleitete Praktiken schildern, mit denen Du positives Fühlen in Dir wecken und dieses Fühlen in die Welt ausstrahlen kannst.

Die erste dieser beiden Übungen entwickelt die Energie der »Güte«, auf Sanskrit *Maitri*. Du schließt sie am besten an die Übung im Sitzen an und bleibst dazu noch auf Deinem Kissen. Für diese Übung sollte man schon einigermaßen mit der Achtsamkeits-Gewahrseins-Praxis vertraut sein.

Es fängt damit an, daß man Güte gegenüber sich selbst entwickelt und sie dann auf andere ausdehnt. Zuerst läßt Du Deinen Geist einfach für einen Augenblick in dem offenen Gewahrsein ruhen, das sich bei der Übung im Sitzen eingestellt hat. Für diesen Augenblick kannst Du die Aufmerksamkeit sogar von Deinem Atem abziehen und einfach in dieser Offenheit und Jetztheit verweilen. Die Übung besteht aus mehreren aufeinander aufbauenden Stufen:

1. Denk an eine Situation zurück, in der Du zufrieden, ohne ungute Gefühle und Streß warst, in der Du Dich wohl fühltest oder glücklich warst. Stell Dir diese Situation so lebhaft und klar wie möglich vor. Erinnere Dich, wo Du warst, wer noch dabei war, was Du gemacht hast und so weiter. Nimm Dir ein wenig Zeit, bis Dir die ganze Szene deutlich vor Augen steht. Jetzt wende Deine Aufmerksamkeit Deinen Körperempfindungen bei der Erinnerung an diese Szene zu. Spür die Wärme, die Schwingung, die Färbung dieser Empfindung. Und dann gib ihr einen Namen – Glück,

Wohlgefühl, Zufriedenheit –, den Namen, der sich für Dich am besten anfühlt.

Jetzt bleib mit Deiner Aufmerksamkeit bei diesem körperlichen Wohlgefühl und laß die Einzelheiten der erinnerten Szene verblassen. Bleib bei diesem Gefühl, so intensiv wie möglich, und laß es noch zunehmen mit dem Gedanken: »Möge ich glücklich sein« (auch jede andere Formulierung, die Du dieser positiven Gestimmtheit vielleicht geben möchtest, ist in Ordnung).

2. Denk an jemanden, der noch lebt und zu dem Du eine gute Beziehung hast; jemanden, an den Du freundschaftlich denkst und der zu Dir freundlich ist. (Anfangs wählt man dazu besser eine nicht allzu vertraute Person, also nicht Vater oder Mutter oder den Geliebten. Nimm jemanden, zu dem Du einfach eine gute Beziehung hast, dem Du leichten Herzens alles Gute wünschen kannst, ohne daß damit allzu starke Emotionen verbunden wären.) Vergegenwärtige Dir diesen Menschen innerlich so lebhaft wie möglich. Erinnere Dich an das Glücksgefühl, das Du im ersten Schritt erzeugt hast. Vielleicht erlebst Du dieses Gefühl vor allem in der Brustmitte, dem »Herz-Zentrum«. Jetzt laß dieses Gefühl vom Herz-Zentrum zu dieser Person hin ausstrahlen mit dem Gedanken: »Wie ich mir selbst Glück wünsche, so möge auch X glücklich sein.«

3. Wenn das Ausstrahlen von Maitri zu solchen von Dir als positiv empfundenen Menschen Dir einigermaßen vertraut geworden ist, kannst Du es auch bei Leuten versuchen, für die Du weder positiv noch negativ empfindest, und schließlich bei Menschen, mit denen Du unerfreuliche Begegnungen hattest. Vergegenwärtige Dir diesen Menschen wieder innerlich und laß Dein für Dich selbst erzeugtes Gefühl von Glück und Wohlbefinden zu ihm hinstrahlen mit dem Gedanken: »Möge Y glücklich sein« (oder »Möge es Y gut gehen« oder Ähnliches). Du darfst das jedoch nicht erzwingen; sobald Du merkst, daß es nicht ganz echt ist, solltest Du aufhören.

4. In der letzten Phase strahlst Du Maitri an niemand bestimm-

ten aus. Zuerst erzeugst Du wieder dieses Gefühl von Glück und Wohlbefinden in Dir selbst. Dann läßt Du dieses Gefühl nach vorn und hinten, nach beiden Seiten, nach oben und unten ausstrahlen. Ohne das in der Herzgegend besonders deutliche Gefühl des Wohlbefindens in Deinem Körper aus den Augen zu verlieren, spürst Du ihm nach, wie es sich in Deine Umgebung ausbreitet. Laß es alles berühren, worauf es dabei trifft – Menschen, Tiere, Pflanzen oder die Erde selbst. Dabei denkst Du: »Mögen alle Wesen glücklich sein.«

Und wie es bei der Achtsamkeitsübung im Sitzen letztlich um die Übertragung der Achtsamkeit auf das Alltagsleben geht, so soll auch dieses Wohl-Wollen der Maitri-Übung schließlich im täglichen Leben wirksam werden. Wenn Du mit der Maitri-Übung auf Deinem Kissen einigermaßen vertraut bist, kannst Du versuchen, die Übung auf Deinen Alltag zu übertragen. Das wird wieder mit freundschaftlichen Begegnungen anfangen, in denen es Dir nicht schwerfällt, das Gefühl des Wohlbefindens wieder in Dir wachzurufen und zu Deinem Gegenüber hinstrahlen zu lassen. Und wenn Du Dich darin einigermaßen sicher fühlst, wirst Du auch in schwierigeren Situationen Maitri auszustrahlen versuchen.

Die zweite Übungsform, Tong-len oder Geben-Nehmen, ist eine Erweiterung der eben beschriebenen Maitri-Praxis. Bei der Maitri-Übung wirst Du vielleicht, während Du Freundlichkeit zu anderen hin ausstrahlst, feststellen, daß Du an all den Schmerz in der Welt denken mußt, an das Leiden der Menschen in weniger begünstigten Ländern, an das Leiden eines kranken Freundes; vielleicht fallen Dir schwierige Zeiten ein, Augenblicke der Traurigkeit und des Zorns, vielleicht sogar in Deinem eigenen Leben. Die Übung des Geben-Nehmens hilft Dir, mit der Traurigkeit über die Schmerzen anderer besser zurechtzukommen. Meistens meinen wir ja, daß wir uns Schmerz möglichst vom Leib halten müssen, wenn wir selbst glücklich sein wollen. Diese Übung jedoch trägt der Grundtatsache Rechnung, daß wir alle miteinander verbunden sind, und es daher keinen Sinn hat uns von anderen trennen zu wollen, um von den Schmerzen, Problemen und Belastungen anderer nicht berührt zu werden.

Die Übung ist ganz einfach: Wir geben oder senden anderen Wohlbefinden und nehmen dafür ihren Schmerz in uns auf. Dazu benutzt man den Atem als Medium. Wenn Du Maitri eine Weile geübt hast, kannst Du dazu übergehen, es mit dem Ausatmen auszustrahlen. Beim Einatmen öffnest Du Dich dem Schmerz und der Traurigkeit der Welt. Du läßt also das Leiden, die Angst, den Streß und die Dunkelheit aller in der Kokon-Welt Gefangenen ein und fühlst die Traurigkeit all dessen. Nachdem Du das Leiden mit dem Einatmen in Dich aufgenommen hast, läßt Du es los und wendest Deine Aufmerksamkeit dem in Dir erzeugten Gefühl des Wohlbefindens zu, um dann beim Ausatmen Wohlbefinden, Gesundheit und freundliches Wohlwollen aus Deinem Herzen in die Welt zu verströmen.

Am besten fängst Du mit einem bestimmten Augenblick an, der Dir noch gut im Gedächtnis ist, ein Vorfall, bei dem jemand körperlich oder seelisch verletzt wurde. Das könnte Dir selbst passiert sein oder auch einer Freundin oder einem Freund. Nimm den Schmerz beim Einatmen in Dich auf, um beim Ausatmen Liebe und Güte zu dem leidenden Menschen hin auszustrahlen. Nach einiger Zeit, wenn Du wirklich weißt, wie dieser bestimmte Schmerz sich anfühlt, kannst Du den Gedanken einbeziehen, daß viele andere ebenfalls solche Schmerzen leiden. Dann kannst Du Dir beim Einatmen vorstellen, daß Du die Schmerzen aller auf diese Weise in Dich aufnimmst. Beim Ausatmen strahlst Du wiederum liebevolles Wohlwollen aus.

Diese Übung beruht auf der Einsicht, daß Du von anderen nicht getrennt bist, daß der Schmerz anderer auch Dein Schmerz ist, daß Du in Dir selbst kein echtes Wohlbefinden wirst erzeugen können, solange Du Dich nicht auf die Schmerzen anderer einläßt. Du kannst Dich nicht aus dem Ganzen herauslösen und so tun, als beträfe die Traurigkeit der Welt Dich nicht. Also errichtest Du keine Barrieren, sondern läßt die Traurigkeit anderer ein – genauso wie das Einatmen ganz von selbst geschieht, wenn Du es nicht unterdrückst. Und für die Traurigkeit gibst Du Wohlbefinden.

Diese Praxis kann erst einmal ziemlich schwierig sein. Vielleicht widerstrebt es Dir, den Schmerz einzulassen, vielleicht bekommst Du das Gefühl, daß er Dich schier erdrückt. Aber Du bleibst ja nicht auf der Traurigkeit sitzen, denn sie besteht nur beim Einatmen, während Du sie beim Ausatmen losläßt und statt dessen Gutes ausstrahlst. Andererseits bleibst Du auch nicht in Deinem eigenen Wohlbefinden befangen, weil Du Dich beim Einatmen wieder der Traurigkeit öffnest. So wirst Du durch diese Übung immer deutlicher sehen, wie untrennbar Traurigkeit und Freude miteinander verbunden sind – wie ja auch Dein Einatmen und Ausatmen nur zwei Phasen Deines Atmens sind und Dein Atem nur ein Teil der allen gemeinsamen Atmosphäre ist. Versuch Dich aber an dieser Praxis besser erst dann, wenn die grundlegende Achtsamkeits-Gewahrseins-Übung und das Ausstrahlen von Maitri Dir einigermaßen geläufig und selbstverständlich geworden sind.

Diese Praktiken sind von geradezu magischer Wirksamkeit: Sie tragen zum Abbau der Ichbezogenheit bei, sie öffnen Dein Herz für Traurigkeit und Freude, und machen Dich bereit, wirklich auf andere einzugehen.

Im nächsten Brief wollen wir noch tiefer in den Raum von Fühlen Energie-Gewahrsein eindringen. Aber wie wäre es vorher noch mit einem zweiten Merkspruch:

FREUNDLICHKEIT AUSSTRAHLEN –
zum Nutzen für Dich selbst und andere.

## 14. Brief
### Der Stoff, aus dem die Welt gemacht ist

*Liebe Vanessa,*

im elften Brief war die Rede davon, daß das Fühlen in den Raum ausstrahlt, wenn wir den Kokon auflösen und unseren Herz-Geist öffnen, unser Organ des Fühlens. Ich habe in diesen Briefen schon mehrmals davon gesprochen, daß aller Raum von Gewahrsein erfüllt ist. Deshalb werden wir in den nächsten Briefen erkunden, was damit gemeint sein könnte.

Zunächst möchte ich klären, was ich unter *Geist* und *Gewahrsein* verstehe. Das ist gar nicht einfach, denn solche Wörter haben in unserer Sprache kaum noch Konturen, und seitdem sich fast niemand mehr ernsthaft mit ihnen beschäftigt, werden sie immer trivialer und beliebiger. Heute meint man mit »Geist« im allgemeinen hauptsächlich das Denken. Der »Geist«-Anteil des Fühlens und körperlichen Empfindens wird kaum noch gesehen.

Deshalb möchte ich Dir zunächst erklären, wie ich diese Wörter verwende, denn wenn ich sage, daß »Gewahrsein den gesamten Raum erfüllt«, mußt Du schon wissen, wovon die Rede ist. Unter »Geist« verstehe ich alles, was wir normalerweise als »hier drinnen« im Unterschied zu »da draußen« erleben – also Denken, Fühlen, Emotion, Gewahrsein, Bewußtsein. Das ist ein sehr umfassender Begriff.

Kommen wir jetzt zum Gewahrsein. Bleib einen Augenblick still sitzen und nimm wahr, was in Dir vorgeht ...

So. Was hast du wahrgenommen? Vielleicht Gedanken wie »Ui, das ist wirklich interessant« oder »Worauf will Papa denn *jetzt* hinaus?«; vielleicht Gefühle wie »langweilig«, »aufregend«, »irritierend«; oder Körperempfindungen wie »zu heiß«, »hier zieht's«, »harter Sitz«. Aber da ist noch etwas, nicht wahr? Da ist *Gewahrsein als solches*. Ein Fühlen, das selbst nicht denkt oder seelisch beziehungsweise körperlich empfindet, sondern einfach nur gewahr ist, still, ohne Kommentar oder Urteil. Gewahrsein ist etwas, was wir normalerweise nicht beachten oder erwähnen. Wir sagen: »Da ist ein Baum.« Aber wir sagen nicht: »Da ist Gewahrsein von einem Baum.«

Jetzt etwas ganz entscheidend Wichtiges: Gewahrsein ist nicht unbedingt bewußt. Bewußtsein heißt, daß Du beobachtest, was Du fühlst oder tust, und es nicht einfach nur fühlst und tust. Im Bewußtsein ist demnach immer Denken; während Du etwas wahrnimmst oder tust, denkst Du es zugleich. Du schaust einen Baum nicht nur an, sondern denkst »Baum« dabei. Zugleich ist Dir auch Dein Ich bewußt, das hier denkt oder wahrnimmt oder tut. Eigentlich ist das ganz einfach, und Du verstehst sicher, was ich meine, aber laß uns zur Sicherheit noch ein paar Beispiele betrachten.

Du erinnerst Dich sicher an die kleine Szene vom Zudrehen des Wasserhahns (achter Brief). Im ersten Fall war das Zudrehen des Wasserhahns Deinem Ich nicht bewußt. Du hast Dein Gespräch fortgesetzt, und nur das war Dir voll bewußt. Aber Dein Körper-Geist war des ganzen Vorgangs *gewahr*: aufstehen, zum Spülbekken gehen, den Knauf ergreifen und so weiter.

Ein anderes Beispiel: Der große Eishockeyspieler Wayne Gretsky sagt, auf dem Eis habe er überhaupt keine Gedanken, und doch seien ihm die Positionen sämtlicher anderen Spieler vollkommen präsent. Wenn irgendwo eine Bewegung ist, bewegt er sich entsprechend; wenn der Puck auf ihn zukommt, täuscht er eine Bewegung an, bewegt sich dann aber tatsächlich zur anderen Seite, weil er weiß, daß von hinten ein Verteidiger auf ihn zukommt, und so weiter. Aber all diese Dinge sind ihm nicht bewußt; Wayne Gretsky ist nicht in seinem Bewußtsein; und er denkt nicht bei dem, was er tut. Er tut es einfach. Wollte er all das mit seinem Bewußtsein verfolgen, wäre er ein armseliger Spieler.

Oder nimm die Worte eines Kletterers: »Das ist eine Art Zen-Gefühl wie Meditation oder Konzentration. Vollkommene Ausrichtung des Geistes auf eine einzige Sache, darauf bist du aus. Dein Geist kann sich auf alle möglichen Arten beim Klettern einmischen, und das ist dann nicht unbedingt erleuchtend. Aber wenn die Sache automatisch wird, bekommt sie irgendwie etwas Ichloses. Irgendwie geschieht das Richtige, ohne daß du je darüber nachdenkst, eigentlich ohne daß du etwas *tust* ... es geschieht einfach.«

Der Kokon, das kleine Ich, macht viel Geschrei um sein Bewußtsein. Wenn Menschen beispielsweise von einem »bewußteren Leben« sprechen, scheinen sie oft ihr Leben immer mehr unter die Herrschaft des *Denkens* stellen zu wollen. Ihr bewußtes Denken will einfach eine immer größere Kontrolle über den Rest ihres Körper-Geistes. Das ist schrecklich ermüdend und aufreibend. Aber wenn wir in solchem Bemühen um mehr Bewußtsein einmal innehalten, können wir ins Gewahrsein eintauchen, und dem ist es völlig gleichgültig, zu wem es gehört. Bewußtsein müssen wir eigens *aufbringen*, aber Gewahrsein nicht, denn es ist überall und in allem, was wir auch tun. Wir müssen uns ihm nur öffnen.

Wissenschaftler und Philosophen tun sich schrecklich schwer, diesen einfachen, aber höchst bedeutsamen Aspekt unserer Erfahrung zu verstehen. Weshalb? Weil sie so völlig in Bann gezogen sind vom Denken. Menschen, die mehr in ihrem Körper leben, haben weniger Schwierigkeiten damit. Tänzer, Kletterer, Hockeyspieler – die Besten unter ihnen wissen, daß in Augenblicken hundertprozentigen Gewahrseins überhaupt kein Denken stattfindet.

Vielleicht denkst Du: »Aber ist nicht Gewahrsein doch irgend etwas in meinem Kopf oder zumindest in meinem Körper?« Nun, genau darum soll es in den nächsten Briefen gehen. Erinnere Dich an das Bild der beiden Fernsehgeräte als zwei möglichen Modellen der Beziehung zwischen Körper und Geist. Ich sagte, daß der Fernseher, der seine Energie aus dem Raum bezieht, vielleicht ein besseres Bild der Gewahrseins-Energie abgibt als das Gerät, das seine Energie selbst innerlich erzeugt. Wir haben den Geist dann auch mit einem Fluß verglichen, in dem alle Dinge in unserer Welt größere und kleinere Wirbel bilden. Jetzt möchte ich es noch ein wenig mehr zuspitzen: Zwei Aspekte des Geistes erfüllen den gesamten Raum – Gewahrsein und Fühlen. Das Fühlen bildet Bahnen und Geflechte von Bahnen, auf denen das Gewahrsein sich bewegt.

Jetzt möchtest Du vielleicht wissen, wie ich darauf komme. Die Antwort: Du findest es in fast jeder Art über die Welt zu sprechen und sie zu erfahren – nur nicht in der wissenschaftlichen. Das ist es, glaube ich, was Menschen heute meinen, wenn sie von der Seele in der Welt sprechen. Seele ist Gewahrsein und Fühlen zusammengenommen. Und Energie gibt es da auch. Und schließlich sind auch die nichtmenschlichen Wesen, die Menschen manchmal begegnen – die Gottheiten, Engel, Feen, Geister, Geisthelfer, Dralas –, Muster aus Fühlen, Energie und Gewahrsein. Du erinnerst Dich: In uns selbst ist das Fühlen das, was Körper und Geist verbindet. Ganz entsprechend ist das Fühlen im kosmischen Raum das, was Energie und Gewahrsein verbindet.

Und das sind natürlich keine wirren Theorien, die ich mir aus den Fingern gesaugt habe. Auch wenn ich in einer Sprache zu schreiben versuche, die wir alle verstehen: all das beruht auf den überlieferten Lehren der meditativen Traditionen. Daß aller Raum von Gewahrsein-Energie-Fühlen erfüllt ist, haben Menschen in den verschiedenen Traditionen spiritueller Schulung gesehen. (Ich schreibe hier Gewahrsein-Energie-Fühlen, weil sie tatsächlich eins sind, nur aus verschiedenen Blickwinkeln betrachtet.) Auch Du kannst diese Dinge für Dich selbst entdecken und in Deiner eigenen Erfahrung wiederfinden. Um Dir dabei zu helfen, schreibe ich diese Briefe.

Mit all dem greife ich ein wenig vor; mach Dir also nichts daraus, wenn meinen Worten im Augenblick nicht ganz leicht zu folgen ist. Das hier zunächst so kompakt Dargestellte wird noch im einzelnen erläutert. Ich wollte es nur schon einmal umreißen, damit wir ungefähr wissen, wohin wir unterwegs sind.

Mit dem, was ich in den folgenden Briefen schreiben werde, will ich nicht sagen, die Wissenschaft habe *bewiesen*, daß aller Raum von Gewahrsein-Fühlen-Energie erfüllt ist. Aber ich möchte zeigen, daß die Wissenschaftler sich während der vergangenen fünfzig Jahre unter dem mulmigen Gefühl gewunden haben, daß *irgendwo* doch Gewahrsein-Energie-Fühlen herumgeistert. Im siebzehnten Brief werde ich von Beobachtungen anerkannter Wissenschaftler erzählen, die den Verdacht erhärten, daß der Raum der Ort ist, wo DAS lauert. Diese Beobachtungen – von Psychokinese, Präkognition, Fern-Sichtigkeit – wurden auf ehrliche und integre Weise nach streng wissenschaftlichen Gesichtspunkten gemacht. Trotzdem wurden sie natürlich von konventionellen Wissenschaftlern ignoriert, wenn nicht gar verleumdet.

Betrachten wir zuerst den Raum und das, was er aus wissenschaftlicher Sicht enthält. Erinnern möchte ich Dich noch, daß wir stets und ständig eine Vorstellung von Raum mit uns herumtragen: Raum an sich ist strukturlos, leer, leblos, fühllos und ohne Gewahrsein. Kurz, Raum ist all das, was wir mit dem Tod assoziieren. Der Raum und die Zeit von Gevatter Tod sind die leere Bühne, auf der wir (und die Wissenschaftler) die Welt ihren Lauf nehmen sehen.

Der absolute Raum und die absolute Zeit, Du erinnerst Dich, waren Erfindungen Isaac Newtons, wurden aber zu Überzeugungen einer ganzen Kultur und prägen unser gesamtes In-der-Welt-Sein noch weitaus stärker als das Fluchtliniendenken unser Sehen (erster Brief). Inzwischen wird Dir wohl klar sein, wie sehr wir in unserem Welt-Erleben, aber auch in unseren Beziehungen durch solche Überzeugungen geprägt sind.

Und wir glauben, ganz im Sinne unserer Schullehrer, daß dieser leblose leere Raum mit Dingen aus unbelebter Materie angefüllt ist. Aber was sind Dinge eigentlich und woraus bestehen sie?

Die rote Scheune vor meinem Küchenfenster beispielsweise. Ist das ein Ding? Sie wirkt recht solide, auch wenn sie schon ziemlich alt ist. Ein paar der rot gestrichenen Schindeln lösen sich. In die Seitenwand hat jemand ein kleines Loch gesägt, damit die vielen Katzen ein und aus gehen können. Sie hat sich im Laufe der Jahre stark verändert, aber es stimmt: ich sehe sie eindeutig als ein Ding. Ein komplexes Ding freilich, aus vielen Teilen gefügt.

Nehmen wir jetzt eine dieser Schindeln. Ist das ein Ding? Natürlich, sagst Du und fragst Dich, worauf ich hinaus will.

Nun, die Schindel besteht auch aus Teilen, oder? O ja, sagst Du, und da ich in der Schule Chemie habe, weiß ich jetzt auch, worauf Du hinaus willst: Die kleinsten Teile der Dinge sind Atome, stimmt's?

Nun ja, sehen wir uns die Atome einmal an. Sind sie feste Materialklümpchen? Nein! Auch das weißt Du? O.k.

Das Atom besitzt einen winzigen Kern, der fast den gesamten Stoff des ganzen Atoms enthält und dazu seine gesamte positive Ladung. Diesen Kern umschwirren ein paar Elektronen wie Mükken. Die Elektronen tragen eine negative Ladung, so daß das Atom insgesamt neutral ist, elektrisch neutral.

Der Kerndurchmesser beträgt ungefähr ein Zehntausendstel des Gesamtdurchmessers des Atoms. Wenn Du Dir den Kern zur Größe einer Murmel aufgeblasen denkst, müßte das ganze Atom die Größe eines Fußballstadions haben, und die Elektronen wären winzig kleine Insekten auf ihren Bahnen um den Kern, wobei die äußerste Bahn der Überdachung des Stadions entspricht.

Lange Zeit dachten Wissenschaftler, der Kern sei ein nicht weiter spaltbarer Stoffklumpen. Dann entdeckten sie, daß er aus kleineren Teilchen besteht, die man Neutronen und Protonen nannte. Also dachten Wissenschaftler nun, dies seien jetzt die kleinsten Teilchen, die nicht weiter zerlegbar sind. Um das zu beweisen, bauten sie immer größere Maschinen, in denen man die Teilchen mit ungeheurer Energie aufeinanderprallen lassen konnte, aber sie fanden etwas anderes, nämlich daß Protonen und Neutronen aus noch kleineren Teilchen bestehen, den Quarks.

Und da ein Quark wiederum nur ungefähr ein Zehntausendstel der Größe eines mittelgroßen Atomkerns besitzt, scheint nun auch der Kern hauptsächlich aus leerem Raum zu bestehen, in dem winzige Quarks umherschwirren.

Ein Atomkern ist einfach ein Schwarm von Quarks, wie ja auch ein Mückenschwarm nichts anderes ist als einfach Mücken in einem mehr oder weniger klar umrissenen Umkreis. Die Grenze des Atomkerns ist durch die Bewegungsfreiheit der Quarks definiert. Um unser Murmel-Bild wieder heranzuziehen: Wenn wir uns die Quarks so groß wie Murmeln denken, schwirren sie in einem Raum, dessen Größe je nach Art des Atomkerns zwischen der einer Scheune und der eines Stadions liegt. Aber diesmal gibt es in der Mitte keinen Kern mehr.

Heute glaubt man also, daß der Atomkern größtenteils leerer Raum im größtenteils leeren Raum des Atoms ist. Ist damit das Ende erreicht? Der Wissenschaftsautor Heinz Pagels schreibt: »Kein Physiker, den ich kenne, würde darauf heute viel wetten.«

Viele Physiker haben den Verdacht, daß auch Quarks nicht wirklich elementar sein können (aus Gründen, mit denen ich Dich nicht langweilen möchte); sie reden bereits von »Prequarks«, den Bausteinen der Quarks. Es spricht nicht viel dafür, daß wir die jemals finden werden, denn der Teilchenzertrümmerer, den wir dazu brauchten, müßte so gigantisch sein, daß wir ihn einfach nicht mehr bauen können. Würde man die Prequarks aber tatsächlich finden, dann ist damit zu rechnen, daß sich auch die Quarks wieder als größtenteils leerer Raum entpuppen.

Je tiefer wir also in die Materie hineinblicken, desto mehr leeren Raum finden wir. Aber ist Raum wirklich leer? Keineswegs, sagen die Physiker. 1928 versuchte ein glänzender junger Physiker, Paul Dirac, Gleichungen zu formulieren, mit denen sich die Bewegungen eines Elektrons in einem elektromagnetischen Feld beschreiben ließen. Und in diesen Gleichungen wollte er die Quantentheorie (die gerade, unter seiner maßgeblichen Beteiligung, formuliert wurde) mit der ebenfalls vor nicht langer Zeit von Einstein vorgestellten Relativitätstheorie verknüpfen. Die zwanziger Jahre waren für uns Physiker wahrlich aufregende Zeiten.

Dirac fand diese Gleichungen tatsächlich, und sie gaben gewissen experimentellen Details, die den Wissenschaftlern Kopfzerbrechen bereiteten, exakte Erklärungen. Also mußten es wohl ziemlich gute Gleichungen sein. Aber sie wiesen auch einige Merkwürdigkeiten auf.

Um das Absonderliche an seinen Gleichungen irgendwie anschaulich nachvollziehbar zu machen, sprach Dirac von einem Ozean »virtueller« Elektronen, der den ganzen Raum erfülle. Mit »virtuell« meinte er nicht, daß diese Elektronen nicht real seien, sondern daß sie in ihrer besonderen Existenzform für uns nicht direkt auszumachen sind. Sie sind in unserer Welt nicht direkt zu beobachten, daher virtuell. Wir stoßen bei unseren Experimenten normalerweise nicht auf sie, weil sie nicht zu unserer »realen« Welt gehören.

Dirac sagte aber auch, es sei vielleicht möglich, solch ein virtuelles Elektron aus seinem virtuellen Ozean in unsere Welt hinüberspringen zu lassen. Das werde ein kleines Loch in der virtuellen Welt hinterlassen, und dieses Loch werde sich uns als positiv geladenes Elektron darstellen. Deshalb nannte er es »Positron«. Sollte jemals ein Positron bei einem physikalischen Experiment beobachtet werden, so Dirac, so müsse es zusammen mit dem der virtuellen Welt entsprungenen Elektron auftreten (denn das Loch, das es dort hinterläßt, ist ja das, was wir als Positron beobachten).

Und natürlich wurde Diracs absonderliches Elektron-Positron-Pärchen bald darauf von den Experimentalphysikern gefunden.

Die Entdeckung eines theoretisch vorausgesagten Teilchens ist ein sehr seltenes Ereignis. Experimentelle Bestätigungen theoretischer Voraussagen stärken natürlich die zugrunde gelegte Theorie – wenngleich die Physiker auch ohne diese Bestätigung schon weitgehend von der Richtigkeit der Diracschen Theorie überzeugt waren. Die Entdeckung des Positrons machte also Diracs Idee eines Ozeans virtueller Teilchen glaubwürdig.

Und dieser Ozean virtueller Teilchen ist das, was wir als leeren Raum ansehen!

Aber die Sache ist *noch* wunderlicher. Die Elektron-Positron-Paare springen ständig aus dem virtuellen Ozean heraus und wieder in ihn zurück. Und dieses ständige Auftauchen und Abtauchen unbezifferbar vieler Elektron-Positron-Paare hinterläßt Energie in unserer »realen«, erfahrbaren Welt. Diese sogenannte Energie des leeren Raums, in Wirklichkeit vom Ozean virtueller Teilchen ausgehend, hat man »Vakuum-Energie« genannt. Man spricht auch von »Nullpunkt-Energie«, weil diese Energie auch am absoluten Temperatur-Nullpunkt noch vorhanden ist, wo es keinerlei Wärme-Energie oder sonstige Energie mehr gibt.

Energie gibt es also auch im völlig materiefreien Raum. So viel sogar, daß einer Berechnung zufolge ein Fingerhut voll Raum genügend Nullpunkt-Energie enthält, um alle Weltmeere verdampfen zu lassen.

Ist das nicht wirklich seltsam: Zuerst dringt man immer weiter in die Materie ein und findet immer mehr Leere oder jedenfalls nichts, was unserer Vorstellung von Substanz entspricht, und plötzlich stellt man fest, daß der angeblich leere Raum selbst überhaupt nicht leer ist.

Jahrzehntelang hat man gedacht, die Vakuum-Energie sei eine sehr esoterische Sache und nur für Berechnungen im Bereich des Allerkleinsten von Bedeutung, nicht aber für unsere reale Welt. Dann aber haben Hal Puthoff und seine Mitarbeiter zeigen können, daß diese Energie wohl doch auch auf der Makro-Ebene wirksam wird. So zeigten sie, daß gewöhnliche Materie in ihrem Grundzustand nicht statisch und inaktiv ist, sondern ständig mit der Nullpunkt-Energie interagiert. Diese Energie ist sogar *notwendig* für die Aufrechterhaltung der Struktur gewöhnlicher Atome. In Puthoffs Worten: »Zieh den Stecker aus der Nullpunkt-Energie, und alle atomaren Strukturen fallen in sich zusammen.« Und das hieße natürlich, daß unsere gesamte Welt in sich zusammenfallen würde.

Weiterhin zeigte Puthoff, daß die allen Körpern eigene Trägheit – die Tatsache, daß ein Kraftaufwand notwendig ist, um sie in Bewegung zu setzen, und daß sie sich dann weiter bewegen, bis eine andere Kraft sie anhält – eigentlich der Widerstand ist, den die Nullpunkt-Energie der Bewegung entgegensetzt. Puthoff sieht darin einen sehr grundlegenden Befund, der eine klare Beziehung zwischen der Nullpunkt-Energie und der gewöhnlichen Welt der Dinge herstellt.

Puthoff und seine Kollegen haben die Existenz dieser Energie experimentell nachgewiesen und entwerfen jetzt sogar Apparate, die diese Energie aus dem Vakuum gewinnen sollen. Sie haben sogar Patente angemeldet, so überzeugt sind sie von der Durchführbarkeit des Projekts.

Nach Puthoffs Privatmeinung ist die Nullpunkt-Energie der physikalische Ausdruck des »allgegenwärtigen, allesdurchdringenden Energie-Ozeans, der alle Phänomene zusammenhält und trägt und in ihnen manifest wird«; er ist auch das, was Mensch und Kosmos verbindet und daher stets – außer in der wissenschaftlich geprägten Moderne – einen festen Platz im Bewußtsein der Menschen hatte. »Dieser vorwissenschaftliche Begriff von kosmischer Energie«, sagt Puthoff, »tritt in vielen Traditionen unter vielen Namen auf wie zum Beispiel Chi beziehungsweise Qi und Ki (Daoismus), Prāna (Yoga), Mana (Kahuna), Baraka (Sufi) Élan vital (Bergson) und so weiter.«

Wang Shihuai, ein konfuzianischer Weiser des sechzehnten Jahrhunderts, würde Puthoff beipflichten. Er schreibt:

*Der Essenz der Phänomene hängt man den Namen »Geist« an. Dem Wirken des Geistes hängt man den Namen »Phänomene« an. In Wirklichkeit ist da nur Eines, ohne Unterschied von innen und außen, von dies und das. Was das Universum erfüllt, ist sowohl ganz Geist als auch ganz Phänomene.*
*Die Schüler akzeptieren als Geist den kleinen Schubladen-Geist, den sie vage als innen empfinden; und als Phänomene*

*die Vielfalt der außerhalb ihres Körpers sich mischenden Dinge*
*und Ereignisse. So folgen sie dem Äußeren oder konzentrieren*
*sich auf das Innere und bringen die beiden nicht zusammen. Das*
*wird nie ausreichen, um den Pfad zu betreten.*

Was für außerordentliche physische Wirkungen die spirituelle
Energie haben kann, berichten zahlreiche Geschichten von Meistern des Qigong oder Taiji, der Schwertkunst oder des Aikido. Es
gibt einen Film über Ueshiba, den Begründer des Aikido, wie er
sich mit über achtzig Jahren dem gleichzeitigen Angriff mehrerer
seiner Schüler stellt. Die im Kreis um ihn aufgestellten Schüler
greifen ihn an, aber urplötzlich, von einem Bild zum nächsten (das
heißt innerhalb einer Sechzehntelsekunde) erscheint er außerhalb
des Kreises, während die Schüler gegeneinanderprallen. Ich habe
selbst die Demonstration eines japanischen Schwertmeisters gesehen: Er hielt eine Hand mit der Handfläche nach unten ein gutes
Stück über dem Kopf eines am Boden liegenden Freiwilligen und
forderte diesen auf, sich zu bewegen. Der am Boden Liegende
erzählte mir später dann: »Ich war bewegungsunfähig. Nicht daß
ich hypnotisiert gewesen wäre; aber ich habe eine gewaltige Kraft
gespürt, die von dieser Hand ausging und mich zu Boden
drückte.«

*Ring of Fire* ist ein Dokumentarfilm eines britischen Brüderpaars, Lawrence und Lorne Blair, die zehn Jahre lang auf den
Vulkaninseln Indonesiens gefilmt haben. In Jakarta bekam Lorne
eine Augenentzündung und ging zu einem Akupunkteur. Dieser
setzte Nadeln an den entsprechenden Stellen, hielt diese Nadeln
aber fest. Lorne berichtete von elektrischen Schlägen durch die
Nadeln und von unkontrollierbaren Muskelbewegungen. Im Film
ist sein Zucken deutlich zu sehen. Der Arzt erklärte, er sende Qi
durch die Nadeln, und nach der Behandlung wurde er gebeten,
noch weitere Qi-Demonstrationen zu geben. Zuerst berührte er
Lawrences Hand, und dieser zog nach kurzer Pause seine Hand
sehr schnell weg. Er sagte, er habe einen plötzlichen starken

Hitzestoß gespürt. Simmie, die Tontechnikerin, schaute besonders skeptisch drein, so daß der Arzt die Demonstration für sie wiederholte. Sie legte eine Hand auf seinen entblößten Bauch und zog sie kurz darauf mit verblüfftem Gesichtsausdruck wieder zurück. Man sieht sie dann noch einige Sekunden kichernd und ihre Hand schüttelnd.

Der Arzt beendete seine Demonstration damit, daß er sich von den Filmleuten ein Stück Zeitung geben ließ, dieses zusammenknüllte und dann seine Hand mit starr ausgestrecktem Arm einige Zentimeter vor das Papier hielt. Nach einigen Sekunden ging ein Schauer durch seinen Körper, dann den Arm entlang – und das Papier ging in Flammen auf. Angesichts der verdatterten Gesichter der umstehenden Filmleute, ganz abgesehen von der offensichtlichen Bescheidenheit und Ehrlichkeit des Arztes, kann man beim Betrachten des Films kaum den Eindruck gewinnen, es handle sich um eine vorbereitete Szene.

Der Arzt sagte, jeder könne diese Energie erzeugen, wenn er nur täglich meditiere. Außerdem sei es beim Umgang mit dieser Energie besonders wichtig, keine negativen Emotionen oder Aggressionen zu haben, denn sie sei neutral und könne bei falscher Anwendung ebenso schaden, wie sie beim richtigen Gebrauch nützlich sei.

Also, Vanessa, wie haben wir uns jetzt die Materie vorzustellen, diesen »Stoff, aus dem die Welt gemacht ist«? Wie stellen wir uns das Atom vor, unsere kleine unteilbare Billardkugel? Vielleicht können wir sagen, es sei eine durch die Elektronenschalen festgelegte Oberfläche oder Grenze im bereits vollen Raum. Der Kern ist dann eine tiefer liegende Oberfläche im vollen Raum, und die Neutronen und Protonen bis hinunter zu den Quarks ... bis hinunter zu was? sind ebenfalls Oberflächen in der Fülle des Raums. Mit Oberfläche meine ich Grenze, also etwas, das einen Raumteil vom anderen abgrenzt. Und diese Grenzen erscheinen uns aufgrund der Interaktion unserer Sinnesorgane (oder ihrer instrumentellen Verlängerungen) mit der Fülle des Raums. Mit bloßem

Auge sehen wir die Oberflächen von Bäumen, Steinen, Menschen und so weiter. Unter dem Mikroskop sind die Grenzen im Raum auf einer tieferen Ebene gezogen – und so weiter.

Materie ist nichts als Grenzen. Grenzen in Grenzen in Grenzen … in der Fülle des Raums. Und was ist diese Fülle? Nun, für die Physiker ist die Fülle des Raums Energie, wie wir gesehen haben. Aber das Bewußtsein können sie trotz aller Bemühungen irgendwie auch nicht loswerden, wie ich Dir im nächsten Brief zeigen möchte. Siehst Du schon, wo wir hin wollen? Gehen wir also weiter: zum Bewußtsein im Raum.

## 15. Brief
### Bewußtsein, Raum und Energie – endlich doch vereint

*Liebe Vanessa,*

gestern haben wir entdeckt, daß der Stoff, aus dem die Welt ist, eigentlich mit Energie angefüllter Raum ist, und die Dinge, die wir zu sehen meinen, sind Oberflächen in diesem Energie-Meer. Das kann einfach eine andere Sicht der Qi-Energie sein, die nach Auffassung vieler spiritueller Traditionen die Welt erhält.

In diesem Brief möchte ich versuchen Dir das Allerseltsamste an dieser neuen Physik nahezubringen, die in den zwanziger Jahren geboren wurde und der heutigen Physik noch als Fundament dient. Dieses Allerseltsamste besteht darin, daß das Bewußtsein wieder ins Bild gekommen ist, obwohl die Wissenschaftler sich seit Jahrhunderten bemühen, es aus der Natur herauszuhalten. Das war es auch, was mich so erschütterte, als ich an jenem Frühlingsmorgen unter dem Apfelbaum das Buch von James Jeans las. So seltsam das Ganze sein mag, letztlich ist es natürlich nur die Rückkehr zu einer ganzheitlicheren Weltbetrachtung.

Elementarteilchen, sagten wir, sind nichts anderes als Oberflächen im Energie-Ozean des Raums. Und die schöpferische Interaktion zwischen dem Bewußtsein und dem Energie-Ozean scheint auf allen Ebenen stattzufinden, bis hinunter zur experimentellen Beobachtung von Elementarteilchen durch die Physiker. Natürlich läßt sich all das, was die Physiker über Elementarteilchen erzählen, nur anhand von Experimenten überprüfen. Sehen wir uns also an, weshalb die Physiker anscheinend gezwungen sind, das Bewußtsein wieder zuzulassen – auch wenn das einigen von ihnen gar nicht schmeckt.

Dazu müssen wir uns zunächst über eine weitere sehr sonderbare Sache auf dieser Ebene des Allerkleinsten unterhalten. Sie besteht darin, daß Elementar*teilchen* wie das Elektron unter bestimmten Umständen als *Wellen* (oder *Felder*, wie Physiker lieber sagen) auftreten. Das paßt überhaupt nicht zu unserem gewohnten Bild der Welt, nämlich daß sie eine Ansammlung von Dingen sei. Ein Ding kann nicht sowohl Teilchen als auch Welle sein. Das geht einfach nicht, Schluß. Aber Elektronen können es doch! Und die anderen Elementarteilchen können es auch.

Sehen wir uns die grundlegenden Unterschiede zwischen einem Teilchen und einer Welle an, so werden wir leichter verstehen, weshalb ein Ding in der Welt unserer gewohnten Erfahrungen nicht sowohl dies als auch das sein kann und weshalb dieses Verhalten der Elektronen den Physikern solch ein Ärgernis ist.

Alle Energie und Masse eines Teilchens ist zu einer bestimmten Zeit auf einen bestimmten kleinen Raumausschnitt konzentriert: Der Fernseher steht da drüben, Sernyis Spielzeug ist hier, mein Schokoladenkeks liegt dort. Alle Dinge haben einen Ort; sie sind, wie man sagt, *lokalisiert*.

Die Energie einer Welle andererseits ist im Raum ausgebreitet. Wenn zwei Leute die beiden Enden eines Seils halten und einer es schüttelt, bildet sich eine Welle, die das ganze Seil erfaßt. Wenn Windstöße über ein Weizenfeld fegen, sieht man das ganze Feld in wogender Bewegung. Kurz, eine Welle ist im Unterschied zu einem Teilchen nicht lokalisiert.

Woran erkennt man aber, ob etwas sich wie eine Welle verhält? Nun, eines der faszinierenden Dinge an Wellen ist, daß sie sich überlagern und dabei sogenannte Interferenzmuster bilden können. Hast Du zum Beispiel mal eine Luftbildaufnahme von Wellen auf einem See oder um einen Hafen gesehen? Das sind nicht einfach durchgehende Wellen, sondern sie bilden wunderbare Muster. Oder, um es gleich jetzt zu sehen: Leg Zeige- und Mittelfinger einer Hand flach zusammen, so daß ein sehr feiner Spalt entsteht, und schau dann mit einem Auge (das andere geschlossen) durch diesen Spalt in den Himmel oder eine helle Lichtquelle. Siehst Du helle und dunkle Bänder, die parallel zu Deinen Fingern verlaufen? Sie rühren daher, daß Licht Wellenbewegung ist.

Teilchen und Wellen sind einander ausschließende Arten der Verteilung von Materie und Energie in Raum und Zeit. Wir können nach der Position eines Teilchens fragen, aber bei einer Welle wäre diese Frage sinnlos. Und wir können nach der Frequenz (Schwingungen pro Sekunde) einer Welle fragen, aber die Frage nach der Frequenz eines Teilchens wäre sinnlos.

Im Hinblick auf das Verhalten der Dinge in unserer gewohnten Welt kann etwas also nicht zugleich Teilchen und Welle sein. Dennoch verhalten Elektronen sich manchmal wie Teilchen und manchmal wie Wellen. Wenn Du beispielsweise wissen willst, wo ein Elektron ist, kannst Du es auffordern, einen kleinen Punkt auf einer fotografischen Platte zu machen, und das wird es tun und damit sagen: »Genau hier bin ich.« Aber wenn Du es durch eine dem Spalt zwischen Deinen Fingern entsprechende Apparatur schickst, wirst Du Muster sehen, die den hellen und dunklen Bändern ähnlich sind, Interferenzmuster. Damit sagt das Elektron: »Ätsch, ich bin ausgebreitet wie eine Welle.«

Damit wissen wir zumindest, was ein Elektron nicht ist, nämlich eine solide Billardkugel aus Stoff. Wäre es ein Stoffklümpchen, könnte es niemals als Welle auftreten. Das gleiche gilt für Neutronen, Protonen, Quarks und all die anderen Elementar-»Teilchen«, die angeblich die Grundbausteine des Universums darstellen.

Und was läßt nun das Elektron mal Teilchen und mal Welle sein? *Deine Beobachtung* und die Art Deiner Beobachtung und Messung. Das ist das Entscheidende. Aber was um Himmels willen bedeutet all das?

Fragen wir erst einmal Niels Bohr, der von vielen als *der* Vater der Quantentheorie angesehen wird. Er war auch ein sehr gütiger und mutiger Mann, der sich während des Zweiten Weltkriegs bei der Besetzung Dänemarks durch die Nazis weigerte, das Land zu verlassen, weil sein physikalisches Institut Juden als Fluchtweg diente.

Die Vorstellung, daß die Welt aus in Raum und Zeit lokalisierten Teilchen besteht, muß nach Bohr durch das Bild einer Welt ergänzt werden, die aus in Raum und Zeit ausgebreiteten und interagierenden Feldern (Wellen) besteht. Die beiden Bilder sind »komplementär«, wie Bohr es nannte; beide sind notwendig für eine *vollständige* Beschreibung der Materie. In einem bestimmten Augenblick jedoch kann immer nur eines der beiden Bilder realisiert sein.

Niels Bohr erkannte, daß Physiker ihre Wissenschaft in einen größeren, auch Sinnfragen einbeziehenden Zusammenhang stellen müssen. Er sah für sein Komplementaritätsprinzip einen viel größeren Geltungsbereich als bloß die Quantentheorie. Für ihn war das daoistische Yin-Yang-Symbol der geeignete Ausdruck für die Komplementarität in allen Dingen des Lebens. Als er für seine physikalische Arbeit und seine Tapferkeit im Zweiten Weltkrieg geadelt wurde, nahm er dieses Symbol in sein neues Familienwappen auf.

Er sah auch sein eigenes Leben unter dem Prinzip der Komplementarität stehen, was sich besonders schön in einem Gespräch zeigt, das er mit dem Psychologen Jerome Bruner führte. »Bohr erzählte mir«, schreibt Bruner, »daß ihm die ganze psychologische Tiefe des Komplementaritätsprinzips aufgegangen sei, als eines seiner Kinder etwas Unentschuldbares tat, wofür ihm keine angemessene Strafe einfiel. Er sagte zu mir: ›Sie können jemanden nicht *gleichzeitig* mit den Augen der Liebe und den Augen der Gerechtigkeit sehen.‹« Liebe und Gerechtigkeit sind für Bohr komplementär.

Bohr glaubte, daß das Komplementaritätsprinzip auch im Bereich des Bewußtseins gilt. Er schrieb: »Der Umstand, daß die Einheit der Person trotz des stetig weiterfließenden assoziativen Denkens gewahrt bleibt, entspricht der Beziehung zwischen der Wellenbeschreibung der Bewegung materieller Teilchen und ihrer unzerstörbaren Individualität.« Der endlose Strom unserer Gedanken ist also unserem Ichgefühl komplementär. Und wenn Du Dich an ein festgelegtes Ich-Bild klammerst, verknöchert auch Dein Denken zu Gewohnheitsmustern, die sich endlos wiederholen. Das ist die Grundlage des Kokon.

Zurück zu den Elektronen. Nach fünfzig Jahren besteht immer noch keine Einmütigkeit darüber, wie der Welle-Teilchen-Dualismus zu deuten ist. Es sind zwar etliche Deutungen vorgeschlagen worden, aber keine ist wirklich zufriedenstellend. Etwa diese: »Wir wissen nicht, was da passiert, also lassen wir das Problem am besten einfach auf sich beruhen.« Die meisten Physiker und bestimmte andere Wissenschaftler nehmen diese Haltung ein. Natürlich ist das für einen wirklich forschenden Geist schlicht und einfach Drückebergerei.

Eine zweite und sehr bekannt gewordene Deutung stammt von dem Physik-Nobelpreisträger Eugene Wigner und besagt: »Was das Elektron vom Wellenzustand in den Teilchenzustand übergehen läßt, ist das Bewußtsein des Beobachters.« Allerdings haben Wigner und andere, die seine Ansicht teilen, kaum eine Vorstellung davon, was sie mit Bewußtsein eigentlich meinen. Ähnlich Descartes sind sie der Auffassung, daß Geist einer ganz anderen Sphäre angehört als die materielle Welt. Wie das Bewußtsein hier auftaucht, um das Welle-Teilchen-Problem zu lösen, bleibt völlig schleierhaft. Geist und Materie bleiben vollkommen getrennt, und so erklärt diese Erklärung eigentlich gar nicht, warum und wie sie denn nun ineinandergreifen. Jeder Physiker, der den Geist aus der Natur heraushalten möchte, wird diese Deutung natürlich rundweg ablehnen. Aber sie bleibt auch für den unbefriedigend, der nach einer Einsicht, einer Geschichte sucht, die die Kluft zwischen Körper und Geist schließt.

Das wichtigste Konkurrenzmodell zu Wigners Geschichte ist die sogenannte Vielwelten-Deutung, wie sie von Hugh Bryce und Everett de Witt vorgeschlagen wurde. Auch diese Geschichte hat sich eine große Gruppe von Physikern zu eigen gemacht, weil sie auf den ersten Blick ohne Geist auszukommen scheint. Sie besagt, daß alle nur denkbaren und möglichen Welten jetzt existieren, parallel. Das heißt, daß auch Du eben jetzt eigentlich in unzähligen Welten existierst, und dasselbe gilt für mich und jeden und alles. In jeder dieser Welten ist unser Leben minimal oder erheblich oder vollkommen anders, aber alles, was überhaupt passieren kann, passiert eben jetzt. Das ist natürlich Stoff für Science-fiction-Geschichten, aber eines ist hier übersehen worden, die Frage nämlich, weshalb Du oder irgendwer nur diese eine Welt erfährt, die er erfährt. Die Antwort kann wohl nur lauten: weil Dein Bewußtsein sie erfährt. Bewußtsein ist das, was eine der unzählig vielen möglichen Welten wirklich werden läßt.

Wenn es zu solchen Unstimmigkeiten kommt, dann sind das Unstimmigkeiten unseres Denkens. Im Denken, in unserem mentalen Bild der Welt, liegen die Widersprüche, nicht in der Welt selbst. Und lösbar ist das Problem nur, wenn man einen höheren Standpunkt einnimmt, von dem aus beide Seiten des Widerspruchs zu einem einheitlichen Bild verbunden werden können. Das ist im Umgang mit anderen Menschen leicht nachzuvollziehen. Wenn wir in einen Konflikt geraten – etwa wenn Du jemanden in der Schule einerseits magst, andererseits aber auch nicht magst –, müssen wir die Situation oder Person von einem umfassenderen Fühlen her betrachten. Dann sehen wir, daß wir die Person durchaus mögen *und* nicht mögen können, sie aber jenseits von Zuneigung und Abneigung schätzen und achten.

So ging der Physiker David Bohm, ein Kollege Albert Einsteins, an die Sache heran. Bohm sah sehr klar, daß das Denken oder die Sprache ihrem Gegenstand, der Wirklichkeit, keineswegs so gut entsprechen, wie wir uns gern einreden. Wenn wir unsere Theorien für treffende Beschreibungen der Wirklichkeit halten, werden wir glauben, daß es tatsächlich gesonderte Dinge gibt, die den Begriffen unserer Theorie entsprechen. »So verfallen wir der Täuschung, daß die Welt aus Bruchstücken besteht«, schreibt Bohm.

Die Relativitäts- und die Quantentheorie legen Physikern nahe, daß sie die Welt als ein ungeteiltes Ganzes betrachten müssen. In dieser Ganzheit sind wirklich alle Teile des Universums, auch der Beobachter und seine Instrumente, miteinander verschmolzen und vereinigt. Diese Ganzheit, die Totalität unserer Welt, ist dynamisch und fließend. »Dinge« bilden sich aus dieser fließenden Ganzheit heraus und lösen sich wieder in ihr auf.

Mit unserem Denken und unserer Sprache ziehen wir jedoch Trennungslinien in der Ganzheit und lösen Dinge als voneinander verschieden heraus. Geist und Materie, sagt Bohm, sind beide Produkte des Denkens. Vor langer, langer Zeit haben wir Geist und Materie durch Sprache und Denken geschieden, und seitdem glauben wir, daß sie tatsächlich verschieden sind. Und haben wir sie erst einmal als verschiedene »Stoffe« konzipiert, fragen wir uns, ob sie denn nun wirklich verschieden oder dasselbe sind. Wenn wir nicht klar zwischen unserem Denken und der Ganzheit selbst unterscheiden, dann zerfällt unsere Welt in Bruchstücke und Konfusion.

Das Bewußtsein ist ebenso wie die Materie in die Ganzheit »eingefaltet«, wie Bohm es nennt. Dann muß auch unser normales Gefühl von Raum und Zeit – da es ja Produkt des Denkens ist, das heißt eine Erfindung und nicht die Wirklichkeit – in die Ganzheit eingefaltet sein. Was meint Bohm mit »eingefaltet«? Er nimmt als Beispiel ein Gefäß mit einer klebrigen Substanz wie etwa Glukose. Wenn Du einen Tropfen Tinte hineingibst, bleibt er als Tropfen bestehen und verteilt sich nicht in der Glukose. Wenn Du jetzt aber behutsam umrührst, sagen wir zwanzigmal, wird sich der Tropfen mit der Rührbewegung in die Länge ziehen, bis nichts mehr von der Tinte zu sehen ist, anscheinend in der Glukose verrührt. Der Tropfen, könnten wir sagen, ist in die Glukose *ein*gefaltet. Jetzt das Erstaunliche: Wenn Du zwanzigmal in die entgegengesetzte Richtung rührst, erscheint der Tropfen wieder. Er ist jetzt aus der Glukose *aus*gefaltet.

Um erkennbar zu machen, wie alles, was wir wahrnehmen – Elementarteilchen oder Galaxien, Gedanken oder Emotionen –, in die Ganzheit eingefaltet ist, bedient sich Bohm des Hologramms als Vergleich. Ein Hologramm ist ein Muster auf einer fotografischen Platte, das dadurch zustande kommt, daß zwei Laserstrahlen sich dort treffen, nachdem einer der beiden von einem Objekt reflektiert wurde. Das fertige Bild kann dann, wiederum mit Hilfe eines Laserstrahls, sichtbar gemacht werden und zeigt das Objekt in dreidimensionaler Abbildung.

Das Erstaunliche an einem Hologramm ist nun, daß selbst ein Teil der fotografischen Platte die Information enthält, mit der ein Bild des *gesamten* Objekts reproduziert werden kann (wobei die Abbildung allerdings um so verschwommener wird, je kleiner man den Ausschnitt der Platte wählt; wichtig ist aber, daß sich selbst aus einem sehr kleinen Ausschnitt der Platte das vollständige Bild erzeugen läßt). Das ist natürlich bei einem normalen Foto ganz anders, denn hier enthält ein Teil des Bildes wirklich nur diesen Teil.

In die Ganzheit sind alle Dinge unserer Welt auf ähnliche Weise eingefaltet wie das dreidimensionale Abbild eines Gegenstands in das Hologramm. Und wie das ganze Bild aus jedem Ausschnitt der holografischen Platte zurückgewonnen werden kann, so offenbart sich die gesamte Wirklichkeit in jedem noch so kleinen Teil der Ganzheit. Teresa von Avila soll, als sie eine Eichel in der Hand hielt, ausgerufen haben, sie sehe die gesamte Schöpfung in dieser kleinen Eichel. Das gleiche Prinzip ist uns übrigens schon in der Vorstellung der Alchimisten begegnet, daß der Mikrokosmos (der menschliche Körper-Geist) ein Abbild des Makrokosmos (der ganzen Welt) sei – »Wie oben, so auch unten.«

Ein Augenblick der Erfahrung besteht darin, daß durch unsere Wahrnehmung ein Muster aus der Ganzheit ausgefaltet wird. Auf der Ebene unserer gewöhnlichen Erfahrung besteht diese Musterbildung darin, daß etwa Dein Hörvermögen einen Laut aus der Ganzheit herauslöst und als Vogelruf identifiziert. Auf der mikroskopischen Ebene wird durch den Akt des Hinsehens beispielsweise das Bild eines Bakteriums auf einem Objektträger aus der

Ganzheit herausgelöst. Und welche Muster sich schließlich auf der subatomaren Ebene bilden, ob wir also beispielsweise ein Elektron als Welle oder als Teilchen wahrnehmen, hängt von der Art und Weise ab, wie wir es durch unseren Versuchsaufbau aus der Ganzheit herauslösen. Auf jeder Ebene im Prinzip der gleiche Vorgang. Deshalb können wir auch sagen, daß die Götter durch die Zeremonien und Rituale, mit denen wir sie anrufen, aus der Ganzheit herausgelöst werden.

Den ungeteilten Strom der Ganzheit darfst Du Dir nicht als eine Art jenseitige Dimension vorstellen, als etwas Abstraktes oder Mystisches, das wir eigentlich nicht erkennen können. So ist es keineswegs. Ganzheit ist Deine reale, unmittelbare Erfahrung, eben jetzt. Sie ist diese Erfahrung als Ganzes, bevor Dein Denken und Wahrnehmen es in kleine Stücke zerlegt. Du kannst Ganzheit nicht *bewußt* wahrnehmen, denn so würdest Du sie ja in »Dich« und »das Wahrgenommene« aufteilen und sie wäre nicht mehr ganz. Aber Du kannst der Ganzheit unmittelbar, intuitiv innesein, wenn Du sie nicht aufteilst.

Bohm sagt, daß man der Ganzheit innesein kann, wenn das Denken aufhört. Das muß nicht heißen, daß Dein Denken gänzlich zum Erliegen kommt, sondern daß Du nicht darin befangen und gefangen bist. Dein Denken kann Dich dann nicht mehr zwingen zu glauben, die von ihm geschaffene zersplitterte Wirklichkeit sei tatsächlich die Wirklichkeit, die Ganzheit.

Bohm war viele Jahre mit dem spirituellen Lehrer Krishnamurti befreundet und arbeitete mit ihm zusammen. In seinen späteren Jahren bemühte er sich um eine Anwendung seiner in der Physik und durch die Gespräche mit Krishnamurti gewonnenen Einsichten, mit der er seinen Studenten zur Entdeckung einer tieferen Dimension ihres Lebens verhelfen konnte.

Sein letztes Buch enthält Dialoge mit Studenten, die zwei Jahre vor seinem Tod stattfanden. Er zeigte darin, wie sehr das Denken an unserer Wahrnehmung beteiligt ist. Für ihn ist alles, was unsere gewöhnliche Erfahrung ausmacht, Denken – das bei ihm Wahrnehmung, Interpretation, Emotion und sogar den Körper mit einschließt. Doch die eigentliche Schwäche des Denkens besteht nach Bohm darin, daß es nicht weiß, wie sehr es an der Wahrnehmung beteiligt ist. Es versucht uns einzureden, unsere Wahrnehmungen seien außerhalb und wir seien die vom Wahrgenommenen getrennten Beobachter. Und es redet uns auch ein, unsere automatische, unkritische Wahrnehmung sage uns, wie die Dinge wirklich seien. Aber das wird Dir nach meinen bisherigen Briefen alles ziemlich bekannt vorkommen.

Aber Bohms Analyse des Denkens geht noch weiter. Weil das Denken sich der Betrachtung seiner selbst verweigert, muß es uns zu dem Glauben überreden, daß es einen Urheber hat. Und dieser Urheber ist das Ich, der Kokon. Das Denken läßt uns an die Realität eines Ich glauben, das in Wirklichkeit nichts weiter als ein Produkt des Denkens ist – und keineswegs dessen Urheber. Und weil dieses Ich nur eine Vorstellung ist, muß das Denken es besonders gut schützen. Deshalb werden alle Denkprozesse ständig verzerrt durch diese Notwendigkeit, die Ich-Vorstellung und die mit ihr verbundenen Annahmen zu wahren. Dadurch besteht aber, wie Bohm zeigt, ein ständiger Widerspruch zwischen unseren Wahrnehmungen und dem, was ist. Folglich wird unser Handeln wirr und unlogisch, und die Welt gerät immer mehr ins Chaos.

Deshalb können die Probleme des Denkens niemals durch noch mehr Denken überwunden werden. Die Selbsttäuschung muß vielmehr endlich angehalten werden, aber das bedeutet natürlich nicht das Ende des Denkens, sondern besagt lediglich, daß wir aufhören müssen, die Projektionen des Denkens für real zu halten.

Dazu wählt Bohm einen sehr originellen und aufschlußreichen Ansatz. Er verweist auf die sogenannte Propriozeption, was soviel wie Eigen- oder Selbstwahrnehmung bedeutet und auf einen inneren Sinn verweist, der uns über die innere Befindlichkeit des Körpers, oder auch zum Beispiel über Lage und Haltung einzelner Körperteile oder des ganzen Körpers informiert. Auch mit geschlossenen Augen wissen wir zum Beispiel genau, wo unser Arm ist, und es versteht sich von selbst, daß ein Verlust dieses propriozeptiven Sinnes sehr tragisch ist. Andererseits ist uns dieser innere Sinn so nah, daß wir ihn normalerweise gar nicht bemerken.

Bohm zufolge gibt es auch für das Denken solch einen inneren, propriozeptiven Sinn, und so können wir die Bewegungen des Denkens genauso verfolgen wie etwa die eines Arms. Wir können mit anderen Worten der Bewegungen des Denkens gewahr sein, während sie ablaufen. Wenn wir das tun, sagt Bohm, beginnt das Denken seinen eigenen Fehler zu sehen, und der Fehler kann sich auflösen.

All das erinnert an die buddhistische Sicht des Denkens und der Wahrnehmung. Für den Buddhisten wird die Selbsttäuschung durch die Achtsamkeits-Gewahrseins-Meditation beendet; wir werden eins mit dem Denken, indem wir uns den jeweils gerade stattfindenden Gedanken, Wahrnehmungen, Gefühlen und Körperempfindungen achtsam zuwenden. Das Denken selbst erfindet eine Kluft zwischen Denken und Gedanken, und sobald diese Kluft nicht mehr künstlich aufrechterhalten wird, ereignet sich unmittelbare Wahrnehmung. Wir sehen dann das, was ist, frei von Überlagerung durch Interpretationen.

So, Vanessa, das war jetzt ein ganz schöner Trip, glaube ich. Am besten wir rekapitulieren einmal, wo wir jetzt sind, was unsere Frage nach dem Stoff der Welt angeht. Da war zunächst die Aussage Deiner Lehrerin in der dritten Klasse, daß dieser Stoff Materie ist. Wir sagen: »Gut, und was ist Materie?« Das scheint mir eine faire Frage zu sein, und Physiker sehen das ja auch so.

Deshalb fragten wir die Physiker, was denn ihre Materie sei, und im vorigen Brief kamen wir zu dem Schluß, daß Materie nichts weiter ist als Oberflächen im Raum. Was für Oberflächen Du siehst, hängt jedoch davon ab, wie Du schaust: Oberflächen des gewohnten Blicks mit unbewaffnetem Auge sind Dinge wie etwa meine rote Scheune; Oberflächen auf der biologischen Ebene können beispielsweise die Zellen Deiner Haut sein, wie Du sie unter dem Mikroskop siehst; Oberflächen der molekularen Ebene, chemische Oberflächen, sind im Elektronenmikroskop zu erkennen; und Oberflächen der Größenordnung von Atomkernen und Elementarteilchen sind nur indirekt, unter Zuhilfenahme von Teilchenzertrümmerern zu beobachten.

Der Raum ist ganz und gar nicht Newtons tote Leere, sondern tatsächlich eine Fülle, die alle Oberflächen trägt und mit Energie versorgt. Materie ist: Oberflächen in der Fülle des Raums. Vor Jahren hörte ich Chögyam Trungpa Rinpoche sagen: »Der Raum ist massiv, ein Grashalm ist hohl.« Ich dachte, er meine das metaphorisch, wenngleich es irgendwie auch so klang, als spräche er von tatsächlicher Wahrnehmung. Er schien davon zu sprechen, wie die Dinge jenseits der Sprache wirklich sind. Jedenfalls begann ich, im Zusammenhang mit der energetischen Fülle des Raums, zu begreifen, daß Trungpa Rinpoche seine Worte buchstäblich so meinte, wie er sie sagte.

Dann sahen wir an den Oberflächen, die von den Physikern Elementarteilchen genannt werden, etwas noch Merkwürdigeres. Sie verhalten sich manchmal wie Teilchen und manchmal wie Wellen, und in der Welt unserer gewöhnlichen Erfahrung kann ein Ding einfach nicht zweierlei zugleich sein. Bei ihren Versuchen, diese Phänomene zu erklären, sind die Physiker offenbar wider Willen gezwungen, den Geist, den ihre Vorgänger vor langer Zeit aus der Wissenschaft verbannt hatten, wieder einzubeziehen.

Schließlich haben wir mit David Bohms Hilfe erkannt, daß das Problem mit der Zersplitterung der Wirklichkeit durch unser Denken, unsere Sprache und unsere Theorien begann. Jetzt hatten wir Geist und Materie, Wellen und Teilchen und überlegten fieberhaft, wie sie zusammenzubringen seien. Es stellte sich heraus, daß niemand dazu so recht in der Lage war.

Dann erkannten wir, daß die Ganzheit, zu der auch unser Denken, unsere Sprache und die Theorien der Physiker gehören,

Bewußtsein und Energie und Oberflächen der Energie und schließlich Zeit und Raum einschließt. All diese Bruchstücke hat nur unser Denken hervorgebracht.

Ich habe mich bei der Darstellung der Ganzheit auf Bohm bezogen, weil er sich sehr stark damit auseinandergesetzt und sich besonders klar dazu geäußert hat. Er war ein erstklassiger Physiker und außerdem ein Freund und Kollege Einsteins. Aber Bohm war durchaus kein Außenseiter, dessen Ansichten sonst keiner teilt. Viele der großen Physiker, die in den zwanziger und dreißiger Jahren, als die Quantenphysik sich entwickelte, über diese Dinge nachdachten, kamen zu ganz ähnlichen Ergebnissen, unter anderen auch der Physiker und Nobelpreisträger Wolfgang Pauli. Für ihn war der einzig akzeptable Standpunkt, daß die beiden Seiten der Wirklichkeit – die quantitative und die qualitative, die physische und die psychische – miteinander vereinbar sein müssen. Befriedigend, sagte er, könne nur ein Weltbild sein, das Physis und Psyche oder Materie und Geist als komplementäre Aspekte derselben Wirklichkeit erkennt.

Der Biologe und Nobelpreisträger George Wald schrieb 1988:

*Vor ein paar Jahren gewann ich den Eindruck ... daß sehr verschiedenartig erscheinende Probleme auf einen gemeinsamen Nenner gebracht werden können ... unter der Hypothese, daß der Geist nicht etwa – wie ich bisher gedacht hatte – eine sehr späte und auf Organismen mit hochkomplexem Nervensystem beschränkte Entwicklung in der Evolution des Lebendigen darstellt, sondern daß Geist immer schon vorhanden war, und dieses Universum überhaupt nur deshalb Leben hervorgebracht hat, weil der immer und überall vorhandene Geist es dazu anleitete.*

Wald zitiert die Physiker Arthur Eddington, Erwin Schrödinger und Wolfgang Pauli und faßt zusammen: »Das heißt doch am Ende, daß man der Materie ebensowenig einen geistigen Aspekt absprechen kann wie den Elementarteilchen Welleneigenschaften … Geist und Materie sind die komplementären Aspekte der [einen] Wirklichkeit.«

Auch wenn wir über die abstrakt erscheinenden Schlußfolgerungen der Physik bis zu diesem Punkt gelangt sind, heißt das nicht, daß Ganzheit eine weit abgelegene, mystische Wirklichkeit ist. Nein, sie ist stets eben hier und eben jetzt, näher sogar als Zeit und Raum und die Dinge, die wir in Zeit und Raum wahrnehmen. All das, Zeit, Raum und Dinge, haben wir nur durch unser Denken aus der Wirklichkeit herausgelöst. Und wir können die Ganzheit intuitiv spüren, wenn wir das Gespinst des Denkens durchschauen, wenn wir sehen lernen, wie sehr es unser Wahrnehmen und Fühlen all die Jahre verzerrt hat.

Unsere Frage nach der Materie hat uns auf die Ganzheit gebracht: Was sind diese winzigen Stoffklümpchen eigentlich, aus denen die Welt angeblich besteht? Wir hätten auch anders herum vorgehen können mit der Frage: Was sind eigentlich diese angeblich in unseren Köpfen befindlichen kleinen Dinger, die wir als individuellen Geist oder individuelle Psyche bezeichnen? Wir werden uns das morgen in meinem nächsten Brief ansehen. Und dabei werden wir sehen, daß wir beim Erforschen der Psyche wieder an die Stelle kommen, wo nicht mehr zu bezweifeln ist, daß Geist und Materie schon immer zwei Aspekte der einen Wirklichkeit sind.

## 16. Brief
## Geist und Materie sind eins in der Weltseele

*Liebe Vanessa,*

das Ergebnis meines letzten Briefes war, daß Geist und Materie komplementäre Aspekte der einen Wirklichkeit sind. Man darf demnach erwarten, daß diese tiefere Ebene, aus der Richtung des Geistes oder der Psyche ebenso zu erreichen ist wie von der Materie her. Darüber möchte ich heute ein wenig schreiben. Vielleicht wird Dir dabei noch etwas deutlicher, wie persönlich, wie nah unserer Erfahrung die Ganzheit eigentlich ist.

Ich möchte Dir von der Arbeit Carl Gustav Jungs und einiger neuerer Vertreter der Jungschen Tradition erzählen; das sind insbesondere James Hillman, Marie-Louise von Franz und Robert Sardello. Ich werde das in einem einzigen Brief darzustellen versuchen, also werde ich mich zwangsläufig kurz fassen müssen.

Fangen wir also mit C. G. Jung an. Jung war ein jüngerer Kollege Sigmund Freuds, und Freud war, zumindest im modernen Westen, der erste, der die Wirksamkeit eines psychischen Geschehens erkannte, das unser Verhalten beeinflußt, ohne daß wir uns dessen bewußt sind – kurz, er gilt als Entdecker des *Unbewußten*. Ich sage ausdrücklich »im modernen Westen«, denn Freud als *den* Entdecker des Unbewußten hinzustellen wäre genauso unsinnig, als würde man Kolumbus als *den* Entdecker Amerikas bezeichnen. Natürlich war Amerika den Ureinwohnern des Landes schon Jahrtausende vor Kolumbus bekannt. Und natürlich ist die Existenz nichtbewußter geistiger Prozesse seit Jahrtausenden bekannt gewesen, insbesondere in östlichen Traditionen wie dem Daoismus und Buddhismus.

Freuds Wiederentdeckung des Unbewußten fand im Umfeld des modernen Materialismus statt. Da aller Geist von der Welt abgezogen und dem individuellen Gehirn zugesprochen war, konnte es nicht ausbleiben, daß irgendwann tiefere Schichten des Geistes wiederentdeckt wurden. Und da Geist nur noch als individueller Menschengeist vorkam, konnten die tieferen Schichten – die eigentlich Welt-Geist oder Welt-Seele sind – auch nur im Menschen wieder aufgefunden werden. Genau das tat Freud.

Für Freud war das Unbewußte der Hort unterdrückter und verdrängter Instinkte oder Triebe, insbesondere des Geschlechtstriebs und dessen, was er den Todestrieb nannte. Aus der Sicht des Bewußten, des Ich, war dieses Unbewußte eine reine Bedrohung. Und genau in diesem Punkt verweigerte Jung seinem Lehrer Freud die Gefolgschaft. Er erkannte, daß das Unbewußte viel tiefer reichte, als Freud zuzugeben bereit war. Das Unbewußte enthielt nämlich, wie Jung entdeckte, nicht nur verdrängte Triebe, sondern auch einen gewaltigen positiven Drang nach psychischer Entwicklung und wahrer Ganzheit.

Nach Jung besitzen wir nicht nur eine persönliche, individuelle Psyche, sondern haben darüber hinaus Zugang zu einer allen Menschen aller Kulturen gemeinsamen psychischen Ebene. Diese Ebene nannte er das »kollektive Unbewußte«. Zunächst scheint Jung angenommen zu haben, dieses kollektive Unbewußte sei auch in der individuellen Psyche angesiedelt; den kollektiven Aspekt dachte er sich als erblich, aber doch zum Individuum gehörend. Später erkannte er, daß das kollektive Unbewußte so nicht zu lokalisieren und nicht zu individualisieren war, sondern wir alle aus *demselben* kollektiven Unbewußten schöpfen.

Wir dürfen uns das kollektive Unbewußte oder die Psyche und natürlich auch das Ich nicht als *Dinge* denken. Es handelt sich eher um dynamische Energieprozesse. (Ich werde später noch über die Primitivität des »Ding-Denkens« schreiben. Erinnere Dich vorerst einfach an die Mi'kmaw, deren Sprache nur Verben und keine Substantive besitzt.) Diese Prozesse oder Energiemuster haben ihren Ort im Falle des Ich im individuellen Körper und im Falle des kollektiven Unbewußten im Welt-Körper.

Das kollektive Unbewußte ist schwer zu begreifen für Menschen, die gern in festgelegten Kategorien denken, hier insbesondere in den Kategorien »subjektiv« und »objektiv«. Ist das kollektive Unbewußte etwas Subjektives oder etwas Objektives, »nur in unserem Kopf« oder »da draußen«? Für das westliche Denken kann es nur das eine oder das andere sein.

Doch das kollektive Unbewußte ist nichts Objekthaftes, denn jeder Mensch empfindet es als mit der individuellen Psyche zusammenhängend. Schließlich kann es ja auch jeder entdecken, der den von Jung vorgezeichneten Weg geht und tief in die individuelle Psyche eindringt. Andererseits kann das kollektive Unbewußte, eben weil es kollektiv ist, auch nicht bloß subjektiv sein. Es ist uns allen gemeinsam, und während das persönliche Unbewußte eng mit dem Körper der Person verbunden ist, kann man als den Körper, dem das kollektive Unbewußte angehört, die ganze Welt bezeichnen.

Jung selbst überlegte gegen Ende seines Lebens, daß es ein Vorurteil sein könne, die Psyche »innerhalb des Körpers« anzusiedeln. Er erkannte eine »nicht-räumliche« Seite der Psyche, und so konnte sie durchaus auch über den Körper hinausreichen in eine Region, die völlig anders ist als das, was man als Ich empfindet. Um dorthin zu gelangen, sagte Jung, müsse man aus sich selbst herausgehen.

Für Jung war diese außerhalb des individuellen Körpers gelegene Region der Psyche so etwas wie die Welt, die Naturvölker wie die australischen Aborigines erleben – eine ganze Welt, unsichtbar, aber mit dieser Welt verwoben und von Ahnengeistern und Göttern bewohnt. Diese Welt konnte aber auch als psychischer Bereich empfunden werden, als »innen«. Gegen Ende seines Lebens dachte Jung also nicht mehr so sehr an zwei Welten, sondern eher an zwei Seiten ein und derselben Welt, die eine innen, die andere außen – ein Mikrokosmos und ein Makrokosmos.

Das kollektive Unbewußte zeigt sich dem bewußten Ich nicht direkt, sondern in Bildern, wie sie in Träumen und Visionen auftauchen. Solche Bilder haben häufig etwas Zeitloses, sie zeigen sich immer wieder und bei den unterschiedlichsten Menschen. Sehr ähnliche Bilder, so stellte Jung fest, gibt es auch in den Mythen aller Kulturen – und so kam er überhaupt auf den Gedanken, es müsse ein kollektives Unbewußtes geben. Die Bilder nannte er »archetypisch«. (*Archetyp* kommt aus dem Griechischen und bedeutet wörtlich »das zuerst Geprägte«, worunter das erste oder höchste seiner Art zu verstehen ist.) Der Archetyp selbst ist ein bestimmtes Energiemuster in der Psyche, das nicht direkt, sondern nur über die archetypischen Bilder zu erfahren ist.

In diesem psychischen Bereich, der weder gänzlich innen noch gänzlich außen ist, wohnen die Götter, Engel, Dralas und Dämonen aller Kulturen. Für Jung sind die Götter, Engel, Dralas und Dämonen sogar Abbilder der formlosen archetypischen Ur-Energien. Von ihrem Lebensraum her können sie auf den äußeren Bereich des Stofflichen, die Menschenwelt, einwirken. Die Göttermythen handeln von diesem psychischen Bereich und zeigen, wie diese Kräfte sich auf der materiellen Ebene bekunden.

Wie wir vom kollektiven Unbewußten nicht sagen können, es sei bloß subjektiv oder rein objektiv, so lassen sich auch die Götter nicht festlegen. Die archetypischen Götter existieren nicht so, wie wir es von Dingen gewohnt sind, als sichtbare materielle Objekte. Dennoch existieren sie, und zwar unabhängig von unserem individuellen Geist, denn sie besitzen die Macht, unser Leben tiefgreifend zu beeinflussen – im schlechten wie im guten Sinne, und das hängt davon ab, wie *wir* ihnen gegenüber eingestellt sind. Um einen ungefähren Vergleich zu geben: Der Wind selbst ist unsichtbar, aber er ist von großem Einfluß auf unser Leben, indem er uns an einem heißen Sommertag Kühlung bringt oder eines weniger schönen Novembertages das Dach abdeckt.

Auf drei der von Jung entdeckten Hauptarchetypen möchte ich hier kurz eingehen, nämlich auf den *Schatten*, die *Anima* und das

*Selbst.* Es gibt daneben jedoch viele andere: die Weise Alte Frau, den Trickster, den Göttlichen König und so weiter.

Der *Schatten* ist die Seite unserer Psyche, die uns verborgen bleibt, die wir leugnen und unterdrücken. Aber der Schatten zeigt sich doch, und je mehr wir ihn zu unterdrücken versuchen, desto deutlicher bekundet er sich indirekt. So mag beispielsweise ein Mann sich als ruhig und umgänglich sehen, dabei aber zu unbeherrschtem Zorn neigen, mit dem er die Menschen in seiner Umgebung verletzt. Ein anderer hält sich vielleicht für einen leidenschaftlichen Liebhaber, doch auf seinem Weg bleiben Frauen zurück, deren Herzen er mit seiner Kälte und Gefühllosigkeit gebrochen hat. Der ruhige und umgängliche Mann sieht nun vielleicht alle anderen als Wüteriche, während dem leidenschaftlichen Liebhaber alle anderen kalt und gefühllos erscheinen. Beide erkennen ihren Schatten nicht als zu sich gehörig und »projizieren« ihn, wie man diese Verlagerung nennt, auf die Außenwelt.

Die *Anima* ist der weibliche Aspekt der männlichen Psyche (das weibliche Gegenstück, also der männliche Aspekt der weiblichen Psyche, wird *Animus* genannt). Wird die Anima nicht als etwas Eigenes erkannt, projiziert der Betreffende sie ebenfalls auf seine Außenwelt, in diesem Fall also normalerweise auf Frauen. Nehmen wir also an, ein Mann verliebe sich immer wieder in Frauen eines bestimmten Typs. Er kann nicht leben ohne die jeweils letzte Verkörperung seiner Idealvorstellung, wird völlig abhängig von ihr und fühlt sich elend, wenn sie nicht da ist. Dieser Frauentyp wird zur Projektion der Anima dieses Mannes, und er wird sich aus diesen quälenden Abhängigkeiten erst befreien können, wenn er die Anima seiner eigenen psychischen Welt findet und sich mit ihr vereinigt.

Das *Selbst* ist das höchste Ziel jedes Menschen. Es ist die voll entwickelte Individualität eines Menschen, der zu seiner Einheit und Ganzheit gefunden hat. In gewissem Sinne ist das Selbst ein unerreichbares Ideal; trotzdem ist es für jeden von uns das, wonach er streben muß. Traumbilder des Selbst haben häufig die

Gestalt eines Kreises, der das archetypische Symbol für Vollständigkeit und Harmonie darstellt, wie wir es etwa in den Mandalas des tibetischen Buddhismus und des Hinduismus finden. Das Selbst ist das, was uns antreibt, nach Vollständigkeit zu streben, und diesen Prozeß nannte Jung *Individuation*. Durch die Individuation werden wir erst gänzlich das, was wir eigentlich sind, ein wahrhaft menschliches Individuum. Individuation hat aber nichts mit Individualismus zu tun, denn unser verwirklichtes Menschsein bedeutet auch, daß wir unsere innige Verbundenheit mit unserer Welt erkennen: Die Psyche wird nicht nur in sich selbst ganz, sondern diese Ganzheit schließt auch die Welt ein.

Jung ist ziemlich populär geworden, und das könnte daran liegen, daß wir die aus Mythen und Märchen abgeleiteten archetypischen Bilder so ansprechend finden. Man sieht sich selbst gern als Weiser, König, Trickster und dergleichen. Auch ich habe hier einige der Archetyen sehr vereinfacht dargestellt, und deshalb möchte ich hinzufügen, daß es sich um sehr starke Kräfte der Psyche handelt, die uns manchmal geradezu überwältigen können. Ein bißchen herumzuspielen mit netten kleinen Übungen, durch die wir angeblich den »inneren Weisen« entdecken – das war es wohl nicht, was Jung vorschwebte. Aber wenn wir uns den archetypischen Kräften in unserer Psyche stellen und sie wirklich kennenlernen, können wir uns zu einer neuen Stufe von innerer Harmonie und Ganzheit hin entwickeln. Jung gelangte zu diesen Entdeckungen nicht durch Grübeln an der Schreibmaschine, sondern durch intensive Auseinandersetzung mit seinem eigenen Unbewußten und durch fünfzig Jahre der Arbeit mit anderen. Über einen Zeitraum von mehreren Jahren sah er von bewußter Kontrolle ab und ließ sich so weit in die Tiefe seiner Psyche hinunter, daß er ständig um seinen Verstand fürchtete. Ein weniger mutiger Mensch hätte dieses Abenteuer nicht bestehen können, sondern wäre wahrscheinlich irgendwo gestrandet und hätte dann sich selbst und anderen das Bild eines Verrückten geboten.

Jung wies auf eine Veränderung des Zeitgefühls hin, die sich einstellt, wenn archetypische Energien, die Götter, sich in unserem bewußten Leben manifestieren. Zu solchen Augenblicken kommt es häufig an Grenzen, etwa zwischen Schlafen und Wachen, zwischen unbewußten und bewußten Zuständen, oder auch beim Überschreiten von äußeren Grenzen, etwa beim Überqueren von Brücken oder an Kreuzungen. Es stellt sich hier manchmal ein Gefühl von Zeitlosigkeit ein, alles wirkt so seltsam still oder scheint stillzustehen. Im Reich des Archetypischen ist Zeit nicht das Verstreichen leerer Augenblicke in endloser Folge – unser normales Zeitempfinden –, sondern ein stetiger Energiestrom, der als beständiges Sich-Wandeln ein und desselben Augenblicks empfunden wird – jetzt.

In unserer modernen Welt sind solche Augenblicke meist nur ein kurzes Aufblitzen. Aber wenn wir die lebendige Welt wiederfinden wollen, müssen wir immer wieder an solchen Augenblicken anknüpfen und müssen versuchen sie auszuweiten. Andere sind in der Lage, die Welt sowohl in ihrem äußeren Erscheinungsbild als auch in ihrem zeitlosen, archetypischen Charakter zu sehen – denk an die australischen Aborigines oder an die Mi'k-maw, für die ein Felsbrocken einfach ein Felsbrocken, zugleich aber auch ein Lebewesen ist.

Wir erleben Augenblicke der Zeitlosigkeit oder Jetztheit, wenn es zwischen einem inneren, psychischen Bild und einem äußeren Ereignis zu einer bedeutsamen Koinzidenz kommt. Jung sprach in solchen Fällen von *Synchronizität*. Betrachten wir also jetzt die Synchronizität. Das wird uns wieder zurückführen zu der Tatsache, daß Geist und Materie sich auf der Ebene des kollektiven Unbewußten begegnen.

Auffallend häufig beobachtete Jung bei Patienten, die intensive psychische Zustände durchlebten, geradezu unheimliche Übereinstimmungen zwischen psychischen Erlebnissen, etwa einem Traum oder einer Vision, und Ereignissen in der äußeren Welt. Nicht nur Jung selbst, sondern auch seine Kollegen beobachteten dergleichen Hunderte Male an sich selbst und ihren Patienten.

Der am häufigsten zitierte Fall von Synchronizität, von Jung selbst erzählt, betrifft eine gebildete junge Frau, die sehr einseitig auf logische Stimmigkeit fixiert war und allen Versuchen Jungs, ihre schroffe und überzogene Rationalität ein wenig zu mildern, beharrlich trotzte. Einmal erzählte sie gerade einen Traum der letzten Nacht, in dem sie eine goldene Brosche in der Form eines Skarabäus (eine große Käferart) bekam, als vom Fenster her ein beständiges Pochen zu hören war – irgendein großes Insekt wollte offenbar herein. Jung öffnete das Fenster und fing das Tier, einen großen goldbraunen Käfer, den er seiner Patientin mit den Worten gab: »Da ist Ihr Skarabäus.« Damit entstand endlich das lang ersehnte kleine Loch in ihrer Rationalität, das Eis ihres intellektuellen Widerstands war gebrochen. Von da an erbrachte die Behandlung gute Resultate.

Zwei weitere Beispiele berichtet Marie-Louise von Franz, eine von Jungs langjährigen Mitarbeiterinnen, die sich diesem Thema besonders gewidmet hat: Einmal kaufte sie sich ein blaues Kleid und veranlaßte, daß es ihr zugeschickt wurde. Drei Tage später kam das Paket, sie packte es aus, und das Kleid war schwarz. Offenbar war es im Geschäft zu einer Verwechslung gekommen. In diesem Augenblick erhielt sie ein Telegramm mit der Nachricht, daß ein naher Verwandter gestorben war. Und bei der Beerdigung würde sie natürlich Schwarz tragen müssen. Sie empfand dieses Zusammentreffen nicht als bloßen Zufall, sondern als äußerst merkwürdig.

Die beiden Ereignisse, die sich zu dem vereinigen, was Jung Synchronizität nannte, müssen nicht unbedingt zur gleichen Zeit ablaufen. Marie-Louise von Franz zeigt das am Beispiel einer stark selbstmordgefährdeten Patientin. Zu Beginn ihres Urlaubs war sie in so großer Sorge um diese Patientin, daß sie ihr das feierliche Versprechen abverlangte, ihr sofort zu schreiben, wenn sie in Not geriete.

In diesem Urlaub war von Franz eines Morgens beim Holzhakken und ging ganz in dieser Beschäftigung auf, als ihr plötzlich diese Patientin vor Augen stand, praktisch in den Strom ihrer bisherigen Gedanken einbrach. Sie überlegte, was diese Patientin plötzlich von ihr wollen könne oder wodurch sie selber auf sie gekommen sei. Aber sie fand keine assoziative Verbindung zwischen ihrer Beschäftigung im Holzschuppen und dieser Frau. Sie wandte sich wieder dem Holzhacken zu, aber das Bild der Frau kam wieder und diesmal mit einem Gefühl von unmittelbarer Gefahr. Sie stellte die Axt weg, schloß die Augen und überlegte, ob sie sich ins Auto setzen und zu ihrer Patientin fahren sollte. Zur Antwort bekam sie das eindeutige Gefühl, daß sie zu spät kommen würde. Sie schickte ein Telegramm mit dem Text »Machen Sie keine Dummheit« und setzte ihren Namen darunter. Später erfuhr sie, daß das Telegramm ihre Patientin zwei Stunden darauf erreicht hatte, und zwar in dem Augenblick, als sie in der Küche den Gashahn aufdrehte. Sie war derart verblüfft von dieser Koinzidenz, daß sie das Gas wieder abdrehte und sich fürs Weiterleben entschied.

Koinzidenzen wie diese, bedeutsame Koinzidenzen, sind Punkte, an denen die »äußere, objektive« Welt und die »innere, subjektive« Welt der Psyche einander auf der Ebene des kollektiven Unbewußten begegnen. Jung war daher zu dem Schluß gezwungen, daß Psyche und Materie auf einer tieferen Ebene eins sind. Er sprach hier vom *Unus mundus*, der »Einheitswelt«. Das ist die Ebene, auf der Gegensätze wie Geist und Materie, Subjekt und Objekt, innen und außen noch gar nicht aufgebrochen sind. Deshalb sprach Jung von einem transzendenten Hintergrund des empirisch Erscheinenden, und dieser Hintergrund ist ebenso physischer wie psychischer Art, aber weder das eine noch das andere, sondern etwas Drittes, etwas Neutrales, das man allenfalls erahnen kann, da es seinem Wesen nach transzendent ist.

Aber ich will noch einmal betonen, daß das bewußte Ich, das kollektive Unbewußte und der Unus mundus keine gesonderten, dinghaften Gegebenheiten sind, auf die wir deuten können mit den Worten »Ah, das ist das kollektive Unbewußte«. Sie sind vielmehr Aspekte der gesamten Psyche. Sie gehen ineinander über, die bewußte individuelle Psyche in das kollektive Unbewußte und dieses in den Unus mundus.

Unus mundus ist ein Begriff der mittelalterlichen Alchimie, der die Welt in ihrer potentiellen Form bezeichnet, bevor sie sich als die uns erscheinende Welt manifestiert. Für den Alchimisten war Unus mundus der Plan der Welt, der im Geist Gottes schon fertig vorlag, bevor er die Welt erschuf. Für Jung war der Unus mundus die Ursuppe, der Grundstoff, aus dem heraus alle Dinge ins Sein treten. Marie-Louise von Franz zufolge dachte Jung sich den Unus mundus als eine einzige Energie (wenngleich »Energie« hier nicht ganz zu treffen scheint, da der Begriff zu sehr mit der physischen Seite assoziiert ist). Diese Energie jedenfalls manifestiert sich in niedrigen Schwingungsfrequenzen als Materie, in höheren als Psyche. Von Franz sieht hier eine große Ähnlichkeit mit dem, was die Chinesen Qi nennen, und mit David Bohms »impliziter Ordnung«.

Um nun verstehen zu können, wie zwei zu einer Synchronizität verknüpfte Ereignisse aus dem Unus mundus hervorgehen, müssen wir noch einmal die Archetypen betrachten. Die Archetypen, sagten wir, sind nicht dasselbe wie die Bilder, die in Träumen und Visionen, in Märchen und Mythen auftauchen. Sie sind vielmehr Kräfte, die im kollektiven Unbewußten oder im Unus mundus ihren Ort haben, aber in unserem Bewußtsein als Bilder oder Visionen manifest werden. Wenn nun die Archetypen genügend Kraft haben, so Jung, können sie in den Bereich der bewußten Psyche und zugleich in den Bereich der Materie einbrechen, und so haben wir zwei grundverschieden erscheinende Ereignisse, die aber durch ihren gemeinsamen Ursprung zu einer Synchronizität verknüpft sind. Wir haben demnach im Phänomen der Synchronizität eine unmittelbare Demonstration der tiefen Verbundenheit von Geist und Materie.

Für Jung lag im Unus mundus und im kollektiven Unbewußten ein tiefes Wissen, das er mit der griechischen Göttin Sophia,

Weisheit, assoziierte. Er nannte es gelegentlich auch »abstraktes Wissen«, weil es vom Ichbewußtsein und von äußerer Sinneswahrnehmung unabhängig ist. Ich glaube, es kommt dem sehr nahe, was ich Fühlen-Gewahrsein genannt habe: etwas, was den im Archetypen liegenden Sinn erfühlt oder wodurch der Archetyp seinen Sinn erhält und erkennt. Wenn sich also eine archetypische Energie in unserem Bewußtsein bekundet und tiefgreifend auf unser Leben auswirkt, geschieht das nicht zufällig und ohne Grund, sondern gemäß jener tieferen Weisheit, die jeden von uns in Richtung Individuation lenkt.

Diese Weisheit, das abstrakte Wissen, ist auch das, was uns die Bedeutung einer bedeutsamen Koinzidenz erfühlen läßt. Als Hinweis auf diese Art des Erkennens verstand Jung Erfahrungen, die wir heute außerkörperliche Erfahrungen nennen. Dabei ist jemand, der beispielsweise nach einem Unfall im Koma liegt oder unter Narkose steht, trotzdem in der Lage, alles um ihn herum Vorgehende genau wahrzunehmen. Und das ist häufig mit dem Gefühl verbunden, daß man sich außerhalb seines Körpers befindet. Auch wenn Wissenschaftler dergleichen einfach vom Tisch wischen oder gar nicht erst zur Kenntnis nehmen, solche Dinge werden so häufig von absolut zurechnungsfähigen und nüchternen Menschen berichtet, daß ein völliges Ignorieren alles andere als vernünftig wirkt.

Sophia hat noch einen anderen Aspekt, den ich hier kurz erwähnen möchte. Sie ist die Weisheit, das Energie-Fühlen-Gewahrsein der einen, ganzen Welt, und dazu gehört die Erde mit all ihrem Leben ebenso wie der Himmel mit seinen Gestirnen. Sophia ist die Weisheit der Welt-Seele, der *Anima mundi.*

Dieser Begriff der Welt-Seele gewinnt in letzter Zeit wieder an Bedeutung. Vor allem James Hillman und Robert Sardello weisen nachdrücklich darauf hin, daß wir es uns nicht mehr leisten können, Sophia nicht zuzuhören. Sie sagen, daß die während der letzten hundert Jahre vorherrschende Ausrichtung auf die Individualtherapie zwangsläufig eine Vernachlässigung der Welt-Seele mit sich brachte. Hillman hat einem seiner Bücher einen Titel gegeben, der genau das anspricht; er lautet: »Wir haben hundert Jahre Psychotherapie hinter uns, und um die Welt ist es immer schlechter bestellt.«

Robert Sardello nimmt dieses Thema auf sehr anrührende Weise auf. In einem Abschnitt über Trauer sagt er, die sich seuchenartig in unserer Gesellschaft ausbreitende tiefe Depression könne man nicht einfach als Krankheit abtun. Es ist vielmehr völlig natürlich, daß wir trauern; und wir trauern über den Verlust unserer Welt. Er schreibt:

> *Das Trauern ist während der letzten Jahre in vielen therapeutischen Ansätzen immer offener und direkter thematisiert worden ... Ich glaube, das Vorherrschen dieser Gemütsbewegung ist mehr als nur persönlich, mehr als ein psychisches Geschehen, das den einzelnen betrifft. Das Trauern richtet sich auf die Welt, und diejenigen, die sich auf diese tiefe Gemütsbewegung eingelassen haben, bringen etwas zum Ausdruck, was wir alle empfinden, aber nicht wahrhaben wollen. Ein aktives Seelenleben gegenüber der gegenwärtigen Welt zu entwickeln ist notwendig, ja unumgänglich. Wir sehen die Traurigkeit überall, denn dieser Zustand sind wir. Unsere Erde, dieser Hort der Liebe, siecht ihrem Ende entgegen, kein wissenschaftliches Gutachten kann uns darüber hinwegtäuschen, keine noch so beharrliche Schönfärberei der Regierung, der Industrie, des Militärs übertüncht, was in der unmittelbaren Seelen-Erfahrung des Körpers zu fühlen ist. Solange das geleugnet wird, werden wir weiterhin nur persönliches psychisches Leiden in dem sehen, was in Wahrheit zugleich auch Welt-Leiden ist.*

Wie Du weißt, Vanessa, sehe ich die neuen populären Psychotherapien, die Traurigkeit als Krankheit deuten, schon seit einiger Zeit sehr kritisch. Sie ist, wie auch Sardello schreibt, alles andere als eine Krankheit, nämlich eine völlig gesunde Reaktion auf die

Zerrüttung unserer Kultur und Welt. Diese Zerrüttung beschleunigt sich von Tag zu Tag, und die Trauer um das, was uns verlorengeht, ist vielleicht der erste Schritt zu einer neuen Art, in dieser Welt zu leben, nämlich: die Tote-Welt-Geschichte hinter uns zu lassen.

Hier also schließt sich der Kreis. Im vorigen Brief sind wir von der Materie ausgegangen und haben sie tief genug erkundet, um schließlich sagen zu können, daß sie letztlich nicht vom Geist zu trennen ist. In diesem Brief sind wir von der individuellen Psyche ausgegangen und gelangen, wenn wir sie nur tief genug erforschen, unweigerlich abermals in diesen Bereich, in dem Psyche und Physis nicht voneinander zu trennen sind.

Und wenn Geist und Materie, Subjekt und Objekt, Bewußtsein und Energie auf dieser tiefen Ebene eins sind, sollte man erwarten können, daß sich das auch unserer Erfahrung mitteilt. Dem ist auch so, wie wir hier gesehen haben: Bedeutsame Koinzidenzen und außerkörperliche Erfahrungen weisen deutlich darauf hin. Und wie wir im nächsten Brief sehen werden, liegen inzwischen sauber durchgeführte und bestens dokumentierte Laborexperimente vor, die ebenfalls darauf hindeuten, daß Gewahrsein-Fühlen-Energie über allen Raum und alle Zeit ausgebreitet ist.

## 17. Brief
### Geist im Raum, und auch im Labor

*Liebe Vanessa,*

in den letzten Briefen habe ich Dir vor Augen zu führen versucht, daß von seiten der Wissenschaft *nichts* dagegen spricht, unserer Intuition zu glauben, daß der Raum von Bewußtsein erfüllt ist. Im Gegenteil, einige der führenden Physiker meinen sogar, daß so die Antworten der Natur am besten zu verstehen sind, wenn wir Fragen über den Grundstoff der Welt stellen.

Heute möchte ich Dir von aufregenden, ja revolutionären Forschungen berichten, von *Beobachtungen*, die deutliche Hinweise auf die gegenseitige Durchdringung von Bewußtsein und Raum geben. Beteiligt sind an diesen nach allen Regeln der Wissenschaftlichkeit durchgeführten Arbeiten Forscher, die auch in der konventionellen Wissenschaft ein hohes Ansehen genießen. Man hat hier sogar sehr viel mehr Sorgfalt walten lassen und kritischer kontrolliert, als normalerweise für notwendig erachtet wird.

Ich werde vor allem über die Arbeit von Menschen berichten, die ich persönlich kenne und für deren Integrität und wissenschaftliche Intelligenz ich bürgen kann. Aber es gibt gewiß noch andere, die mit ähnlichen Untersuchungen befaßt sind und zu ähnlichen Ergebnissen kommen.

In einem kleinen Labor, irgendwo im riesigen Komplex der angesehenen Princeton University School of Engineering and Applied Science versteckt, bahnt sich seit über fünfzehn Jahren ganz leise eine Revolution an. Das Labor wird von den dort Arbeitenden und deren Freunden liebevoll »Birne« genannt – PEAR; das ist die Abkürzung von Princeton Engineering Anomalies Research laboratory. (Mama fand, sie hätten das »laboratory« auch noch groß schreiben sollen, dann hätte man das Ganze PEARL nennen können, Perle.) Geleitet wird das Labor von Robert Jahn, Professor für Aeronautik und emiritierter Dekan der School of Engineering and Applied Science; das Management liegt in den Händen der Psychologin und Geisteswissenschaftlerin Brenda Dunne.

Du erinnerst Dich, Vanessa, daß ich vor einigen Jahren im Sommer mal für zwei Wochen bei PEAR zu Besuch war. Sie veranstalteten damals einen Workshop, um ihre Ergebnisse vorzustellen. Es waren insgesamt um die fünfundvierzig Teilnehmer, davon etwa zehn aus dem Lehrkörper, lauter Wissenschaftler, deren Arbeiten sich auf die verschiedenste Weise mit Bewußtsein beschäftigen.

Es fand sich hier eine sicher nicht alltägliche Mischung aus Talent, Sensitivität und hoher Auffassungsgabe. Fast alle Teilnehmer waren wissenschaftlich gebildet, und das Spektrum reichte von der transpersonalen Psychologie über Computerwissenschaften bis zur Biochemie. Viele praktizierten auch eine Form der Bewußtseinsschulung. Es kommt wahrlich nicht häufig vor, daß so viele Menschen sich zwei Wochen lang in einem so offenen geistigen Klima austauschen können. Für mich war es ein reiner Genuß, zwei Wochen lang über einfach alles mit diesen Leuten sprechen zu können – von der Biolumineszenz (den Lichtemissionen aller lebendigen Organismen) während der offiziellen Treffen bis zur Frage der Überprüfbarkeit von außerkörperlichen Erfahrungen bei den Mahlzeiten.

Das PEAR-Labor erforscht die Rolle, die das Bewußtsein bei der Gestaltung der stofflichen Wirklichkeit spielt. Sie untersuchen das anhand der Auswirkungen der Gedanken oder Intentionen eines sogenannten Operators auf physikalische Zufallsprozesse, in diesem Fall auf den Output einer sehr einfach gebauten elektronischen Maschine, die Zufallsgenerator genannt wird. Solch ein Generator erzeugt auf elektronischem Weg Serien von Nullen und

Einsen, dabei bleibt die Abfolge der Nullen und Einsen völlig dem Zufall überlassen – ein elektronisches Äquivalent des Münzenwerfens, bei dem man zählt, wie oft Kopf und wie oft Zahl oben liegt. Wenn Du eine Münze tausendmal wirfst, erwartest Du, daß beide Möglichkeiten annähernd fünfhundertmal verwirklicht werden. Und so darf man auch beim Zufallsgenerator erwarten, daß nach tausend Generationsschritten je ungefähr fünfhundert Nullen und Einsen vorliegen. Die Wahrscheinlichkeit für eventuelle kleine Abweichungen läßt sich genau berechnen.

Wenn man den Apparat nun einfach vor sich hin generieren läßt, ohne daß jemand ihm Beachtung schenkt, druckt er genau das aus, was nach der Zufallswahrscheinlichkeit zu erwarten ist, eine ziemlich gleiche Anzahl von Nullen und Einsen. Was aber, wenn eine Versuchsperson – der Operator oder die Operatorin – dem Output des Generators, ein Übergewicht in Richtung mehr Einsen oder mehr Nullen zu geben versucht? Die Versuchsanordnung dazu ist sehr einfach: In einem behaglich ausgestatteten Raum sitzt ein Operator in einem bequemen Sessel vor dem Apparat und versucht ihn zu beeinflussen. Wie Jahn und Dunne feststellten, ist diese angenehme Umgebung wichtig, weil der Operator sich dann wohl und vor allem als Kollege einbezogen fühlt – und nicht als Versuchskaninchen, wie es in der Experimentalpsychologie so häufig der Fall ist. Auch die Befangenheit des Operators soll auf diese Weise abgebaut werden, da sie sich offenbar auf das, was untersucht werden soll, eher hemmend auswirkt.

Jahn und Dunne wählten bewußt keine Operatoren aus, die behaupteten, »psychische« Kräfte irgendwelcher Art zu haben. Sie suchten nach Hinweisen auf eine Verbindung zwischen Bewußtsein und Materie, nicht nach außergewöhnlichen menschlichen Begabungen. Im Laufe von fünfzehn Jahren haben Hunderte ganz normaler Menschen an den Experimenten teilgenommen, und in dieser Zeit sind Tausende von Serien gelaufen.

Das Gesamtergebnis dieser Arbeit besteht darin, daß Jahn und Dunne die Möglichkeit eines Einflusses des Bewußtseins auf die physische Wirklichkeit mit einem hohen Grad an Sicherheit nachgewiesen haben: Die Intention des Operators kann tatsächlich den Output einer Maschine beeinflussen. Wenn man alle in diesen fünfzehn Jahren durchgeführten Versuche einbezieht, ist die Wahrscheinlichkeit, daß die Ergebnisse zufällig zustande kamen, eins zu einer Million. Das wäre für *jedes* wissenschaftliche Experiment ein hoher Grad an Zuverlässigkeit.

Als Professor Jahn den Plan zu diesen Experimenten faßte, war man in der Verwaltung so sehr um den guten Ruf der Princeton University besorgt, daß man für dieses Projekt eigens einen hochkarätig besetzten und vor allem aus Skeptikern bestehenden Kontrollausschuß einsetzte. Außerdem gab es weder interne noch öffentliche Zuschüsse, und es wurde ein Publikationsverbot ausgesprochen. Nachdem man den PEAR-Mitarbeitern jahrelang genau auf die Finger geschaut und nichts Beanstandenswertes gefunden hatte, wurde der Ausschuß aufgelöst. Heute gilt PEAR als achtbarer, wenn auch nach wie vor umstrittener Beitrag zu Leben und Arbeit der Universität.

Die Experimente werden sehr sorgfältig überwacht. Alle denkbaren Möglichkeiten der Täuschung durch die Operatoren oder Fehlerquellen der Apparatur selbst wurden ausgeschlossen. Jahn und Dunne sind buchstäblich jedem Zweifel der Skeptiker nachgegangen und haben sich deren Bedenken zu eigen gemacht. Sie zeigten sich sogar dankbar für das Ausmaß der ihnen entgegengebrachten Skepsis, denn so waren sie gezwungen, sowohl bei den Experimenten selbst als auch bei der Bewertung ihrer zur Veröffentlichung vorgesehenen Ergebnisse extrem sorgfältig zu Werk zu gehen.

Und diese Ergebnisse demonstrieren nun den Einfluß des Bewußtseins nicht nur ganz allgemein, sondern zeigen offenbar darüber hinaus faszinierende Details, die erhärten, daß hier keine Zufallsbefunde erhoben wurden.

Zunächst einmal zeigte sich, daß die Abweichungen von der Zufallsverteilung ein für jeden Operator charakteristisches Muster erkennen ließen. Dieses Muster kann man bei Wiederholungen des Experiments mit demselben Operator wiedererkennen.

Zweitens wurden die Versuche auch mit Paaren von Operatoren durchgeführt, die gemeinsam die Apparatur zu beeinflussen versuchen sollten – und die Ergebnisse waren wirklich faszinierend. Der kombinierte Effekt zweier Operatoren unterschiedlichen Geschlechts erwies sich nämlich als signifikant stärker als das, was jeder für sich allein bei der Maschine auszurichten vermochte. Und wenn es sich gar um ein Pärchen oder Ehepaar handelte, war dieser Verstärkungseffekt noch größer – bis zu siebenmal größer als bei den einzeln agierenden Operatoren.

Drittens stellte man auch spezifische Unterschiede zwischen Männern und Frauen fest. Bei Männern kam es regelmäßiger zu Ergebnissen als bei Frauen, aber die Frauen, die etwas bewirken konnten, konnten den Zufallsgenerator stärker beeinflussen als Männer.

All das zeigt deutlich, daß die Persönlichkeitszüge eines Operators eine Rolle spielen bei ihrer Fähigkeit, den Zufallsgenerator zu beeinflussen. Und daß es sich hier um reale Effekte handelt, belegen zahlreiche Wiederholungen der PEAR-Experimente durch insgesamt achtundsechzig Forscher, die 597 Experimentalstudien vorlegten. Einen dieser Forscher möchte ich hier besonders erwähnen, nämlich Helmut Schmidt, der seit über zwanzig Jahren – anfangs war er noch Ingenieur bei Boeing – ähnliche Forschungen betreibt wie das PEAR-Team. Schmidt war der erste, der solche Zufallsgeneratoren baute, und seine Arbeit war es, die Jahn zu ähnlichen Forschungen an der Princeton University inspirierte.

Eine sämtliche Studien dieser Art berücksichtigende statistische Berechnung ergibt für die Annahme, daß es sich bei den Ergebnissen um Zufälle handelt, eine Wahrscheinlichkeit von 1 zu $10^{35}$ ($10^{35}$ ist eine 1 mit 35 Nullen; wenn Du Dir eine Vorstellung machen möchtest, was das bedeutet, brauchst Du Dir nur vor Augen zu halten, daß eine Milliarde eine Eins mit nicht mehr als neun Nullen ist).

Es ist demnach nicht mehr zu bezweifeln, daß unser Bewußtsein, in diesem Fall die Intention des Operators, die materielle Welt beeinflussen kann. *Wie* die Intention eine technische Apparatur jedoch beeinflussen kann, weiß allerdings niemand. Es deutet aber manches darauf hin, daß der Effekt auf der Ebene des Fühlens zustande kommt. Die erfolgreichsten Operatoren berichteten jedenfalls häufig, sie hätten eine Art Resonanz zur Maschine entwickelt, sich in sie »eingefühlt«. Hier zwei typische Äußerungen, wie sie von Jahn und Dunne wiedergegeben werden. Jemand berichtet von einem

*Zustand des völligen Aufgehens im Geschehen, der zu einem Verlust des Bewußtseins meiner selbst und der unmittelbaren Umgebung führt, ganz ähnlich dem Versunkensein in ein Spiel, ein Buch, eine Theatervorstellung oder irgendeine kreative Beschäftigung.*

*Es fühlt sich für mich nicht wie direkte Kontrolle über die Maschine an, eher wie ein marginaler Einfluß, wenn ich in Resonanz mit der Maschine bin. Das ist wie beim Kanufahren: Wenn es dahin fährt, wohin ich möchte, bin ich im Fluß mit ihm. Wenn nicht, dann versuche ich den Fluß zu unterbrechen, um ihm Gelegenheit zu geben, wieder in Resonanz mit mir zu kommen.*

Da haben wir also wieder die gute alte Resonanz. Wenn Du einmal weißt, daß sie da ist, findest Du sie überall. Kein Wunder; schließlich ist sie ja das, was die Welt in Gang hält.

Die Experimente zeigen uns aber nicht nur, daß der Geist auf die Materie einwirken kann, daß Geist und Materie auf innige Weise miteinander verschmolzen sind; das kann uns ja nach allem, was wir bisher erörtert haben, nicht mehr überraschen – wenn es auch beruhigend ist, daß wir es jetzt gleichsam Schwarz auf Weiß besitzen. Nein, die Experimente haben außerdem ergeben, daß diese Wirkung auch aus der Ferne möglich ist. Das wurde ebenfalls bei PEAR untersucht. Operatoren wurden aufgefordert, Maschinen, die Hunderte von Kilometern entfernt waren, zu beeinflussen, und der Effekt zeigte sich genauso deutlich. Sieh an: Fühlen oder Intention breitet sich im Raum aus oder ist schon überall im Raum vorhanden.

Was spricht sonst noch für Bewußtsein im Raum? Die PEAR-Gruppe hat noch ein anderes Phänomen untersucht, die sogenannte Fernsichtigkeit, also die Fähigkeit, eine Szene zu beschreiben, die sich ganz woanders abspielt. Die ersten Untersuchungen dieser Art wurden in den siebziger Jahren von Russell Targ und Hal Puthoff am SRI, einem wissenschaftlichen Forschungsinstitut in Stanford, Kalifornien, durchgeführt. Ich habe Puthoff schon im vierzehnten Brief im Zusammenhang mit seinen neueren Forschungen auf dem Gebiet der Nullpunkt-Energie erwähnt.

Das Experiment zur Fernsichtigkeit sieht so aus: Ein Operator bleibt im Labor, während ein anderer draußen einen bestimmten Ort aufsucht und betrachtet. Weder der Labor-Operator noch der »Agent« genannte Feld-Operator weiß vorher, um welchen Ort es sich handeln wird. Von Dritten werden vorher einige Orte ausgewählt, mit Nummern versehen und unter Verschluß gehalten. Die Nummer des zum jeweiligen Experiment aufzusuchenden Ortes wählt ein Computer nach dem Zufallsprinzip aus.

Wenn der Agent oder die Agentin den vorgesehenen Ort erreicht, etwa eine halbe Autostunde vom Labor entfernt, sieht er oder sie sich dort einfach eine Weile möglichst unbefangen um. Dann legt er seine eigene Beschreibung des Ortes schriftlich nieder und beantwortet dreißig spezifische Fragen. Eine typische Frage wäre etwa: Befindet sich irgendein wichtiger Teil der Szenerie im Inneren eines Gebäudes? Oder: Hat irgendein Teil der Szene etwas beklemmend Enges? Oder: Sind eindeutige Geräusche zu hören, etwa Autohupen, Menschenstimmen, Vogelrufe, Brandung?

Im Labor macht sich unterdessen der Operator so empfänglich wie möglich, notiert alles, was er oder sie möglicherweise auffängt, und beantwortet dieselben Fragen wie der Agent. Später werden die beiden Antwortenlisten von einem entsprechend programmierten Computer ausgewertet.

In den PEAR- und SRI-Labors ließ man allergrößte Sorgfalt walten, um Täuschungsmanöver unmöglich zu machen und alle Einflüsse der Experimentatoren und anderer Faktoren auszuschließen, die zu einer direkten Informationsübertragung auf bekannten Wegen zwischen Agenten und Operatoren hätten führen können. Nimmt man die Ergebnisse der vielen Experimente zusammen, so kann vernünftigerweise nicht mehr angezweifelt werden, daß Fernsichtigkeit ein tatsächlich beobachtbares und wiederholbares Phänomen ist, das von der Wissenschaft zur Kenntnis genommen zu werden verlangt. Nach Jahn und Dunne zeigen detaillierte statistische Berechnungen für die PEAR-Experimente, daß die Möglichkeit der zufälligen Informationsgewinnung durch die Operatoren eine Wahrscheinlichkeit von weniger als 2 zu $10^{11}$ (Hundertmilliarden) besitzt.

Bei diesen Experimenten kam noch etwas Bemerkenswertes heraus, nämlich, daß der Effekt genau so groß war, wenn der Operator die Szene innerlich zu erspüren versuchte und die dreißig Fragen beantwortete, *bevor* der Agent den Ort aufsuchte. Das sind die wissenschaftlichen Experimente zur Präkognition, die ich im fünften Brief erwähnt habe. Targ und Puthoff kamen am SRI zu ganz ähnlichen Resultaten.

Hal Puthoff schildert in manchmal höchst amüsanter Ausführlichkeit, was seine Geldgeber alles unternahmen, um sicherzustellen, daß er und Targ nicht schummelten. Einmal wurde zum Beispiel dem Agenten ein Kontrolleur mitgegeben. Wie üblich sollten sie eine halbe Stunde vor Ort bleiben und dann ins Labor zurückfahren. Nach fünfzehn Minuten sagte der Kontrolleur jedoch plötzlich: »Gehen wir«, sprang in den Wagen und fuhr zu einer Stelle, die gar nicht unter den geplanten war. Im Labor hatte unterdessen der Operator mit der Beschreibung der Szene begonnen und sagte nach fünfzehn Minuten: »Komisch, jetzt scheint es plötzlich aufgehört zu haben.« Das hat den Argwohn der Geldgeber vermutlich ein wenig gedämpft.

Übrigens hat die CIA auch Experimente zur Fernsichtigkeit durchgeführt, sie aber selbstverständlich lange geheimgehalten, so daß sie erst vor kurzem publik wurden. Jessica Utts von der University of California hat sich diese Arbeiten angesehen und kam zu folgendem Schluß: »Es wurde demonstriert, daß anomale Kognition möglich ist. Dieses Ergebnis beruht nicht auf Überzeugungen, sondern wurde nach anerkannten wissenschaftlichen Kriterien gewonnen.«

Während jenes Sommer-Workshops, bei dem ich auch an Fernsichtigkeits-Tests teilnahm, hatte ich Gelegenheit zu sehen, wie unser plappernder Denkapparat unsere Intuition verwässern kann. Zu diesem Test verließ Brenda Dunne das Gebäude und suchte einen Ort auf, den außer ihr niemand kannte. Wir übrigen saßen in der Lounge des Konferenzgebäudes und versuchten zu »sehen«, wo Brenda war. Mir stellte sich folgendes dar: Zuerst spürte ich, daß da eine Art Grünzeug war; es hatte für mich etwas von Gras oder etlichen kleinen grünen Pflanzen. Als nächstes kam der Eindruck einer riesigen Fensterscheibe. Außerdem schien an diesem Ort ziemlich viel los zu sein, ich spürte so etwas wie dichten Verkehr.

Sofort kam mir der Gedanke, daß das Grünzeug Gras oder Gebüsch war, die große Glasscheibe die Fensterfront einer Bank und daß ich (Brenda) auf dem Gehsteig vor dieser an einer stark befahrenen Straße gelegenen Bank stehe. Es blieb nur ein etwas unsicheres Gefühl zurück, daß dieser Verkehr zwar dicht, aber irgendwie zu leicht für Autos war. Da mir jedoch nichts einfiel, was es sonst hätte sein können, blieb ich bei meiner Lösung.

Tatsächlich war Brenda in der Obst-und-Gemüse-Abteilung eines Supermarkts gewesen. Wenn man das meiner Lösung gegenüberstellt, »Gehsteig an einer stark befahrenen Straße vor einer Bank mit Rasenstreifen«, schneide ich nicht sehr gut ab. Wäre ich aber einfach bei meinen flüchtigen Eindrücken geblieben, nämlich »Grünzeug«, »großes Fenster« und »dichter Verkehr, der aber für Autos zu leicht ist« (weil es sich um Einkaufswagen handelte), hätte ich einen Volltreffer gelandet.

Nebenbei: Als Brenda von ihrem Ausflug zurückkam und die Treppe zu unserem Gebäude hinaufstieg, rief ihr einer der Teilnehmer schon von weiten zu: »Obst-und-Gemüse-Abteilung im Supermarkt!« Als man ihn fragte, wie er das wissen könne, winkte er lachend ab und sagte: »Oh, meine Mutter war gut in solchen Sachen.«

Mein eigenes Vorgehen enthält einen sehr verbreiteten Fehler, so verbreitet, daß Puthoff ihn zum Ansatzpunkt für eine Verbesserung der Trefferquote, das heißt für ein regelrechtes Training, nahm. Der springende Punkt ist, daß man die kurz aufflakkernden echten Intuitionen aus dem Strom interpretierenden Geplappers herauspickt. Ich erzähle Dir dies auch deshalb, weil ich die Frage anschließen möchte: Machen wir es nicht ständig so, daß wir unsere intuitiven Geistesblitze weitgehend ignorieren und uns einfach an unsere eingeübten Deutungsmechanismen halten? Und wie könnten wir ein besseres Wahrnehmen unserer Intuitionen trainieren? Indem wir durch das unentwegte Plappern in unserem Kopf hindurchzulauschen lernen. Also durch eine Übungsform wie die Achtsamkeits-Praxis.

Jahn und Dunne sagen weiterhin: Wenn die experimentellen Resultate von der Wissenschaft ernst genommen werden, und daran führt jetzt kein Weg mehr vorbei, müssen sich die Wissenschaftler zu einer vollkommen neuen Sicht der Beziehung zwischen Bewußtsein und physischer Welt bequemen. Und in dieser neuen Sicht würde Bewußtsein die Hauptrolle für die Definition der materiellen Wirklichkeit spielen. Hier bahnt sich eine wissenschaftliche Revolution an, die mindestens so umwälzend ist wie die Relativitäts- oder die Quanten-Revolution oder irgendeine andere wissenschaftliche Revolution seit Kopernikus.

Um einen ersten Schritt in diese Richtung zu tun, greifen Jahn und Dunne Niels Bohrs Prinzip der Komplementarität auf (das ich im fünfzehnten Brief erwähnt habe). Bohr sagte, die Wellennatur und die Teilchennatur des Elektrons seien komplementär. Damit meinte er, daß beide für eine vollständige Beschreibung des Elektrons notwendig sind, aber nicht gleichzeitig verwirklicht sein können.

Um ein vollständiges Bild des Bewußtseins zu gewinnen, so Jahn und Dunne, muß man ein vergleichbares Komplementaritätsprinzip anwenden: Wir sind es gewohnt den Geist unter dem Gesichtspunkt seines »Teilchencharakters« zu betrachten – jeder von uns besitzt einen Geist, der seinen Ort irgendwo im Körper hat –, aber er muß daneben auch »Wellencharakter« haben, muß in Raum und Zeit interagieren. So haben Jahn und Dunne eine faszinierende Quantentheorie des Bewußtseins entwickelt – in strenger Analogie zur Quantentheorie der Materie. Wenn Du Dir einmal überlegst, wie diese Teilchen-Feld-Theorie des Bewußtseins mit dem zusammenhängt, was wir hier Achtsamkeit-Gewahrsein genannt haben, wirst Du vielleicht auf eine Übereinstimmung stoßen, und ich glaube, daß sie wichtig ist.

Jahn und Dunne entwickeln ihre Quantentheorie des Geistes sehr umsichtig. Sie achten darauf, sich innerhalb der Grenzen dessen zu bewegen, was auch für den strengsten wissenschaftlichen Kritiker akzeptabel bleibt. Das ist der ungeheure Wert und die große Bedeutung der PEAR-Arbeit.

Aber wie die Theorie von Geist und Materie auch letztlich aussehen mag, außer Frage steht offenbar, daß wir irgendeine Beziehung zwischen Bewußtsein und der sogenannten stofflichen Welt annehmen müssen. Anscheinend mag sich die Natur einfach nicht in die Kästchen quetschen lassen, in denen wir sie ständig einzufangen versuchen. Ist Materie teilchenartig? Ja. Aber sie ist auch wellenartig. Ist Geist teilchenartig? Ja. Aber er ist auch wellenartig. Ist Raum leer? Ja, aber er ist auch voll. Und wird die Naivität, mit der wir an unsere Projektionen glauben, jemals enden? Ja, aber sie wird auch weitergehen.

Die sorgfältig durchgeführten Experimente der PEAR-Gruppe

und anderer Forscher sprechen ziemlich eindeutig für das Ergebnis, zu dem wir in den letzten Briefen gelangt sind: daß Gewahrsein-Energie-Fühlen den gesamten Raum erfüllt. Wir sind geradezu zwangsläufig zu diesem Ergebnis gelangt, indem wir die Physiker über die Materie befragten und Carl Gustav Jung über die individuelle Psyche. Dort stießen wir auf Synchronizität und die Welt-Seele, auf den Unus mundus, der grundlegender ist als Psyche *und* Materie. Jetzt haben wir greifbare Anhaltspunkte dafür in der Welt unserer realen Erfahrung. In meinen letzten Briefen möchte ich uns aus diesem allumfangenden, allesdurchdringenden Gewahrsein-Fühlen wieder herausheben – zurück in die gewöhnliche Welt der Dinge, sofern Du sie nach allem, was wir bisher betrachtet und erörtert haben, noch »gewöhnlich« nennen kannst.

## 18. Brief
### Wie haben wir die Dinge nun zu betrachten?

*Liebe Vanessa,*

wir sind bei der Betrachtung des »Stoffs«, aus dem die Welt gemacht ist, so weit gegangen, wie es mir in diesen Briefen möglich ist. Deine Lehrerin in der dritten Klasse hat Dir gesagt, Materie sei dieser Stoff. Geistlos, leblos. Und ich habe versucht Dir zu zeigen, daß die Welt beileibe nicht einfach dieser Stoff ist, sondern lebendiges, fühlendes Gewahrsein.

Worauf es mir hier besonders ankommt: Es genügt nicht, daß man versucht sich dieses Gewahrsein vorzustellen oder es sich irgendwie zurechtzulegen, sondern man muß es *fühlen*. Wenn Du die bisherigen Briefe noch einmal liest, dann versuch sie mit Kopf *und* Herz zu lesen. Lies also fühlend und nicht bloß denkend.

Aber wir können es nicht einfach bei dem bisher Erreichten belassen und uns häuslich einrichten in der Einheit des Energie-Gewahrsein-Ozeans. Ich habe Dir diese Briefe nicht geschrieben, um Dich zum Rückzug von der Welt zu bewegen, damit Du Dich von jetzt an auf die Erfahrung innerer Glückseligkeit beschränkst. Spirituelle Praxis kann natürlich solche Erfahrungen mit sich bringen, weil sie uns die tiefe Verbundenheit mit dem Raum von Fühlen-Energie-Gewahrsein empfinden läßt. Von Zeit zu Zeit ist es notwendig, daß wir uns zurückziehen, in Klausur gehen, ganz mit uns allein sind, denn so regenerieren wir uns und erneuern die Verbindung zum Fühlen-Energie-Gewahrsein. Aber lebenslange Zurückgezogenheit ist für die allermeisten von uns nicht das, was wir wirklich brauchen.

Unsere Welt ist die der roten Scheunen, dreibeinigen Katzen

und Reifenpannen, die Welt von Geburt und Tod, und das ist es, womit wir uns auseinanderzusetzen haben. Wir brauchen eine Verbindung zum Fühlen-Energie-Gewahrsein, wie es sich in dieser Welt *zeigt*. So wird sich das Bewußtsein der Heiligkeit unserer Welt vertiefen. Und auf diesem Weg helfen wir uns selbst und anderen. Nur so können wir eine wahrhaft humane Gesellschaft entstehen lassen.

Wenden wir uns also den *Dingen* zu. Wie haben wir die Dinge zu betrachten, nachdem wir jetzt wissen, daß sie – wie wir – Muster von Fühlen-Energie-Gewahrsein sind und nicht bloß Klumpen leblosen Stoffs? Darin sind sich alle Dinge gleich, und doch unterscheiden sie sich voneinander. Und auf der Ebene des gewöhnlichen Lebens spricht durchaus einiges dafür, zwischen unbelebten, lebendigen und denkenden Dingen zu unterscheiden. Es gibt ja wirklich Autos, Bäume, Katzen, Menschen, Engel, Dralas und so weiter.

Und so sehen wir unsere Welt normalerweise als einen mit festen, realen Dingen angefüllten Raum. Wir sehen die Dinge als wirklich, und die Veränderungen, die sie durchmachen, empfinden wir als zweitrangig. Denk beispielsweise an Sernyi. Im Laufe der Jahre wird sie mal krank, mal ein bißchen dünner oder dicker, sie bekommt Flöhe und so weiter. Aber in all diesen Veränderungen ist sie für uns immer derselbe Hund, dieselbe Sernyi. Wir sehen in Sernyi ein reales, festes, lebendiges Ding.

Diese Grundannahme über den Aufbau unserer Welt rührt teilweise daher, daß wir meinen, die Dinge entsprächen tatsächlich unserer Sprache. Europäische Sprachen sind voller Substantive und deshalb meinen wir, die Welt sei voller realer Dinge. Aber wie real sind die Dinge eigentlich? Sind sie nicht auch das Ergebnis der Kreativität unserer Wahrnehmung? Könnten wir die Welt nicht auch anders wahrnehmen, und würden wir dann nicht auch anders in ihr leben?

Letzte Nacht gab es einen ziemlichen Sturm. Keiner von der ganz üblen Sorte, eher verspielt. Aber laut! Und er besaß Rhythmus – lauter, leiser, lauter, leiser. Der Klang erinnerte mich an einen Obertonsänger, den ich mal gehört habe: Er konnte zwei verschiedene Melodien, die eine ganz hoch, die andere ganz tief, gleichzeitig singen.

Letzte Nacht fiel mir besonders auf, daß wir diesem vielfältigen Muster den Namen »der Sturm« geben. Ich hatte darüber nachgedacht, was ich Dir über »Dinge« schreiben soll, über unsere Gewohnheit, in jedem Muster unseres Lebens ein Ding zu sehen. Dieser Sturm also – ist das ein *Ding*? Natürlich nicht, wirst Du sagen. Er ist ein vielfältiges Geschehen aus Luftbewegung, Widerstand, Schnee, Temperatur und so weiter. Weißt Du noch, wie ich in der Zeit, bevor ich hier in Klausur ging, so vom Wetterkanal im Fernsehen fasziniert war? Alle paar Stunden habe ich eingeschaltet, um mir die Satellitenbilder von Hoch- und Tiefdruckgebieten und Wetterfronten und nahenden Unwettern anzusehen. Die Kommentatoren reden da immer so, als bestünde das Wettergeschehen aus lauter *Dingen* – Stürme, Tiefdruckgebiete, Hochdruckgebiete, Kaltfronten, Warmfronten, der Jet-Stream und so weiter.

Besonders viel Spaß machte mir immer das Getue um irgendwelche Gewitterfronten oder »Störungen«, wie sie das nennen. Stunden-, manchmal auch tagelang halten sie uns darüber auf dem laufenden, aber dann, am nächsten Tag, ist plötzlich nichts mehr von der ominösen Störung auf der Wetterkarte zu sehen. Der Kommentator verliert kein Wort mehr darüber, nicht einmal, um zu sagen, daß sie jetzt weg ist oder wie sie verschwunden ist. Diese Störungen, insbesondere Stürme, haben offenbar ihre ganz eigene Art des Kommens und Gehens.

Wenn wir unsere Fixierung auf Dinge ein wenig lockern und die Welt *fühlen*, anstatt uns alles in ihr aneignen zu wollen, werden wir allmählich ihren energetischen Charakter immer deutlicher wahrnehmen. Manche Energiemuster – Bäume, Kühe, Steine, Berge, Galaxien – erleben wir aufgrund der Zeitskala unserer Wahrnehmung meist als relativ gleichbleibende Objekte. Wir schreiben Flüssen und Wäldern ein eigenständiges Sein zu und nehmen sie als gesonderte, unabhängig voneinander existierende Dinge wahr, auch wenn Du mir vermutlich darin zustimmen wirst, daß sie eigentlich nicht als in sich geschlossene Dinge existieren. Ein größerer See ist nicht ganz so eindeutig ein Ding für uns wie beispielsweise unsere Rosen, die Bäume im Garten oder Sernyi.

Richten wir den Blick etwas in die Ferne: Wir betrachten sogar Regenbogen und Wolken als Dinge, nur wissen wir in diesen Fällen zugleich, daß da eigentlich keine fest umrissenen Dinge vorliegen. Und wenn wir schließlich unsere Galaxis betrachten, so haben wir auch hier wieder einen Ding-Namen, nämlich Milchstraße, obwohl wir wissen, daß es sich eigentlich um eine Ansammlung von abermilliarden Sonnen handelt, zwischen denen ungeheure Entfernungen liegen.

Unser Bewußtsein ist aufgrund der schöpferischen Rolle der Wahrnehmung mit den Dingen unserer Welt verwoben. Wir haben das in den Briefen sieben bis neun eingehend erörtert. Die rote Scheune liegt nicht einfach als ein festgelegtes *Ding* vor, das ich nur noch sehen muß, wie eine Kamera es sieht. Manche Oberflächen erscheinen mir aufgrund der Anlage meiner Wahrnehmungsorgane als gewöhnliche, alltägliche Dinge. Ich sehe eine rote Scheune, weil die Fülle des Raums eben auf diese spezielle Weise mit meinem Sehapparat interagiert.

Wenn wir das Auflösungsvermögen unserer Wahrnehmungsorgane durch Instrumente vergrößern, indem wir etwa durch ein Mikroskop blicken, sehen wir eine völlig neue Welt. Wenn ich eine der heruntergefallenen roten Schindeln der Scheune unter dem Mikroskop betrachte, sehe ich beileibe keine mehr oder weniger ebene Oberfläche mehr, sondern die Feinstruktur des Holzes und der Farbe. Unter dem Elektronenmikroskop würde ich sogar die einzelnen Atome sehen. Welche Arten von Oberflächen im Energie-Ozean des Raums ich sehe, hängt davon ab, auf welche Art und Weise ich sie betrachte.

Wir sehen auch den Menschen als ein durch die Haut begrenztes Ding. Aber nimm einmal an, unsere Augen wären nicht für das schmale Band des elektromagnetischen Spektrums empfindlich, das wir »sichtbares Licht« nennen, sondern nur für Röntgenstrahlen. Wir würden einander dann als Skelette mit daran baumelnden Organen sehen. Wir würden keine Haut sehen, und wenn jemand uns sagte, er sähe da so eine Art Sack, in dem das Skelett und die Organe enthalten seien, würden all die anderen, die nichts dergleichen sehen, ihn wahrscheinlich für verrückt erklären.

Was also, wenn es außerhalb unserer Haut noch eine Schicht unserer selbst gäbe, die den meisten Menschen unsichtbar ist? Wenn jemand behauptet, er könne diese Schicht sehen, würden die meisten ihn wohl ebenfalls für verrückt erklären. Aber natürlich *gibt* es diese Schicht. Man nennt sie »Aura«. Viele Menschen sagen, sie könnten die Aura sehen, und in der Tat denken andere, daß sie nicht ganz richtig im Kopf sind. Aber wußtest Du, daß der Schriftsteller Michael Crichton, der Bestseller wie *Dino Park* und *Congo* geschrieben hat, in seiner Autobiographie ganz schlicht und nüchtern erzählt, wie er das Aurasehen lernte? Er sagt, daß das Aurasehen seiner Meinung nach nicht besonders nützlich ist – außer daß langweilige Cocktailparties um einiges amüsanter werden, wenn man sich dabei die Auren der Leute ansehen kann. Jedenfalls sieht er Auren. Spinnt er also auch? Ich glaube nicht.

Daß wir manche Muster als dinghaft und mit eigenem Sein ausgestattet sehen und andere nicht, liegt allein daran, daß wir Menschen nur auf einer bestimmten Zeit- und Raumskala wahrnehmen können. Wir nehmen Veränderungen in Schritten von etwa einer Zehntelsekunde wahr, aber wenn wir Veränderungen in Zeitintervallen von beispielsweise einem Jahr wahrnehmen würden, im Super-Zeitraffer sozusagen, dann würden wir ganz anderen Mustern Dinghaftigkeit und eigenständiges Sein zuschreiben. Ein Menschenleben wäre dann nur ein kurzes Aufflackern von gerade mal acht oder neun »Sekunden«, bestenfalls; ein Wald wäre nicht als ein aus Bäumen, Tieren und so weiter zusammengesetztes Muster zu erkennen, sondern als ein einziges sich wandelndes Ding. Auch eine Großstadt oder sogar eine ganze Gesellschaft wird dann vielleicht als *ein* Ding gesehen, das sich langsam verändert. Wir würden Kontinente zusammenstoßen und auseinanderdriften sehen, wir könnten verfolgen, wie Gebirge aufgefaltet und abgetragen werden. Wenn wir in noch größeren Zeitintervallen wahrnähmen, würden wir eine Galaxis als ein Ding sehen, in rhythmischer Veränderung wie ein Lebewesen.

Wenn Menschen sich fragen: »Wer bin ich eigentlich wirklich?«, suchen sie im allgemeinen nach einer Definition ihrer selbst, die unabhängig ist von anderen oder anderem. Das gilt vor allem für unsere Kultur, die Kultur des Individualisten. Wir hören es zwar nicht so gern, daß wir uns mit unserer Umgebung verändern, aber wir tun es, manchmal sogar ganz erheblich: Ein ganz bestimmter Mensch bist Du in der Schule gegenüber Deinen Lehrern; in Deinem Freundeskreis fühlst Du Dich vielleicht als ein ganz anderer Mensch; und daheim bei Mama und mir bist Du wieder ganz anders. Wir meinen, wir müßten unter allen Umständen und in allen Beziehungen immer dieselben sein, aber dem ist ganz und gar nicht so. Unser Ich ist kein Ding und schon gar nicht ein feststehendes Ding.

Das Bewußtsein ist also aufgrund der besonderen Anlage unserer Sinnesorgane so mit dem Energie-Ozean verquickt, daß es die »Dinge« Deiner und meiner Welt hervorbringt. Unsere Welt tritt aus dem Fühlen-Energie-Gewahrsein hervor, wenn wir mit unseren Sinneswahrnehmungen Grenzen oder Oberflächen erzeugen. Du und ich und die übrigen Menschen empfinden unsere Welt als eine gemeinsame Welt, weil unsere Sinnesorgane und daher unsere Wahrnehmungen einander sehr ähnlich sind. Und dann haben wir eine Sprache, um die Welt zu benennen und so die Unterschiede unserer Wahrnehmung auszugleichen.

Hätten wir andere Sinnesorgane, dann wäre auch die Welt eine andere. Manche Tiere, beispielsweise Kaninchen, Eichhörnchen und vielleicht auch Katzen, können nur zwei Primärfarben unterscheiden, während es bei uns drei sind: Rot, Blau und Gelb. Wenn Du nur Rot und Gelb sehen könntest, wie würde Deine Welt dann aussehen? Irgendwie flach vermutlich. Es gäbe die verschiedensten Abschattungen von Gelb zu Rot und natürlich die ganze Palette der Orangetöne. Es wäre nicht ganz so wie bei einem Farbenblinden, aber die Welt wäre jedenfalls eine andere.

Zumindest aber ist eine Welt mit nur zwei Primärfarben vorstellbar. Andere Tiere wie Schildkröten, Tauben und Enten sehen nun aber mit *vier* Primärfarben. Wie das aussieht, können wir uns nicht einmal vorstellen. Als Annäherung schlägt Francisco Varela vor, daß wir uns die vierte Farbe als eine Art Pulsieren oder Flimmern vorstellen. Die übrigen drei Primärfarben würden also mehr oder weniger stark flimmern, je nachdem, in welchen Anteilen die vierte Primärfarbe vorhanden ist. Jede sichtbare Oberfläche würde in Abhängigkeit von der vierten »Farbe« auf charakteristische Weise flimmern. Das ist natürlich nur eine vage Annäherung. Für eine Taube sieht es sicherlich ganz anders aus. Wir können es uns einfach nicht vorstellen.

Und was für *Dinge* sieht wohl eine Schlange mit ihrem Infrarot-Sinnesorgan? Was »sieht« eine Fledermaus mit ihrem Ultraschall-Detektor oder eine Bremse, deren Seh-Takt schneller ist als unserer, so daß sie, verglichen mit uns, alles in Zeitlupe sieht? Oder was sieht eine Schnecke, die nur alle vier Sekunden ein Bild bekommt und folglich – von unserem Seh-Takt her beurteilt – eine Serie von Einzelbildern sieht? Und was für Dinge schließlich bietet das Meer dem Lachs? Ihre Welt ist unvorstellbar für mich. Wie können wir annehmen, daß andere Lebewesen dieselben *Dinge* wahrnehmen wie wir?

Wenn Wissenschaftler neuerdings von Bewußtsein zu sprechen anfangen, machen sie unter anderem deshalb so schreckliche Fehler, weil sie immer noch an Descartes' Urteil glauben, daß Tiere nicht fühlen. Kaum zu glauben, daß Menschen sich tatsächlich so dumpf und stumpf gemacht haben. In was für Kreaturen verwandeln wir uns da, wenn wir den Schrei eines Elefanten, einer Maus oder eines Versuchskaninchens nicht mehr als Schmerzensschrei erkennen können, obwohl er dem unseren so gleicht?

Doch zurück zu den Dingen. Was *fühlen* wir, wenn wir etwas als Ding wahrnehmen oder ansehen? Wir setzen unbewußt voraus, daß ein Ding sein eigenes gesondertes Sein hat, seine eigene Identität, die unabhängig von allem anderen ist. Das Wesen eines Dings, sein »Selbst«, wenn Du so willst, ist gegen die Dinge in seiner Umgebung abgegrenzt. Dieses Wesen besteht unabhängig von anderen Dingen. Ein Stein ist ein Stein; sein Steinsein ist durch nichts anderes bedingt. Wenn man einen Stein im All aussetzt, wo er keinerlei Verbindung zu irgend etwas anderem hat, ist er immer noch ein Stein und wird es vermutlich lange bleiben. Ein Baum ist ein Baum, und wenn er auch Wasser, Sonnenlicht und Nährstoffe braucht, um leben zu können, denken wir doch im allgemeinen, daß sein Baumsein unabhängig für sich selbst besteht. Das ideale Ding bleibt für uns allerdings doch der Stein. Denn das ist es ja, was so viele Menschen in unserer Gesellschaft zu sein glauben oder gar sein möchten: unzerstörbar und individuell (wörtlich »unteilbar«) wie ein Stein.

Die Ansicht, daß wir in einer Welt realer Dinge leben, ist eigentlich eine ziemlich primitive Form des Denkens. Immer wenn Wissenschaftler etwas Neues entdecken, das sie erklären möchten, erfinden sie ein mit gesondertem Sein ausgestattetes Ding – zum Beispiel ein Ding namens Phlogiston zur Erklärung der Brennbarkeit mancher Stoffe. Heute soll nun die DNA das Leben erklären, und Neuronen sind das, was den Geist erklärt. Aber wir haben jetzt auch das, was alles erklärt: unsichtbare Energiekrümel, die auf fotografischen Platten einen Abdruck hinterlassen, die Quarks.

Ein Ding, das vollständig von allen anderen Dingen und aller fremden Energie abgesondert ist, nennen die Wissenschaftler »geschlossen«. Ein wirklich vollständig geschlossenes Ding würde natürlich nicht im üblichen Sinne existieren – es wäre ein Universum für sich, da nichts mit ihm kommunizieren könnte. Aber wir können uns dieses Extrem vorstellen.

Etwas vollständig Offenes und Durchlässiges andererseits

würde auch nicht im üblichen Sinne existieren (dieses lateinische Wort bedeutet übrigens wörtlich »hervortreten«). Versuch mal Dir ein tennisballförmiges Stück Luft einen Meter vor Deiner Nase vorzustellen. Unterscheidet es sich irgendwie von dem tennisballförmigen Stück Luft gleich daneben? Es bringt nicht viel, diesem bißchen Luft einen Namen zu geben, nicht wahr? Es ist so vollkommen offen und durchlässig, daß es überhaupt nichts Eigenes an sich hat und wir folglich nicht sagen können, es existiere als etwas Gesondertes in der es umgebenden Luft.

Aber alles übrige zwischen diesen beiden Enden der Skala, zwischen vollkommen geschlossen und vollkommen offen, ist teils geschlossen und teils offen. Natürlich, wirst Du sagen, und ich bin froh, daß Du mitdenkst. Jetzt wäre es vielleicht gut, wenn wir für diesen besonderen Aspekt der Dinge, daß sie teils geschlossen und teils offen sind, einen Namen hätten. Warum? Nun, Namen können, wie wir gesehen haben, sehr hinderlich sein, aber ein wirklich *treffender* Name kann auch erhellend wirken.

Früher hat man gern das Wort »System« verwendet. Es war von geschlossenen und offenen Systemen die Rede. Und tatsächlich haben sich bei der Erforschung offener Systeme allerlei interessante neue Ideen eingestellt. Aber »System« ist eigentlich doch ein eher unerfreuliches Wort geworden, es hat etwas von Autorität, Starre und Leblosigkeit – denk nur an Schulsystem, politisches System, Strafvollzugssystem, mechanische Systeme und dergleichen.

Es gibt aber einen anderen Begriff, den unser primitives Verdinglichungsdenken noch nicht ruiniert hat. Ich meine das in den sechziger Jahren von Arthur Koestler vorgeschlagene Wort *Holon*.

Abgeleitet ist dieser Begriff von dem griechischen Wort für »ganz« oder »vollständig«, und es verweist auf die Tatsache, daß alles in unserer Welt als ein in sich geschlossenes Ganzes betrachtet werden kann. Das gilt prinzipiell sogar für eine Handvoll

Luft vor Deiner Nase, wenn solch eine Betrachtung in diesem Fall auch keinerlei praktischen Nutzen hätte. Der Ganzheitsaspekt eines Dings liegt also in seinem In-sich-geschlossen-Sein. Nimm beispielsweise einen meiner Rosensträucher. In gewisser Hinsicht ist er eindeutig in sich geschlossen. Ich habe ihn an diese bestimmte Stelle gepflanzt. Der eine blüht gelb, der andere rot. Der Rosenstrauch da drüben sieht gesünder aus als dieser hier – und so weiter. Er ist ein Ganzes.

Andererseits ist ein Holon aber zugleich als Teil eines größeren Ganzen definiert und dadurch etwas Offenes. Der Rosenstrauch hat Verbindungen zur Erde, zum Regen, zur Sonne. Er ist auch mit Dir und mir verbunden, denn wir beschneiden ihn, bei längerer Trockenheit gießen wir ihn, und im Herbst schützen wir ihn mit Stroh vor der Kälte. In diesem Sinne ist der Rosenstrauch offen.

Du bist auch ein Holon. Du bist ganz, Du bist eindeutig Du: Vanessa. Aber Du bist auch Teil: der Familie Hayward, Deines Freundeskreises, der Shambhala-Gemeinschaft, der Menschheit, der Gemeinschaft aller Lebewesen.

Jedes Holon ist also Ganzes-Teil oder anders gesagt, es ist geschlossen-offen. Jedes Ding ist einerseits geschlossen, weil es eine Oberfläche, eine Grenze hat. Aber andererseits ist es offen, nämlich mit anderen Holons verbunden und dadurch Teil eines größeren Ganzen. Eigentlich sollten wir sagen, es sei Teil eines größeren Holons, denn das Ganze, dem es als Teil angehört, ist wiederum Teil eines noch größeren Ganzen. Das ganze Universum wird demnach als Ganze in Ganzen in Ganzen oder Teile in Teilen in Teilen gesehen – oder anders gesagt: als Holons in Holons in Holons.

Ich denke, dabei belassen wir es für heute morgen. In den letzten Briefen habe ich der Frage nachzugehen versucht, wie wir die Welt nun zu betrachten haben, nachdem wir wissen, daß alles eigentlich ein gewaltiges Schauspiel im Ozean von Energie, Gewahrsein und Fühlen ist. Mit diesem Brief haben wir uns nun eine neue Betrachtungsweise der Dinge dieser Welt erschlossen –

wir betrachten sie als Holons. Bei dieser Betrachtungsweise, im Gegensatz zum Denken in Dingen, vergessen wir nicht, daß alles sowohl offen als auch geschlossen ist, eine hologrammähnliche Strukturierung des Ozeans von Fühlen, Gewahrsein und Energie.

Ich möchte nun, wenn wir aus diesem Ozean in die gewöhnliche Welt der Dinge zurückkehren, daß wir die Oberflächen dieses Ozeans sehen können, ohne daß uns das Gefühl der Lebendigkeit verlorengeht. Deshalb möchte ich, daß Du Deine Welt als eine Welt der Holons und nicht der Dinge siehst und fühlst. Bei »Ding« denken wir meist an etwas fest Gefügtes und Statisches. Wenn wir Sernyi als Ding sehen, werden wir sie, selbst beim Lauf über den Rasen, im allgemeinen nicht als ein Surren innerer Bewegung wahrnehmen. Deswegen möchte ich, daß Du bei dem Wort »Holon« jedesmal einen Bewegungswirbel mitdenkst und mitfühlst: einen Sturm oder einen Mückenschwarm im Abendlicht oder eine Gruppe tanzender Menschen auf einer Wiese. Das kommt dem Charakter eines Holons – jedes Holons, sei es Dein Körper-Geist oder ein Stein – viel näher als jede statische Vorstellung. Wenn Du also »Holon« liest, solltest Du denken-fühlen: vibrierend, summend, bebend, strahlend.

Ach ja, und noch eins, Vanessa, wenn wir gerade von Dingen reden: Denk nicht, daß Energie-Fühlen-Gewahrsein ein Ding sei! Ein Holon ist es auch nicht unbedingt. Es hat keine Grenzen, und es ist im allerkleinsten ebenso wie im allergrößten. Du fühlst Dich vielleicht an Vorstellungen erinnert, denen die Menschen Namen wie Gott gegeben haben. Andere wie zum Beispiel die Daoisten haben Namen lieber gemieden. Sobald Du einen Namen für etwas hast, wirst Du es als ein Ding betrachten, als etwas von Dir Getrenntes. Wir haben diesen Hang des menschlichen Geistes in diesen Briefen vielfach beobachtet. Wenn das mit einem Namen versehene Etwas dann groß und machtvoll erscheint, wird man bald dazu übergehen, es anzubeten und sich selbst klein und armselig zu fühlen. Darin liegt die Gefahr. Es ist also kein Ding und es hat keinen Namen, wenn ich es auch in diesen Briefen

Energie-Fühlen-Gewahrsein nenne. Inzwischen wird Dir klar sein, daß Energie, Fühlen und Gewahrsein einfach Eigenschaften des Raums sind. Und der Raum ist kein *Ding*!

Heute nachmittag werde ich noch weiter über Holons schreiben. Darüber nämlich, wie es sich *anfühlt*, ein Holon zu sein. In den letzten Briefen möchte ich dann über die Spielarten von Holon-Mustern in unserer Welt schreiben: Manche sind lebendig, manche denken, alle sind eingebunden in ein immerwährendes schöpferisches Spiel von Resonanz und Ritual.

## 19. Brief
### Wie fühlt es sich an, ein Baum zu sein?

*Liebe Vanessa,*

dies ist eigentlich der zweite Teil meines Briefs von heute morgen. Bleiben wir also noch ein wenig bei den Holons.

Mit das Wichtigste an einem Holon ist, daß wir es von zwei Standpunkten aus betrachten können. Wir können den Standpunkt des äußeren Betrachters und den des Holons selbst einnehmen. Man spricht hier manchmal vom Standpunkt der »dritten Person« und dem der »ersten Person«. Damit ist gemeint, daß ein Holon sowohl Objekt der Betrachtung durch einen anderen als auch Subjekt seiner eigenen Betrachtung sein kann.

Nehmen wir ein naheliegendes Beispiel für ein Holon: Vanessa. Du bist von grundsätzlich zwei Standpunkten aus zu sehen, nämlich von meinem (oder dem irgendeines Dritten) und von Deinem aus. Aus meiner Sicht bist Du, da draußen in meiner Welt, eine junge Frau, die ich liebe, der ich ein erfülltes und glückliches Leben wünsche, die wunderbar und pfiffig und humorvoll und fürchterlich stur ist, die mir manchmal den letzten Nerv raubt (wie ich ihr) und so weiter. Aber was kann ich über Deinen Standpunkt sagen? Eigentlich gar nichts, außer daß *Du* weißt, wie das ist, Du zu sein. Nur Du weißt, wie es ist, Deines Vanessa-Seins innezusein.

Du weißt also, wie es sich anfühlt, Vanessa zu sein. Und ich weiß, wie es sich anfühlt, Jeremy zu sein. Und Sernyi weiß, wie es sich anfühlt, Sernyi zu sein. Ich denke oft, wie das wohl ist, Vanessa zu sein oder Sernyi zu sein. Aber normalerweise ist Jeremy das einzige Holon, von dem ich das wirklich weiß.

Entscheidend ist nun, daß *jedes* Holon im Universum dieses »wie es sich anfühlt« hat. Es ist demnach durchaus sinnvoll, seine Neugier noch viel weiter auszudehnen: Nicht nur »Wie fühlt es sich an, Vanessa zu sein?« oder »Wie fühlt es sich an, Sernyi zu sein?«, sondern auch »Wie fühlt es sich an, meine Rosen zu sein?« oder »Wie fühlt es sich an, diese silbrige Birke vor meinem Bürofenster zu sein?« oder »Wie fühlt es sich an, dieser Felsbrocken zu sein, der wie ein Beschützer neben unserem Haus auf dem Hügel steht?« oder »Wie fühlt es sich an, dieser unglaubliche Eisregensturm zu sein, der eben jetzt draußen tobt.« (Und hier meine ich nicht, wie es sich anfühlt, *in* diesem Wetter zu sein. Das weiß ich nur zu gut, und ich hoffe, daß Du nicht eben jetzt draußen unterwegs bist.)

Oder anders gesagt: Jedes Holon im Universum besitzt ein gewisses Maß an Gewahrsein-Fühlen. Jedes Holon ist eine Art Sammelpunkt oder Sammelgefäß für Gewahrsein-Fühlen. Man könnte auch sagen, jedes Holon sei eine Art Vergrößerungsglas, aber es sammelt und bündelt nicht Sonnenstrahlen, sondern Gewahrsein-Fühlen. Wenn Du Dir das Gewahrsein-Fühlen als einen Fluß vorstellst, dann wäre jedes Holon im gesamten Universum ein größerer oder kleinerer Wirbel in diesem Fluß.

Die Art des Gewahrsein-Fühlens eines Holons hängt von der Komplexität seines jeweiligen Musters ab: unbelebt wie Gestein, lebendig wie ein Baum, aller möglichen Gefühle fähig wie ein Hund, denkend wie ein Wissenschaftler. Wir nehmen an, wenngleich wir uns da möglicherweise irren, daß nicht jedes Holon im Universum das breit gefächerte Gewahrsein eines Menschen (zumindest eines wahrhaft menschlichen Menschen) oder eines Hundes besitzt. Bäume haben ein geringeres, zumindest ein anderes Gewahrsein; Steine ein noch geringeres.

Dralas, Götter und so weiter haben dagegen wohl ein sehr hoch entwickeltes Fühlen-Gewahrsein. Schamanen und Lehrer, die direkten Umgang mit den Dralas pflegen, sind der Meinung, daß wir die Dralas deswegen nicht wahrhaft sehen, weil die Intensität ihres

Gewahrseins uns Furcht einflößt. Jede noch so flüchtige Begegnung mit Dralas kann schockierend und verstörend sein, weil unsere Normalität, ja unser Gefühl von uns selbst dadurch in Frage gestellt ist. Sich mit den Dralas einzulassen, ist also nicht unbedingt ein Picknick – aber es kann aufrüttelnd sein.

Was hält wohl ein Wissenschaftler von dieser Innenansicht der Holons, von der Betrachtung aus der Perspektive der ersten Person? Na ja, die meisten Wissenschaftler haben uns bis vor kurzem einzureden versucht, daß nicht einmal Tiere Bewußtsein besitzen, also kann man sich ausmalen, was sie zu der Ansicht sagen werden, daß *alle* Holons ein inneres Fühlen besitzen: »Mystischer Unsinn«, würden sie abfällig sagen.

Aber heute denken längst nicht mehr alle Wissenschaftler so. Was ich hier darstelle, hat sogar manches gemein mit den Gedanken des großen Philosophen und Mathematikers Alfred North Whitehead, der von 1861 bis 1947 lebte.

Whitehead verfaßte zunächst in Zusammenarbeit mit seinem Schüler Bertrand Russell ein bahnbrechendes mathematisches Werk, die *Principia mathematica*. Später, in den zwanziger Jahren, dachte er darüber nach, wie tiefgreifend die Menschen seiner Generation sich würden ändern müssen, wenn sie die neuentdeckte Welt der Relativitäts- und Quantenphysik verstehen wollten.

Ich möchte seine Ideen nicht im einzelnen darstellen, denn das würde zu weit von unserem Thema weg führen. Aber Whiteheads Grundargumentation ist eigentlich ganz einfach: Alle Dinge und Prozesse – alle Holons – im Universum bestehen aus Fühlen-Energien, die sich verbinden, um Muster zu bilden. Energie ist für Whitehead die »Außenansicht« eines Holons und Fühlen die »Innenansicht«. Allem Fühlen eignet ein gewisses Maß an Gewahrsein und jedem Muster von Fühlen-Gewahrsein ein zumindest minimales Gewahrsein seiner selbst als Zentrum des Fühlens.

Aus der tiefen Einsicht in die Bedeutung des Fühlen-Gewahrseins erwuchs bei Whitehead aber keine allgemein gehaltene Philosophie, sondern eine bis ins Detail ausgearbeitete, an Einstein erinnernde Theorie der Materie, der Raumzeit und der Relativität. Nur war die Welt in Whiteheads Theorie natürlich aus Elementar-*Gefühlen* und nicht aus Elementar-*Teilchen* gefügt. Sein Werk wurde von vielen Wissenschaftlern weitgehend übersehen, nicht zuletzt deshalb, weil sie nicht an Fühlen-Gewahrsein glauben. Sie denken nicht daran, das Gewahrsein zu trainieren, um die Botschaft des Fühlens verstehen zu können. Es wurde also nicht erkannt, daß Whiteheads Ideen nicht abstrakte Theorie waren, sondern aus unmittelbarer Erfahrung hervorgingen.

Dennoch geht heute etwas in der wissenschaftlichen Welt vor, das einer Revolution gleichkäme, wenn es sich durchsetzen könnte. Manche durchaus noch der wissenschaftlichen Hauptströmung angehörende Wissenschaftler scheuen sich nicht mehr, offen zu sagen, daß Bewußtsein/Gewahrsein neben Raum, Zeit, Materie und Energie eines der Grundelemente der Welt sein könnte (vielleicht sogar grundlegender als Raum und Zeit, wenngleich nicht viele Wissenschaftler bereit sind, so weit zu gehen). Es war vielleicht ein Fehler, den Geist aus der Natur zu verbannen. Gut möglich, daß Descartes uns aufs Abstellgleis gelenkt hat, als er der materiellen Welt alles Fühlen-Energie-Gewahrsein absprach.

Sehen wir uns an, wie diese potentielle Revolution bislang Gestalt annimmt. Seit etwa zwanzig Jahren (länger noch nicht!) fragen sich Neurowissenschaftler, wo im Gehirn das Bewußtsein sitzt. Sie kamen so spät auf diese Frage, weil sie Bewußtsein entweder überhaupt leugnen wollten, oder weil sie glaubten, daß Bewußtsein, wenn es denn existierte, keinerlei Bedeutung für den Organismus habe. Es ist nicht leicht zu verstehen, was wohl in den Köpfen von Leuten vorgehen mag, die ihrer eigenen Erfahrung alle Realität absprechen.

Inzwischen jedoch lautet die große Frage in der Gehirnforschung, welche Neuronen oder Neuronengruppen für das Bewußtsein verantwortlich sind. (Daß es schon ziemlicher Scheuklappen bedarf, um überhaupt in Gehirnteilen nach Bewußtsein zu suchen, habe ich schon erwähnt, und wir brauchen es nicht noch einmal zu erörtern.) Inzwischen wird den am Bewußtsein interessierten Forschern aber klar, daß sie vor eher noch größeren Problemen stünden, sollten tatsächlich *die* Bewußtseins-Neuronen gefunden werden. Denn selbst wenn jemand, nehmen wir Francis Crick, weiß, daß bestimmte Neuronen in seinem Gehirn ihm das Sehen einer Rose bewußt machen, ist das doch noch nicht dasselbe wie Cricks *Erfahrung* vom Sehen der Rose. Verstehst Du, was ich meine? Selbst wenn diese Neuronen tatsächlich für das Erfahren sorgen, ist die Aussage, daß sie es tun, längst noch nicht die tatsächliche Erfahrung des erfahrenden Ich. Die neuronalen Entladungen, die mich die Rose sehen lassen, sind etwas ganz anderes als meine *Erfahrung* vom Sehen der Rose. Es führt einfach kein Weg von hier nach da.

Wir könnten es auch so sagen: Selbst wenn ich von jedem einzelnen Neuron in einem Fledermaushirn weiß, was es macht und wie und mit welchen Interaktionen es das macht, habe ich immer noch keine Ahnung, was es heißt, eine Fledermaus zu *sein*. Der bekannte Philosoph und Neurowissenschaftler Thomas Nagel verfaßte 1974 eine Arbeit mit dem Titel »Eine Fledermaus sein – wie ist das?« Das war einer der Wendepunkte, an denen Wissenschaftler zu überlegen anfingen, ob sie nicht vielleicht etwas Wesentliches übersehen hatten, nämlich dieses »wie es sich anfühlt«. Natürlich sprach Nagel nur von Lebewesen, die bewußte Erfahrungen machen. Wie ich in einem früheren Brief schon angedeutet habe, tun sich die Philosophen und Wissenschaftler sehr schwer mit der Unterscheidung von Bewußtsein und Gewahrsein, weil sie so am Denken kleben und häufig keine sehr starke Beziehung zum Fühlen haben. Oder sie sehen nicht ein, was waches Fühlen mit der »objektiven« Wirklichkeit zu tun haben sollte, und sind der Meinung, man solle das Fühlen gar nicht erst in die Rechnung mit einbeziehen.

Manche Neurowissenschaftler erkennen offenbar inzwischen, daß die Frage, wie subjektive Erfahrung aus Neuronentätigkeit hervorgeht, möglicherweise gar nicht mit den bisherigen Mitteln der Wissenschaft zu beantworten ist. Sie erkennen mit anderen Worten, daß subjektive Erfahrung nicht nur existiert, sondern darüber hinaus etwas völlig anderes ist als alles, was man Objekt nennen könnte. Deshalb fragen sie sich jetzt, ob man sich das Gewahrsein vielleicht als eine von Anfang an bestehende Grundkategorie wie Raum, Zeit und Materie denken muß.

Das wäre gewiß ein gewaltiger Schritt zurück zur Vernunft – zurück zu einer Philosophie des Lebens, deren Ausgangs- und Endpunkt die tatsächliche Erfahrung ist. Allerdings geht dieser Schritt noch nicht weit genug, denn Du kannst Gewahrsein nicht einfach als eine weitere theoretische Idee neben Raum, Zeit und Materie stellen. Gewahrsein ist einzigartig, weil es in der ersten Person stattfindet; es ist unmittelbare Erfahrung *vor* allen Begriffen und Theorien.

Sollte Gewahrsein als etwas derart Fundamentales verstanden werden, würde das bedeuten, daß unsere Gesellschaft und vor allem ihre Wissenschaftler sich völlig neu überlegen müßten, was sie da eigentlich tun. So schreibt Francisco Varela: »Das verlangt, daß wir bestimmte Vorstellungen von wissenschaftlichem Vorgehen hinter uns lassen und eine wissenschaftliche Ausbildungsform in Frage stellen, die einen Teil unserer kulturellen Identität darstellt.«

Kannst Du ermessen, was für ein radikales Umdenken erforderlich würde, wenn wirklich viele Wissenschaftler akzeptierten, daß Gewahrsein nicht reduzierbar, also auf nichts zurückführbar und damit etwas absolut Fundamentales ist? Und wenn dann gefragt wird: »Nun ja, aber wie erforschst du das?«, kann die Antwort nur lauten: direkt. In der ersten Person gemachte Erfahrung, Ich-Erfahrung, kann man nur durch Beobachtung in der ersten Person erforschen. Das müßte natürlich auch für Wissenschaftler mit ein wenig direkter Beobachtung ihres eigenen Geistes beginnen, und zwar durch so etwas wie die Achtsamkeits-Gewahrseins-Übung. Und man müßte solche Beobachtungen als wissenschaftlich gültig anerkennen.

Das würde der Wissenschaft ein völlig neues Gesicht geben. Sie könnte sich dann auch Dingen zuwenden – etwa den bei PEAR beobachteten Phänomenen –, die den Menschen seit Jahrtausenden begegnen, ob Wissenschaftler nun an sie glauben oder nicht. Man könnte dann auch in die wissenschaftliche Ausbildung schon Trainingsformen einbeziehen, die den Einfluß von Voreingenommenheiten und Projektionen auf die wissenschaftlichen Beobachtungen reduzieren. Wäre das nicht toll? Jedenfalls würde es uns eine bessere Wissenschaft bescheren und vielleicht zur Heilung unserer Welt beitragen.

Aber kehren wir zu den Holons und ihrer Innenansicht zurück. Die Frage »Wie fühlt es sich an, ein … zu sein?« ist einfach eine andere Betrachtungsweise dessen, was ich über die Allgegenwärtigkeit von Gewahrsein-Fühlen im Raum zu sagen versucht habe. Mit Gewahrsein-Fühlen spreche ich über eben dieses »wie es sich anfühlt«. Also können wir vielleicht *doch* fühlen, wie das ist, ein anderes Holon zu sein. Vielleicht können wir unser Gewahrsein-Fühlen so weit ausdehnen, daß es in das Gewahrsein-Fühlen dieses Holons hineinreicht.

Zweifellos können wir ein anderes Holon meist nur sehr vage fühlen. Deshalb muß ich mich eigens fragen, wie das wohl ist, wenn man Vanessa oder Sernyi oder ein Felsbrocken ist. Aber es kommt auch vor, daß wir plötzlich sehr deutlich empfinden, wie sich das anfühlt, ein anderes Holon zu sein – ein anderer Mensch, ein Baum, ein Hund. Solche plötzlichen Einblicke kommen häufiger bei einem Holon vor, das uns am Herzen liegt, in das wir uns gern einfühlen möchten, mit dem unser Fühlen-Gewahrsein in Resonanz ist.

Hier ist vielleicht der Vergleich mit einem Hologramm wieder mal hilfreich. Wir könnten uns vorstellen (oder fühlen oder visualisieren), daß Holons, also auch wir, irgendwie im Raum von

Fühlen-Gewahrsein-Energie entstehen wie ein Hologramm: Sie sind Erscheinungen im Raum. Sie sind eigentlich leer, weil sie in keiner Weise von diesem Raum geschieden sind. Der Raum des Fühlens und Gewahrseins durchzieht die Dinge, innen wie außen. Wenn wir die Substanzlosigkeit der Dinge sehen, können wir unsere direkte Verbundenheit mit ihnen fühlen. Und das ist nicht bloß eine nette Idee, sondern läßt sich wirklich erfahren.

Vielleicht hast Du etwas Ähnliches selbst schon einmal erlebt: Vor ein paar Jahren an einem sonnigen Augustnachmittag, ich schrieb gerade an *Heilige Welt*, gönnte ich mir eine Pause und saß auf unserer Terrasse, als Sernyi über den Rasen dahergerannt kam. Für einen Augenblick, nur einen Augenblick, sah ich sie ganz anders, als ich sonst die Dinge sehe. Ich habe eigentlich keine Worte dafür, vielleicht nur die, daß ich sie als eine substanzlose Lichterscheinung sah, die sich durch den Raum bewegte; sie war genau wie der Raum. Und mit diesem kurzen Eindruck von einer anderen Sernyi kam ein Gefühl von stiller Freude und Gelöstheit – und von tiefer Zuneigung zu Sernyi (doch, doch, auch wenn ich sonst immer viel an ihr herumzumekkern habe). Es war, als wäre ich in den gleichen lebendigen Raum von Fühlen und Energie eingetaucht und so ein Teil dieses Raums geworden.

Diese Eindrücke sind deshalb so kurz, weil wir dann gleich denken: »Ah, was für eine interessante neue Einsicht« – und schon steht das Ichbewußtsein wieder ganz im Vordergrund. Aber mit etwas Mühe und Übung können wir solche Augenblicke öfter erleben, und sie einfach so sein lassen, ohne gleich nach ihnen zu greifen. Wir müssen versuchen unser Organ des wachen Fühlens auszubilden, unser erwachtes Herz.

Als ich ungefähr siebzehn war, sollte eines Nachts ein sehr großer Komet erscheinen. Mein Vater und ich fuhren mit unserem Wagen auf einen Hügel und betrachteten ihn. Das war *sehr* frustrierend, weil man ihn immer nur aus den Augenwinkeln sah, also im peripheren Teil des Gesichtsfelds. Das liegt daran, daß für die Nachtsicht die Seiten der Netzhaut zuständig sind, während am Tag der mittlere Bereich aktiv ist. Der Komet bot ein herrliches Bild, und ich hätte ihn gern richtig betrachtet, aber immer wenn ich ihn direkt ansah, verschwand er. Es blieb immer dieses unbehagliche Gefühl, daß ich ihn eigentlich nicht richtig sah.

Ganz ähnlich ist es, wenn unser Fühlen uns einen kurzen Eindruck davon vermittelt, wie das ist, ein anderes Holon zu sein: Sobald wir nach diesem Eindruck greifen, entgleitet er uns. Und mit unserer Erfahrung von Fühlen-Gewahrsein-Energie ist es ebenso.

Bei intensiver Meditation oder auch bei alltäglichen Verrichtungen wird uns vielleicht ein kurzer Einblick zuteil, aber sobald wir ihn festzuhalten versuchen, entzieht er sich uns. Unser Denken legt sich wie ein Schleier darüber. Aber der Schritt von der toten Welt zur lebendigen Welt besteht eben darin, daß wir beharrlich üben, diese kurzen Begegnungen mit der Fühlen-Gewahrsein-Energie zu erhaschen, um immer wieder zu sehen, daß Holons keine getrennten Dinge sind.

Um ein anderes Holon zu fühlen, kann es sogar leichter sein, sich ihm nicht direkt zuzuwenden, sondern erst einmal dem Raum, der es umgibt. Du könntest zum Beispiel in den Garten gehen oder, wenn Du beim Lesen dieses Briefs gerade in der Stadt bist, in einen Park. Stell Dich irgendwo hin, achte ein paar Augenblicke auf Deinen Atem und dann auf die Empfindungen Deines Körpers. Jetzt wende Dich dem Deinen Körper umgebenden Raum zu, laß Dein Fühlen-Gewahrsein in diesen Raum hinaustasten. Bleib so ein paar Minuten stehen, Dein Gewahrsein in den Raum ausgebreitet, und nimm wahr, wie Du Dich fühlst. Vielleicht fühlst Du Dich bedroht, vielleicht erfrischt, vielleicht ist es ein aufwühlendes oder bereicherndes oder heilendes Erlebnis. Du mußt Deinem Fühlen nicht unbedingt einen Namen geben – nimm es nur einfach wahr. Aber wenn Du mit einem Namen besser zurechtkommst, ist das auch in Ordnung.

Jetzt such eine zweite Stelle auf und mach es noch einmal, laß Dein Fühlen-Gewahrsein in den Raum hinaustasten. Dann an einer dritten Stelle. Achte auf die Unterschiede.

Jetzt kannst Du dasselbe mit bestimmten Holons tun. Stell Dich neben einen Baum und nimm ihn mit Deinem Fühlen-Gewahrsein auf. Wie fühlst Du Dich? Dann dasselbe bei einem anderen Baum oder bei einem Felsen. Wie fühlst Du Dich jetzt?

Zu Hause kannst Du auch anders vorgehen, um ein Gefühl für die Dinge zu bekommen. Nimm Dir einen Gegenstand, den Du besonders schön findest und an dem Du hängst. Stell ihn irgendwo hin, wo er ganz für sich allein vor einem klaren Hintergrund steht. Betrachte ihn eine Weile. Verfolge seine Linien, laß seine Farben, seine Stofflichkeit, seine Eigenart auf Dich wirken. Jetzt mach Deinen Blick weicher, laß den Gegenstand unscharf werden und nimm den ihn umgebenden Raum auf. Es könnte sein, daß dieser Raum einen energetischen Eindruck auf Dich macht. Achte bei diesem unscharfen Sehen auf Deine Gefühle gegenüber diesem Gegenstand und mögliche Wahrnehmungsänderungen.

Du kannst das mit jedem Gegenstand tun, auf den Dein Blick gerade fällt. Zuerst betrachtest Du ihn in der gewohnten Weise. Dann läßt Du den Blick weich werden und achtest auf die Einzelheiten des Holons und des umgebenden Raums und auf alle Veränderungen der Wahrnehmung und des Fühlens. Achte auch auf plötzliche Gedanken oder Gefühle, die mit dem Gegenstand gar nichts zu tun haben. Du erinnerst Dich sicher an das kleine Experiment zur Frage der Fernsichtigkeit, von dem ich im vorigen Brief erzählt habe. Mich hat dieses Erlebnis gelehrt, auf die unverhofften kleinen Eindrücke oder Eingebungen zu achten und nicht auf das, was ich mir darüber zusammenreime. Das gleiche gilt, wenn Du zu fühlen versuchst, wie es ist, ein anderes Holon zu sein.

Etwas ganz Wichtiges möchte ich zu diesen kleinen Übungen noch anmerken: Streng Dich nicht an, bleib ganz unverkrampft. Wenn Du Dich anstrengst, werden Dir Gedanken kommen, ob Du es denn nun wohl schaffen wirst, und dann entwischt es Dir – wie der Komet am Nachthimmel, wenn man ihn unbedingt direkt sehen will. Es muß Spaß machen.

## 20. Brief
### Sprünge aufwärts, Sprünge abwärts

*Liebe Vanessa,*

in den beiden gestrigen Briefen habe ich Dir nahezubringen versucht, daß jedes »Ding« im Universum ein Holon ist, ein Ganzes-Teil. Das Entscheidende daran war, daß jedes Holon eine Außenansicht und eine Innenansicht hat. Dann habe ich zu zeigen versucht, wie Du Dir mit Deinem Fühlen die Innenansicht eines Holons erschließen kannst: Wie fühlt es sich an, ein Baum zu sein?

In diesem und dem nächsten Brief möchte ich fragen, was die Lebendigkeit eines Holons ausmacht und wie es kommt, daß manche Holons offenbar Gedanken und Emotionen haben. Wir werden sehen, daß die Antworten auf diese Fragen etwas mit der inneren Organisation der Holons zu tun haben. Wir könnten auch von »Ordnung« sprechen, aber dabei mußt Du Dir den unangenehmen Beigeschmack dieses Wortes wegdenken. Denk eher an das wunderbar geordnete Kristallmuster einer Schneeflocke. Und ein Baum ist in dem Sinne »geordneter« als ein Haufen Hackschnitzel, daß er mehr Struktur besitzt. Struktur, Muster, Ordnung, diese drei Begriffe stehen dem des regellosen Chaos gegenüber.

Du erinnerst Dich an Descartes' Aussage, daß Tiere und sogar menschliche Körper nichts als Maschinen sind; und wir haben auch bereits erörtert, daß Wissenschaftler sich bis vor einiger Zeit an diese Überzeugung geklammert haben wie der Affe an die Banane. Sie dachten (oder hofften) sogar, alles in der Welt sei maschinenartig. Im achtzehnten Brief habe ich über geschlossene Systeme geschrieben, und eine Maschine ist die bestmögliche

Annäherung an das, was man ein geschlossenes System nennt. Eine Theorie geschlossener Systeme ist also eigentlich eine Theorie der Maschinen. Jedenfalls besagt diese Theorie, daß ein vollständig geschlossenes, vollständig gegen seine Umgebung abgekapseltes System *unweigerlich* seine Ordnung einbüßen wird. Wie strukturiert seine Bestandteile auch zunächst sein mögen, der geordnete Zustand wird immer mehr dem ungeordneten, also dem Chaos, weichen.

Betrachten wir das an einem einfachen Beispiel. Wenn Du in ein Glas heißes Wasser ein Eis am Stiel hineinhältst – nehmen wir ein Orangensafteis in der Form eines Hundes –, wirst Du nach einiger Zeit ein Glas lauwarmen Orangensaft vor Dir haben. Wenn Du aber einen blanken Eisstiel in ein Glas Orangensaft hältst, wird niemand erwarten, daß sich an ihm ein hundeförmiges Orangensafteis bildet und das übrige Wasser im Glas dabei farblos und heiß wird. Der Ausgangszustand – Orangeneis in klarem heißen Wasser – besitzt *mehr Ordnung* als der nachfolgende Zustand der gleichmäßigen Mischung der Substanzen und Temperaturen. Das Glas Wasser mit dem Eis ist ein relativ geschlossenes System, und wenn man es einfach sich selbst überläßt, wird ein Glas Orangensaft daraus – das System geht aus einem strukturierteren, das heißt geordneteren Zustand in einen homogeneren, das heißt ungeordneteren Zustand über.

Zu Beginn unseres Jahrhunderts glaubte man, das Universum sei ein geschlossenes System und werde irgendwann jegliche Ordnung einbüßen. Dieser sogenannte Wärmetod des Universums war ein Thema, das allgemein faszinierte: Alle Energie des Universums würde am Ende vollkommen gleichmäßig verteilt sein – wie das Orangeneis im heißen Wasser am Ende einen gleichmäßigen wäßrigen Saft von der Durchschnittstemperatur der beiden ursprünglichen Zutaten ergibt. Und von diesem Wärmetod an würde bis in alle Ewigkeit nur noch völlig ungeordnete, chaotische Bewegung stattfinden.

Als ich in den sechziger Jahren Physiklehrer an der Oberstufe war, stand in den Schulbüchern noch zu lesen: »Das Universum läuft ab wie ein Uhrwerk«, und heute noch wird das in populärwissenschaftlichen Büchern mit einer Art perversem Vergnügen verkündet. Diese Vorstellung ist zutiefst in das Denken unserer Kultur eingegangen und trägt zu unseren generell unguten Gefühlen gegenüber der Natur bei. Sie ist nicht nur widerspenstig und gewalttätig, sondern läßt auch noch ihre und unsere Energie einfach verrinnen, bis schließlich alles zunichte gemacht ist, was wir aufgebaut haben.

Doch wie sich herausgestellt hat, sind tatsächlich alle Systeme, in denen wir *leben*, offene Systeme – sie sind Holons. Die Erde erhält ständig Energie von der Sonne und durch die kosmische Strahlung, ist also offen; das Sonnensystem ist offen; und auch die Milchstraße ist offen wie alle anderen Galaxien und die galaktischen Haufen und Super-Haufen. Alles in der Natur – Pflanzen, Tiere und Menschen, aber auch Organisationen und ganze Gesellschaften – besitzt Holon-Charakter, ist also einerseits in sich geschlossen, andererseits jedoch mit anderen Holons im Austausch und daher offen.

Wissenschaftlich werden Holons – offene Systeme – erst seit ein paar Jahrzehnten ernsthaft erforscht. Das hat zum Teil damit zu tun, daß erst jetzt die mathematischen Möglichkeiten zur Verfügung stehen. Es liegt aber auch daran, daß Wissenschaftler wirklich geglaubt haben, das Universum und alles darin funktioniere im Grunde maschinenähnlich, also nach Art geschlossener Systeme. (Vielleicht war dieser Glaube auch mehr eine Hoffnung, denn geschlossene Systeme sind mathematisch wirklich viel leichter zu handhaben als offene.)

Neuere Arbeiten zeigen, daß Holons, die schon einiges an innerer Ordnung besitzen, durch ein in ihnen selbst liegendes Evolutionspotential immer höhere Ordnungszustände erreichen können. Sie ordnen oder organisieren sich also selbst. Die wunderbare Ordnung, die wir überall in der Natur sehen, ist demnach jetzt auch durch die Naturgesetze der Wissenschaftler gedeckt!

Eine einzelne Zelle Deines Körpers beispielsweise vermag sich selbst zu organisieren: Sie ernährt sich, sie baut all die Zellbestandteile auf, die sie zum Leben braucht, und sie teilt sich alle paar Minuten oder Stunden. Auch das Holon Vanessa organisiert sich selbst: Dein Körper-Geist ißt, schläft, verschafft sich Bewegung, heilt sich, lernt Klavierspielen, löst mathematische Aufgaben und so weiter. Holons dieser Art nennen wir *selbstorganisierend.*

Ein selbstorganisierendes Holon tauscht Energie und sogar Ordnung mit seiner Umgebung aus. Wenn Du zum Beispiel Dein Zimmer aufräumst und dabei planvoll vorgehst, läßt Du Ordnung aus Deinem Körper-Geist in das Zimmer übergehen, und das anschließend so schön aussehende Zimmer läßt Ordnung – Wohlgefühl, Freude – auf Deinen Körper-Geist übergehen. Oder denk ans Klavierspielen. Durch Dein Üben und das Studium der musikalischen Grundlagen nimmst Du Ordnung in Deinen Körper-Geist auf. Dadurch kann Dein Körper-Geist sich zu einer neuen Organisationsstufe aufschwingen, so daß Du jederzeit Musik spielen kannst, wenn Du möchtest.

Ein Holon kann seine Ganzheit und Ordnung nicht nur wahren, sondern auch auf eine höhere Stufe der Ordnung springen. Stell Dir zum Beispiel den Wirbel um einen Felsen im Fluß vor. Die Form des Wirbels – seine Ordnung – wird durch die konstante Fließgeschwindigkeit des Flusses aufrechterhalten. Das heißt, daß ständig Wasser eines bestimmten Energiegehalts im Wirbel fließt. Wenn jetzt ein starker Regen kommt und mehr Wasser den Fluß hinunterströmt, ändert sich die Form des Wirbels grundlegend, das heißt: Wenn die in ein Holon einströmende Energie auf ein höheres Niveau springt, kann das Holon diese Energie nutzen, um den Grad seiner inneren Ordnung zu erhöhen. Es strukturiert sich innerlich so um, daß es die zusätzliche Energie aufnehmen kann.

Holons können demnach auf zusätzlich einschießende Energie mit einer Veränderung ihrer inneren Ordnung reagieren, die sie befähigt, diese zusätzliche Energie aufzunehmen. Es kann aber auch vorkommen, daß ein selbstorganisierendes Holon bei einer Erhöhung des Energiezustroms einknickt und in einen chaotischeren, also weniger geordneten Zustand abrutscht.

Zur Veranschaulichung dieser beiden Reaktionsmöglichkeiten eines Holons denkst Du Dir am besten Deinen eigenen Körper-Geist als ein Holon – *fühl* ihn als Holon und nicht als Ding. Und dann fühl sein inneres Empfinden: das ist sein Energiezustand. Du wirst verschiedene Grade von Energie und Ordnung in Deinem Körper-Geist ausmachen können. Manchmal fühlst Du Dich bleiern, schwerfällig, müde, und in solchen Zeiten wird es vielfach auch chaotisch in Dir zugehen: Deine Gedanken schwirren überall umher, Deine Emotionen gehen mit Dir durch, und ganz sicher ist Dir dann nicht danach, Dein Zimmer aufzuräumen. Ein andermal fühlst Du Dich leicht, energiegeladen, lebenssprühend, und dann paßt alles zusammen – Körper, Gedanken und Emotionen scheinen synchronisiert, harmonisiert, *geordnet* zu sein.

Ein Schock – das heißt ein plötzlicher Energiestoß –, den unser Körper-Geist-Holon bekommt, kann uns auf eine höhere Ordnungsebene heben oder auf eine tiefere abrutschen lassen. Das kann ein physischer Schock wie etwa ein Armbruch, ein emotionaler Schock wie das Ende einer Beziehung oder ein mentaler Schock wie eine unverhoffte große Erbschaft sein. In allen Fällen dieser Art kann unser Körper-Geist auf zweierlei Weise reagieren: Er kann den Schock entweder aufnehmen und umsetzen, so daß er auf eine höhere Ebene gehoben wird, oder er knickt ein.

Bei Autounfällen, selbst bei kleineren, erleben viele Menschen im ersten Augenblick eine unerhört gesteigerte Wachheit – die Wahrnehmung wird klarer, die Zeit wird als langsamer erlebt, die Gedanken sind völlig klar, die Emotionen stark. Nach dieser Erstreaktion und wenn keine zu starken Verletzungen eingetreten sind, sind für das weitere zwei Verlaufsformen möglich: gesteigerte Lebendigkeit und Aktivität oder Niedergeschlagenheit, Angst und Ratlosigkeit.

Oder nimm an, Du möchtest Dich auf Deine Schularbeiten

konzentrieren oder in die Lektüre eines Buchs versenken, und nebenan dreht jemand seine Stereoanlage auf. Wie reagierst Du? Hörst Du auf zu lesen und gibst Dich Deinem Ärger hin? Oder benutzt Du die Energie, um Dich selbst richtig in Schwung zu bringen und noch besser zu konzentrieren? Gut, wenn die Musik gar zu laut ist, hat man es wirklich schwer, bei der Stange zu bleiben. Aber bis zu einer gewissen Lautstärke kannst Du selbst entscheiden, wie Du reagierst.

Wir haben wirklich die Wahl, wie wir auf Schocks beziehungsweise plötzliche Veränderungen reagieren. Werden wir nicht ständig mit Unbeständigkeit und Vergänglichkeit konfrontiert und haben deshalb manchmal den Eindruck, unser Leben sei eine Abfolge plötzlicher Veränderungen? Wenn wir uns von den wechselnden Umständen einfach beuteln lassen, haben wir schließlich gar keine eigene Linie mehr und fühlen uns miserabel dabei. Aber wenn wir aus unserem Körper-Geist eine Einheit machen und uns den Energieschüben bewußt, das heißt mit Gewahrsein, öffnen, kann diese Energie uns auf eine neue Stufe der Energie und Einsicht heben. Dann lernen wir aus den Ereignissen, anstatt uns miserabel zu fühlen. Zu wissen, daß wir diese Wahl haben, kann für unsere Reaktionen auf die Ereignisse des Lebens von ausschlaggebender Bedeutung sein.

Denk beispielsweise an ein Liebes- oder Ehepaar, ein Paar-Holon. Die Beziehung behält ein bestimmtes Muster oder eine bestimmte Ordnung bei, solange die beiden sich ungefähr gleichbleibend verhalten und auch als Personen ungefähr gleich bleiben (was Menschen natürlich nicht tun). Unweigerlich werden sich auch negative Emotionen zwischen den beiden einstellen. Das Paar-Holon kann auf diese häufig sehr energiereichen Einflüsse auf zweierlei Art reagieren, nämlich so, daß die beiden auf eine höhere Ebene des Verständnisses und Gewahrseins füreinander gelangen, so daß die Beziehung auf eine neue Stufe der Ordnung gehoben wird; oder es kommt zu der zweiten möglichen Reaktion, dem Einknicken, dem die Trennung folgt. Das sehen viele Menschen heute leider kaum noch. So viele Ehen enden mit einer Scheidung, weil die beiden Beteiligten einfach nicht sehen können, daß negative Emotionen genutzt werden können, um sich wirklich wachzurütteln.

Ähnliches können wir auch bei etwas größeren Gruppen beobachten, denk etwa an das Personal eines Büros, an eine spirituelle Gemeinschaft oder einfach an eine Gruppe von Freunden. Wenn negative Gefühle entstehen, was ja unweigerlich geschieht, können die Mitglieder der Gruppe offen und bereit für einander und für die Bedürfnisse des Gruppen-Holons bleiben und so ein neues Niveau der Zusammenarbeit erreichen. Oder man wird stocksteif, distanziert sich und verständigt sich von da an nur noch schlecht und recht über das Allernotwendigste.

Wie die Geschichte zeigt, können auch ganze Kulturen zusammenbrechen, weil sie auf plötzliche Schocks oder Umweltveränderungen nicht angemessen reagieren. Auch unserem Land könnte das passieren, wenn die meisten weiterhin glauben, daß sie Teil einer großen Maschine und nicht eines lebendigen Organismus sind. Und dieser lebendige Organismus ist ja wiederum ein Holon und als Holon Teil eines noch größeren Organismus, nämlich der menschlichen Gesellschaft in ihrer Gesamtheit. Es ist wohl noch nicht zu spät, aber wir haben ganz sicher nicht mehr viel Zeit zu diesem Umdenken. Um es einzuleiten, wird es vielleicht eines großen und furchtbaren Schocks bedürfen.

Sehr wache Menschen vermögen die Energie in ihrer Umgebung so zu mobilisieren, daß sie für andere buchstäblich zum Anstoß wird, selbst zu erwachen und eine höhere Stufe innerer Ordnung zu erreichen. Von Gurdjieff, dem spirituellen Lehrer aus Rußland, den ich im ersten Brief erwähnt habe, werden zahlreiche Geschichten dieser Art erzählt. Und bei Chögyam Trungpa Rinpoche habe ich immer wieder erlebt, wie er seine Umgebung in Bewegung brachte. Sein ganzes Umfeld war manchmal von einer derart irritierenden Aufgeladenheit, daß uns nur drei Möglichkeiten blieben: weggehen, in düsterer Entmutigung versinken oder uns zu einem ganz neuen Gewahrsein-Fühlen aufzuschwingen, zu einer höheren Ebene von Energie und Einsicht. Viele Menschen wandten sich nach kurzer Zeit für immer von Rinpoche ab, weil sie es einfach nicht ertrugen, wie durch seine Gegenwart ihre Widerstände und Empfindlichkeiten in Wallung gebracht wurden. Und die von uns, die doch blieben, wählten nur allzu oft den zweiten Weg – in finsterem Trübsal zu versinken. Aber manchmal waren wir doch imstande, unser Energieniveau weit genug anzuheben und zu sehen, wie wunderbar all das war, was Rinpoche uns zeigte.

Ich möchte noch einmal anders ansetzen, um zu erklären, wie ein Holon auf einen Energiestoß reagieren kann. Erinnerst Du Dich, wie ich Dir im achten Brief von der Art und Weise erzählte, in der unsere Wahrnehmung Mutmaßungen über das anstellt, was »da draußen« zu sein scheint, so daß es mit unserer Erwartung übereinstimmt und uns so unsere vertraute Welt erhalten bleibt? Aber was, müssen wir uns jetzt fragen, passiert eigentlich, wenn etwas, was uns begegnet, einfach zu nichts passen will, was wir schon in unserer Erinnerung gespeichert haben?

Unsere erste Reaktion auf eine nicht einzuordnende Wahrnehmung besteht normalerweise aus geschärfter Aufmerksamkeit oder Wachheit einerseits und einer mehr oder weniger deutlichen Angst andererseits. Du erinnerst Dich, daß mir ein wenig mulmig zumute war, als ich das Muster auf dem See nicht recht deuten konnte. Natürlich empfand ich das nicht als eine wirkliche Bedrohung wie von einem menschenfressenden Ungeheuer, aber in der automatischen Reaktion meines Körper-Geistes auf die momentane visuelle Verwirrung mischte sich doch eine Spur Bangigkeit in die erwachte Neugier.

Nimm an, Mama und ich wären vor einer halben Stunde zusammen ins Kino gegangen, und Du wärst allein im Haus. Dann hörst Du aber nebenan Stimmen. Du würdest sehr still werden und sehr genau hinhören. Vielleicht hättest Du für einen Augenblick sogar Angst. Dann würdest Du plötzlich wissen, daß wir einfach den Fernseher nicht ausgemacht haben, und damit wärst Du in der Lage, die Stimmen nebenan in einem vertrauten Szenarium unterzubringen.

Unsere Wahrnehmungen immer in Übereinstimmung mit unseren Vermutungen über das jeweils gerade Vorgehende zu halten, ist ein ziemlich aufwendiges Geschäft, denn das Unbekannte lauert immer irgendwo in der Nähe. Unser Wahrnehmungssystem schafft das normalerweise per Automatik, indem es Dein Leben so einzäunt, daß das Fremde Dir nicht allzu häufig begegnen kann. Eigentlich ist jeder Augenblick fremd und unvertraut, aber um der Furcht vor dem Unbekannten zu entgehen, machen wir mit unseren Mutmaßungen etwas Bekanntes daraus. So versuchen wir, in unserem Holon eine gleichbleibende Ordnungsebene zu halten.

Sooft unsere Wahrnehmung vom Vertrauten abweicht, zieht die Angst uns wieder zurück. Angst hält uns auf unserem Weg durch die Welt in den altvertrauten psychologischen Bahnen. Man könnte sagen, daß Angst eigentlich die Grenze unserer normalen Welt ist, die Energie jener kokonartigen Barriere, die uns vor der Konfrontation mit dem Unbekannten bewahrt.

Wenn wir den Wahrnehmungsprozeß nicht als das sehen lernen, was er ist, bleibt unser Leben stets innerhalb des Kreises der Angst. Und wir bemühen uns ständig, der Begegnung mit dieser Angst auszuweichen. Wenn wir sie jedoch erkennen und uns ihr stellen, sind wir nicht länger gezwungen, in unseren anerzogenen oder angewöhnten Mustern zu bleiben. Wir können den Anstoß des Fremden nutzen als das, womit wir uns auf eine höhere Ebene des Gewahrseins katapultieren. Wir können in einer Haltung der Offenheit und Neugier die Welt des Fremden betreten, und dann eröffnet das bis dahin so gefürchtete Gefühl der Fremdheit ungeahnte Möglichkeiten.

# 21. Brief
## Muster des Lebens und Schaltkreise des Denkens

*Liebe Vanessa,*

im vorigen Brief habe ich Dir erzählt, wie Holons sich bei der Interaktion mit ihrer Umgebung verhalten können: Aufgrund eines Schocks, eines plötzlichen energetischen Anstoßes, können sie auf höhere oder niedrigere Ordnungsebenen springen.

Jetzt möchte ich in unserer Geschichte über die Holons einen Schritt weiter gehen. Wir wollen ja unsere gewohnte Sicht der Welt als leeren, toten, mit Dingen angefüllten Raum überwinden. Es geht darum, wie man die Welt als den Raum von Gewahrsein-Fühlen-Energie sehen kann, als einen Raum voller dynamischer Muster oder Holons. Das würde uns die gewöhnlichen »Dinge« unserer Welt auf neue Art sehen und fühlen lassen, nämlich als lebendig und denkend.

Zunächst: Was macht ein Holon lebendig? Nun, die Antwort haben wir im vorigen Brief gefunden: Lebendigkeit liegt in der Fähigkeit eines Holons, sich selbst zu organisieren.

Als Wissenschaftler entdeckten, daß die genetische Vererbung durch DNA-Moleküle vermittelt ist, dachten sie gleich, sie hätten jetzt ein ganz sicheres Kriterium der Unterscheidung von Belebtem und Unbelebtem: das Vorhandensein oder Nichtvorhandensein eines *Dings*, nämlich eines Stücks DNA. So konnten Biologen, Psychologen, Soziologen, Lehrer und die Autoren populärwissenschaftlicher Bücher verkünden, die DNA sei das Schlüsselelement des Lebendigen.

Manche Biologen räumen heute ein, daß dieses einfache Bild schrecklich irreführend ist. Die Gesamtheit aller Teile einer Zelle ist *genauso* wichtig wie das Vorhandensein der DNA. Wenn Du auch nur die äußere Membran einer lebenden Zelle vorsichtig öffnest, lebt die Zelle nicht mehr, sie kann sich nicht mehr teilen und vermehren. Wenn Du irgendwo in das Organisationsmuster eingreifst, hast Du keine lebendige Zelle mehr vor Dir.

Bei aller Aufregung um die DNA in den sechziger Jahren wußten Wissenschaftler trotzdem noch nicht, was eine Zelle *lebendig* macht. Schon damals konnte niemand aus den Teilen einer Zelle *und* der magischen DNA eine lebendige Zelle fabrizieren – und das kann bis heute niemand. Das Leben hängt nicht in erster Linie am Vorhandensein bestimmter *Dinge* wie etwa des DNA-Moleküls, sondern besteht in dynamischen Organisations- und Aktivitätsmustern.

Der Grad der inneren Ordnung eines Holons wird von Wissenschaftlern manchmal als seine Kohärenz – sein Zusammenhang oder Zusammenhalt – bezeichnet. Ein Holon ist dann in einem kohärenten Zustand, wenn seine Teile zusammen bleiben und harmonisch zusammen wirken. Das Holon ist als ein Ganzes und nicht als ein Gebilde aus zusammengewürfelten Teilen aktiv. In diesem Sinne ist eine lebendige Zelle kohärenter als eine tote.

Der deutsche Biochemiker Fritz Popp weiß ein paar hochinteressante Dinge über Kohärenz zu sagen. (Er nahm übrigens auch an dem Workshop bei PEAR teil, von dem ich Dir erzählt habe.) Alle lebendigen Zellen senden Licht aus, das ist die sogenannte Bioluminiszenz, und die Kohärenz dieses Lichts kann man messen. (Auch beim Licht gibt es also Kohärenz, aber ich will hier nicht erklären, was genau das bedeutet; es genügt zu wissen, daß Laserlicht kohärenter ist als das gewöhnlicher Glühbirnen.) Popp konnte zeigen, daß die Kohärenz des von einer Zelle ausgesandten Lichts vom Gesundheitszustand der Zelle abhängt – je gesünder die Zelle, desto kohärenter das von ihr ausgestrahlte Licht.

Zum Beispiel ist das Licht eines von einer Freilandhenne gerade gelegten Eis erheblich kohärenter als das Licht von Eiern aus einer Legebatterie. Das Licht aus Krebszellen ist eindeutig weniger kohärent als das gesunder Zellen. Und eine tote Zelle strahlt überhaupt kein Licht aus.

Popp fragt sich nun: Wie bleiben die Milliarden Zellen unseres Körpers so miteinander in Verbindung, daß sie harmonisch und kohärent zusammenwirken können? Im Falle einer Infektion beispielsweise springt augenblicklich das gesamte Immunsystem im ganzen Körper an. Wie können die Zellen so schnell miteinander kommunizieren, wenn, wie Popp berechnet hat, die Ausbreitungsgeschwindigkeit von Botschaften entlang der Nervenbahnen viel zu gering für dieses schnelle Ansprechen des Immunsystems ist? Popp vermutet in dem Licht, das sich durch die Zellen ausbreitet, das Medium, das die Kohärenz aller Zellen wahrt. Das Licht, sagt er, könnte sogar das Trägermedium des Bewußtseins (des Gewahrseins, wie wir eher sagen würden) im Körper sein.

Also, hier ist, wie Du siehst, etwas ganz Faszinierendes im Gange, das uns sehr direkt angeht. Es besagt ja, daß unser Körper-Geist um so gesünder ist, je mehr Kohärenz er besitzt; das überrascht uns zwar nicht, aber es ist doch interessant, wenn es dann auch wissenschaftlich demonstriert wird.

All das läuft nun darauf hinaus, daß die Lebendigkeit eines Holons nicht von seinen Einzelteilen abhängt, sondern von dem Muster, das sie bilden, von der Selbstorganisation des Holons. Und diese Musterbildung oder dynamische Ordnung entscheidet nicht nur, ob ein Holon lebendig oder tot ist, sondern erlaubt auch Aussagen über die Qualität und Intensität dieser Lebendigkeit.

Damit gewinnen wir völlig neue Gesichtspunkte für die Betrachtung des Lebendigen. Der Geophysiker James Lovelock beispielsweise sagt schon seit zwanzig Jahren, daß die Biosphäre unserer Erde sich in vielerlei Hinsicht wie *ein* Organismus verhält. Diese Aussage ist als »Gaia-Hypothese« bekannt geworden, benannt nach der griechischen Erdgöttin Gaia. Sie besagt, wie Lovelock schreibt, »daß man die Gesamtheit des Lebendigen auf der Erde – von den Walen bis zu den Viren, von den Eichen bis zu den Algen – als eine einzige lebendige Entität bezeichnen könnte, die nicht nur die Atmosphäre ihren Bedürfnissen gemäß zu manipulieren vermag, sondern über Fähigkeiten und Kräfte verfügt, welche die Fähigkeiten und Kräfte ihrer Bestandteile weit übersteigen«.

Gerald Feinberg und Robert Shapiro wagen in ihrem Buch *Life beyond Earth* sogar die Behauptung, daß die Suche der Wissenschaftler nach außerirdischem Leben von ganz falschen Voraussetzungen ausgeht. Es bringt überhaupt nichts, sagen sie, nach chemischen oder biologischen *Dingen* wie etwa der DNA Ausschau zu halten, die wir mit dem Leben auf der Erde verbinden. Hinweise auf Leben könnten eher von Organisationsmustern und Veränderungsprozessen ausgehen.

Und derartige Muster und Prozesse, so mutmaßen sie zum Entsetzen der Schulwissenschaft, seien vielleicht in ballonartigen Gebilden in der Jupiteratmosphäre zu sehen oder als Plasmaleben im Inneren der Sterne, als Strahlungsleben in den interstellaren Gaswolken, als das Leben gefrorenen Wasserstoffs auf sehr kalten Planetenoberflächen, als elektromagnetische Feldenergie, als magnetische Domänen in Neutronensternen und in dergleichen außergewöhnlichen Phänomenen.

Jetzt haben wir also eine Vorstellung davon, was ein Holon zu einem im gewöhnlichen biologischen Sinne lebendigen Holon macht. Fragen wir also weiter, wodurch ein Holon zum Wahrnehmen und Denken befähigt wird. Nun, es liegt auf der Hand, daß ein denkendes Holon ein höheres Ordnungs- und Selbstorganisationsniveau haben muß als eine einfache Zelle. Das Selbstorganisationsvermögen kann sogar über die Grenze des Holons hinausreichen. Der große Biologe und Geist-Forscher Gregory Bateson hat zu dieser Thematik Denkansätze gefunden, die vor dem Hintergrund der konventionellen Wissenschaft etwas erfrischend Unverbrauchtes haben. Wenn wir das Denk-Geschehen verstehen wollen, sagte er, ist es unsinnig, nur die Schaltkreise *im* Gehirn zu betrachten. Wir müssen vielmehr *komplette* Schaltkreise berücksichtigen und dazu gehört auch das »Außen«.

Heute morgen habe ich mit der Axt Holz gespalten. Dabei muß das Denken meines Körper-Geistes natürlich den gesamten »Schaltkreis« einbeziehen: mein Gehirn, mein visuelles System, die Muskeln meiner Arme, die Axt, den Schlag ins Holz. Jeder neue Axthieb hat sich nach dem Resultat des vorigen zu richten. Wenn ich beim ersten Hieb nicht genau die Mitte treffe, kann ich das beim zweiten korrigieren. Es muß jedenfalls ein *vollständiger* Rückkopplungskreis sein. Wir können keine imaginäre Grenze um einen Teil dieses Kreises ziehen und dann sagen, darin sei das *gesamte* Denken. Wenn dabei zum Beispiel der Teil zwischen meinen Augen und dem Holzscheit durch einen Schirm ausgeblendet wird, treffe ich den Scheit entweder gar nicht oder so, daß ich mir mit der abgleitenden Axt das Bein sehr übel zurichte.

Und das ist natürlich wichtig, denn es besagt ja, daß die Schleifen, an denen entlang sich mein Denken bewegt, nicht auf meinen Körper-Geist beschränkt sind. Nach Bateson bilden meine Gedanken ein Netz von Bahnen, und dieses Netzwerk ist nicht beschränkt auf mein Bewußtsein und meine Haut. Es gehören auch sämtliche Bahnen meiner unbewußten mentalen Prozesse dazu, und in meinen Briefen über die Wahrnehmung haben wir gesehen wie umfangreich diese sind. Dazu gehören auch die *außerhalb* verlaufenden Bahnabschnitte, auf denen die Information sich bewegt, die ich etwa brauche, um Holz zu hacken. In dieser Denk-Bahn darf der Teil zwischen Auge und Scheit ebensowenig fehlen wie der zwischen Auge und Gehirn.

Das mag Dir alles klar und naheliegend erscheinen, aber es brauchte einen Mann von der Statur Batesons, um es zu sehen und uns zu zeigen. Trotzdem hat die Schulwissenschaft dieser Seite von Batesons Arbeit so wenig Beachtung geschenkt wie Whiteheads Gedanken über das Fühlen. Whitehead und Bateson ließen sich einfach nicht auf diesen Wahn ein, der die meisten Wissenschaftler in seinen Bann gezogen hat, den Wahn, daß es Geist nur im Gehirn gebe.

Worauf läuft das alles nun hinaus? Wenn wir erkennen, daß es sich bei mentalen Prozessen, etwa dem Wahrnehmen und Denken, um Muster der Selbstorganisation handelt, können wir eigentlich überall nach solchen Mustern Ausschau halten. Nichts spricht dafür, daß es sie ausschließlich im Gehirn gibt. Wie Bateson sagt, ist es sogar sinnlos und gefährlich, wenn ich beim Holzhakken nur den Gehirn-Anteil meines Denkens berücksichtige. Außerdem sind solche Musterbildungsprozesse nicht nur im Bereich des menschlichen Lebens zu finden. Bateson selbst hat das Muster untersucht, nach dem sich die Arten über die Jahrmillionen verändert haben; und er sagt, die Musterbildung verlaufe hier ganz so wie im menschlichen Denken. So kam er darauf, daß der gesamte Evolutionsprozeß eigentlich ein *Denk*prozeß ist. Er schrieb: »Die gesamte selbstkorrigierende Einheit, die Information verarbeitet oder ›denkt‹ und ›handelt‹ und ›entscheidet‹, ist ein *System* [Holon], dessen Grenzen durchaus nicht mit denen des Körpers zusammenfallen, auch nicht mit den Grenzen dessen, was man gemeinhin Ich oder Bewußtsein nennt; und hier muß man sich klarmachen, daß zwischen dem denkenden System und der herkömmlichen Vorstellung vom Ich [zum Beispiel als im Gehirn existierend] vielfältige Unterschiede bestehen ... Der individuelle Geist wohnt nicht bloß dem Körper inne, sondern auch den Bahnen und Botschaften außerhalb des Körpers; und es gibt einen größeren Geist, in dem der individuelle Geist nur ein Subsystem darstellt.«

Wir können unseren Blick noch weiter schweifen lassen. Denkähnliche Muster könnte es auch im Größenordnungsbereich der Zellen oder des genetischen Materials oder sogar der Quantenwellen und der Geometrie des Raums geben; und auf der anderen Seite auch im Bereich der galaktischen oder kosmischen Größenordnung. Feinberg und Shapiro haben ja schon ganz neue Muster als mögliche Träger von Leben angesprochen. Könnten all diese Muster nicht komplex genug sein für Denk-Schaltkreise? Aber sicher, warum denn nicht?

Die Zahl der Sterne in unserer Milchstraße wird ungefähr so

hoch geschätzt wie die der Neuronen in der menschlichen Großhirnrinde. Dem intergalaktischen Energieaustausch sind keine Grenzen gesetzt, und die Galaxien selbst weisen eine erstaunliche Ordnung auf. Weshalb also sollte eine Galaxis kein Schaltkreis des Gewahrseins sein? Und wie steht es mit kosmischen Mustern, die wir ihrer Größe wegen gar nicht ausmachen können? Paul Davies, Professor für Physik an der University of Adelaide, schreibt: »Die Natur ist ein Produkt ihrer eigenen Technologie, und das Universum ist ein Geist. Der individuelle Menschengeist ließe sich dann als eine Insel des Bewußtseins im Meer des Geistes verstehen.«

Wo haben Deine Gewahrseins-Schaltkreise ihren Ort? Und wo die Gewahrseins-Schaltkreise, von denen Du ein Teil bist? Sind sie in Deinem Kopf? Oder in Deinem ganzen Körper? Oder sind sie Teil eines noch größeren Systems? Dein Gehirn-Holon ist Teil Deines Körper-Holons und dieses wiederum Teil Deines Familien-Holons, Deiner Gesellschaft, Deiner Umwelt, Deiner ganzen Welt. Jedes dieser Holons stellt dem Gewahrsein Bahnen bereit, die Dir offenstehen, wenn Dein Herz, das Organ des Fühlens, erwacht.

Vielleicht macht das einfache Beispiel vom Holzspalten Dir klar, was ich in all diesen Briefen meine, wenn ich sage, daß das Fühlen-Gewahrsein gleichsam in zahllosen Tentakeln hinaustastet, um all das zu berühren, was außerhalb unser selbst zu sein scheint. Und das, was außen zu sein scheint, tastet zu uns hin und antwortet uns mit Tentakeln des Fühlens.

Bei gemeinschaftlichen Tänzen und Ritualen – denk etwa an das javanische Schattentheater, die Holy Ways der Navajo oder auch an die Fußballweltmeisterschaft – kommt im Gesamtmuster des Geschehens häufig eine Atmosphäre von Gewahrsein auf. Deshalb sind Rituale, Zeremonien und Feste so wertvoll, ja notwendig für die Gesundheit der Gemeinschaft: Sie verschaffen den einzelnen Zugang zu einem Gewahrsein, das durch die Gruppenaktivität erschlossen wird.

Und was ist mit Energien, die für unsere Sinneswahrnehmung zu subtil sind, in die wir uns aber trotzdem eingebunden fühlen?

Was also ist mit den Mustern, die wir als Dralas, Götter, Engel und so weiter fühlen? Sind diese Geflechte von Bahnen des Denkens und Fühlens nicht Sammelpunkte des Gewahrseins? Hier ist viel Platz für Drala-Energiemuster, findest Du nicht?

Versuch dann und wann, Deine Welt mit neuen Augen zu sehen. Meist sehen wir sie einfach als voller Ding-Klumpen. Aber manchmal kannst Du sie auch mit dem Herzen sehen; dann fühlst Du, daß sie voller Muster oder Wirbel von Leben, Fühlen und Denken ist und all das in einer Ganzheit, die ebenfalls Gewahrsein besitzt und von Fühlen erfüllt ist. Und Du gehörst mit Deinem Körper-Geist, Deinem Fühlen und Deinem Gewahrsein mit zu diesen Wirbeln. Ein neues Sehen – koste es, es wird Dir gefallen.

## 22. Brief
### Drittes Intermezzo

*Liebe Vanessa,*

in diesem dritten Intermezzo werde ich über eine weitere Meditationsform schreiben, der ich mich morgens nach dem Sitzen widme. Hierbei geht es um das Prinzip der Resonanz und das Prinzip von »wie oben, so auch unten«, von dem in den letzten Briefen häufig die Rede sein wird.

Wenn Du eine Stimmgabel auf einen Flügel hältst und die entsprechende Taste anschlägst, schwingt die Stimmgabel mit. Sie stimmt sich sozusagen auf die größere Energie des Flügels ein, dessen Energie auf sie übergeht – aber der Ton, den sie abgibt, ist ihr eigener. So auch unser Körper-Geist, wenn er richtig »gestimmt« ist: Größere Energien und Kräfte des Kosmos schwingen in uns mit und wecken unsere Energie und unsere Weisheit. Bei der Übung, die ich jetzt beschreiben möchte, geht es um Resonanz mit einer bestimmten Gewahrsein-Fühlen-Energie, nämlich der Energie Manjushris.

Dazu muß ich erst einmal erklären, was oder wer Manjushri ist. Manjushri ist eines der großen Wesen des Buddhismus, die geloben allen Lebewesen zu helfen. Er besitzt keinen menschlichen Körper wie wir, aber wir stellen ihn uns in menschlicher Gestalt vor (ich schreibe »er«, aber es gibt auch weibliche Wesen dieser Art). Er ist so etwas wie ein überall vorhandenes wohlwollendes und machtvolles Energie-Gewahrsein. Die Energie, die Manjushri verkörpert, ist die vereinigte Energie von Verstand, Einsicht und Intuition oder von Herz und Geist. Manjushris Gewahrsein ist mit anderen Worten das Gewahrsein, mit dem wir unsere Welt erkennen, wenn wir *ganz* sind: mit dem Verstand und gleichzeitig intuitiv. Mit dem Erkennen Manjushris erkennen wir die Dinge durch und durch. Wir erkennen sie mit der Schärfe des Verstandes, aber wir werden ihrer auch auf eine Weise inne, daß sich sagen ließe, wir seien mit ihnen eins geworden. Was damit gemeint ist, läßt sich am ehesten an der Liebe zu einem Menschen erklären. Wenn Du jemanden liebst – nicht unbedingt im sexuellen Sinne, sondern so, wie eine Mutter ihr Kind liebt oder Du Deine beste Freundin liebst –, gibst Du diesem Menschen einen Teil Deiner selbst. Du öffnest Dich ganz und gar. Und weil Du so offen bist, siehst Du ohne Urteil und uneingeschränkt, wie dieser Mensch ist. Aber Du erfährst diesen Menschen noch tiefer: Du weißt, *wer* er ist und wer nicht. Das klingt ein bißchen idealisierend, ich weiß; aber es gibt Dir vielleicht doch eine Vorstellung, wie wir mit Manjushris Einsichts-Energie erkennen können.

Wir können über Manjushris Erkennen auch sagen, es bestehe darin, daß er so sieht, wie Kathleen Raine es in dem Zitat in meinem ersten Brief beschreibt: Er sieht, daß alles mit allem verbunden ist, weil alles Teil der einen, ungeteilten Welt ist. Und in dieser Ganzheit steht wunderbarerweise alles viel deutlicher in seiner Eigenart da als in einer Welt, die Du als Ansammlung gesonderter Dinge wahrnimmst. Es ist ein bißchen so wie bei einem Film, in dem Du einzelne Menschen siehst, die einander lieben oder sich gegenseitig erschießen und so weiter. Du weißt aber, daß sie alle zu ein und demselben Film gehören, ein und dasselbe Projektorlicht wirft all die verschiedenen Bilder auf die Leinwand.

Dieses Erkennen hat viel mit dem Fühlen-Gewahrsein zu tun, über das ich in diesen Briefen schreibe: wie wir einander oder der Rosen fühlend gewahr werden, wenn unser plappernder Geist still wird. Erinnerst Du Dich an das, was ich im Zusammenhang mit der Alchimie des Mittelalters über das teilnehmende Bewußtsein (der Ausdruck besagt ungefähr das gleiche wie Fühlen-Gewahrsein) geschrieben habe? Nun, Manjushri erkennt ebenso mit teilnehmendem Bewußtsein wie mit dem Verstand. Das klingt vielleicht ein wenig kompliziert und nach Jonglieren mit Begriffen, aber wenn Du es beim Nachdenken darüber zugleich auch fühlst, ist es ganz einfach.

Manjushris Haut ist weiß und durchscheinend und hat einen gelben Schimmer wie der Abendhimmel. Er sitzt mit überkreuzten Beinen und trägt die Gewänder und den Kopfschmuck eines indischen Prinzen. In seinem Gesicht ist das sanfte Lächeln der Jugend. In der Linken hält er eine Schale Amrita, einen Trank, der die intuitive Einsicht symbolisiert. In der Rechten hält er ein zweischneidiges Schwert, Symbol für die Schärfe und Präzision des Verstandes. Die eine Schneide durchschlägt Verwirrung, Zweifel und Egoismus – alles, was uns davon abhält, so ganzheitlich zu erkennen wie er. Die andere Schneide durchschlägt alle Überheblichkeit, die sich bilden könnte, weil wir das Schwert *haben*; diese Überheblichkeit wäre nur ein weiteres Hindernis für ein Erkennen, das dem Manjushris gleicht.

Die Meditation selbst ist sehr traditionell und sehr einfach. Man beginnt stets mit dem Üben im Sitzen. In die Weite und Offenheit, die sich dabei bildet, entlassen wir unser gewohntes, altvertrautes Ichgefühl und alles, was mit ihm zusammenhängt – Gedanken, Gefühle, Hoffnungen, Befürchtungen. Wir stellen uns vor, visualisieren, fühlen, daß Manjushri in diesem weiten offenen Raum ersteht. Manjushri ist kein Wesen von Fleisch und Blut, sondern einfach eine Lichtgestalt, die wie ein Hologramm aus dem Energie-Fühlen-Gewahrsein des Raums hervortritt. Und wir stellen uns vor, visualisieren, fühlen, daß wir selbst Manjushri sind. Wir sind einfach ein leerer Lichtkörper, der wie Manjushri sitzt, wie Manjushri lächelt, Manjushris Schwert hält, wie Manjushri fühlt und leise Manjushris Mantra rezitiert – OM ARAPACHANA DHIH HUM. Das läßt eine Art Schwingung entstehen, wie beim Anschlagen einer Klaviertaste. Wenn wir alle Schritte klar und genau ausführen, kann es die den gesamten Raum erfüllende Energie Manjushris anziehen.

Das wirkt sicher ein wenig komplizierter als das einfache Üben im Sitzen, vielleicht sogar seltsam; aber es ist gewiß für Dich zu erkennen, daß Achtsamkeit und Gewahrsein hier – wie in allen Bereichen unseres Lebens – die entscheidende Rolle spielen. Achtsamkeit besteht hier darin, daß wir genau darauf achten, wie Manjushri aussieht, sich anfühlt und klingt; Gewahrsein heißt, daß man sich öffnet und mit der unauslotbaren, formlosen Energie Manjushris eins wird.

(Diese Praxis kann übrigens sehr tiefgreifende Veränderungen bewirken. Deshalb rate ich Dir nicht, sie anhand dieser Darstellung und ohne angemessene Vorbereitung und Anleitung auszuprobieren. Die Manjushri-Praxis umfaßt viel mehr, als ich hier darstellen kann. Ich selbst habe erst zwanzig Jahre Erfahrung darin und bin eigentlich eher noch ein Anfänger.)

Es gibt viele ähnliche Meditationen, mit denen wir uns den Energien der Gottheiten öffnen, um ihre Energie und Einsicht in uns selbst wachzurufen. Im Buddhismus gibt es Übungen zur Erweckung von Mitgefühl und Furchtlosigkeit. Es gibt Übungen, die uns fähig machen, Situationen zu befrieden, die befriedet werden müssen, oder Situationen Gehalt zu geben, wenn es ihnen daran fehlt, oder Hindernisse zu beseitigen, die dem Mitfühlen und der Wachheit im Wege stehen. Die Holy Ways, also die Heilungs- und Initiationsriten der Navajo, sind ein weiteres Beispiel. In vielen ursprünglichen Traditionen gibt es Tänze und Riten, die sich mit den Shambhala-Lehren vergleichen lassen.

Die Anleitungen zu Meditationsformen wie der Manjushri-Praxis betonen, daß man bei der Visualisation so präzise wie nur möglich vorgehen muß. Das ist vermutlich notwendig, damit die Resonanzen sich einstellen können. Hast Du mal die alte Fernsehreklame für Memorex-Tonbänder gesehen, in der Ella Fitzgerald mit einem von ihr gesungenen Ton ein Weinglas zerspringen läßt und die Stimme des Kommentators fragt: »Ist das echt oder Memorex?« Ella mußte den Resonanzton des Glases absolut genau treffen, denn nur dann gerät es so sehr in Schwingung, daß es zerspringt, und hinter der Frage steht natürlich die Unterstellung, daß man von einem Memorex-Band auch diese Präzision erwarten darf. Etwas davon ist auch in Meditationsformen wie der Manjushri-Praxis enthalten.

Das hat auch etwas vom »Abstimmen« des Radios auf einen bestimmten Sender: Du mußt die genaue Stelle finden, und wenn Du sie gefunden hast, tut sich Dir ein völlig neues Fühlen von Energie und Gewahrsein auf, Du bist abgestimmt oder eingestimmt auf die Energie und das Gewahrsein der Gottheit. Wenn Du verstanden hast und fühlst, wie Manjushri aus dem Raum hervortritt, dann weißt Du auch, daß alles in unserer sogenannten gewöhnlichen Welt auf die gleiche Weise in Erscheinung tritt – wie Hologramme, die sich aus der Fülle des Raums herausbilden.

Für solche Meditationen sind nicht nur die äußeren Formen wichtig, Haltung und Bewegungen des Körpers und so weiter, sondern auch die richtige innere Haltung der Aufmerksamkeit und des Fühlens. Es muß eine Art Synchronisation von Körper, Fühlen und Gewahrsein stattfinden. Gleichzeitig fördert die Übung aber auch diese Synchronisation, weil sie Resonanzen entstehen läßt, die zu einer Abstimmung von Körper, Fühlen und Gewahrsein untereinander und auf den Energie-Raum führt.

Am Ende solch einer Manjushri-Meditation löst Manjushri sich auf, und fast augenblicklich ist unsere gewöhnliche Ich-Erfahrung wieder da. In diesem Moment kann uns klar werden, daß dieses Ich – wie jedes andere sogenannte Ding in dieser Welt – nicht gar so fest ist, wie wir gern glauben. Ich bin kein festes, gleichbleibendes Ding, sondern – wie Manjushri – ein dynamisches, unablässig sich wandelndes Muster von Energie, Fühlen und Gewahrsein. Dieser Augenblick zwischen Manjushris Auflösung und der Rückkehr unseres vertrauten Ich kann ein Augenblick der *Jetzt*-Erfahrung sein.

Wenn unser vertrautes Ich für einen Augenblick verschwindet, stellt sich manchmal ein beinahe überwältigendes Gefühl von

Freude und Traurigkeit ein. Wir empfinden Freude, weil wir endlich einmal das los sind, was uns am meisten bedrückt, unsere schwerste Last, den Hort all dessen, was uns prägt und festlegt – unser Ich. Und wir können von dem furchtbaren Kampf ablassen, der unser ganzes Leben begleitet hat, dem Kampf, der *mich* befriedigen sollte, der *mich* zu einer glücklichen, wohlhabenden, erfolgreichen, berühmten, glänzenden und schließlich erleuchteten Persönlichkeit machen sollte. Zugleich ist da auch etwas Bittersüßes, eine freudige Traurigkeit, mit der wir erkennen, daß unser einziger wirklicher Gefährte, der unser ganzes Leben lang bei uns gewesen ist, der uns als einziger wirklich kennt, unser bester Freund, unser Busenfreund, unser Ich – daß es uns die ganze Zeit genarrt hat, uns glauben ließ, wir seien wirklich »Ich« und nur »Ich«.

Bei manchen Meditationsformen wie der Achtsamkeits-Gewahrseins-Übung geht es hauptsächlich darum, dieses Ich zu sehen und zu durchschauen. Andere Formen, für die die Manjushri-Meditation ein Beispiel ist, zeigen uns, daß es eine erwachte Energie gibt und daß wir diese Energie sind – jenseits des Ich.

Beide Praxisformen – man könnte die eine als Übung der Stille und die andere als Annäherung an die Energien bestimmter Gottheiten bezeichnen – ergänzen einander. Die Übung der Stille besänftigt das ewige Plappern der Gedanken und Emotionen, so daß der Schleier, den die Gedanken und Emotionen zwischen uns und unserer Welt aufziehen, der Kokon, durchsichtig wird. Die Energie-Meditation verbindet uns direkt mit der universalen Energie, die wach und jenseits der Sprache und jeglicher Konditionierung ist. Alle Praxisformen arbeiten jedoch mit dieser Grenze zwischen Festhalten und Loslassen, denn im Augenblick des Loslassens kann ein Wunder geschehen, das Wunder der *Jetztheit*. Deshalb jetzt noch ein Merkspruch:

ÖFFNEN, BERÜHREN, RESONANZ-FÜHLEN, LOSLASSEN –
Jetztheit!

## 23. Brief
### Himmel, Erde, Mensch – das verbindende Muster

*Liebe Vanessa,*

im gestrigen Brief habe ich davon geschrieben, wie selbstorganisierende Holons Energie sammeln, um sich auf höhere Ebenen der Ordnung zu heben. Ich habe von Holons als Mustern des Lebens geschrieben – vom Allerkleinsten bis zur Größenordnung von Galaxien. Und ich sagte, daß diese Muster des Lebens die Kanäle des Gewahrsein-Fühlens sein könnten, durch die wir zu anderen und unserer Umwelt in Kontakt treten. Die Verbindung, sagte ich, kommt durch Resonanz zustande (denk immer an die beiden gleich gestimmten Gitarren: Schlägst Du auf der ersten eine Saite an, wird die entsprechende Saite der zweiten mitschwingen).

Um dieses Resonanzprinzip besser verstehen zu können, werden wir jetzt noch eine andere Seite der Musterbildung betrachten. Viele Holons sind aus einem einzigen Muster aufgebaut, das sich endlos durch alle Größenordnungen wiederholt. Nur zur Erinnerung: Das Einzelmuster, dessen Wiederholung ein größeres Holon hervorbringt, ist natürlich selbst ein Holon untergeordneter Art, denn alles im Universum ist ein Holon.

Die Tatsache, daß ein Muster sich über Millionen von Größenordnungsstufen wiederholen kann, bedeutet, daß wir auf vielen verschiedenen Ebenen in Resonanzbeziehung zum Gewahrsein-Fühlen-Energie-Ozean treten können.

Wenn Du eine Wolke betrachtest, hat sie eine bestimmte Gestalt, die manchmal über einige Zeit relativ unverändert zu bleiben scheint. Aber wir kennen ja alle diese Zeitrafferfilme von Wolken. Hier wallen die Wolken dann in wunderbar anzusehenden Bewegungsmustern. Und die Wissenschaftler finden die gleichen Muster, wenn sie immer kleinere Ausschnitte einer Wolke betrachten, bis hinunter zum millionsten Teil der ganzen Wolke.

Solchen Mustern, die sich in unzähligen Größensprüngen endlos wiederholen, hat Benoît Mandelbrot 1975 den Namen *Fraktale* gegeben. Durch Mandelbrots Arbeit hat sich unser Denken über die Formen der Natur grundlegend gewandelt.

Mandelbrot konnte zeigen, daß ein Stück Küstenlinie nach zehnfacher oder hundertfacher Vergrößerung immer noch wie eine Küstenlinie aussieht. Ob Du ein Luftbild betrachtest oder ein Meßtischblatt eines kleineren Ausschnitts oder auch nur hundert Meter Küstenlinie oder sogar ein Stück von nur einem halben Meter – das Muster sieht immer einigermaßen gleich aus. Die Küstenlinie, sagt Mandelbrot deshalb, besitzt eine hohe »Selbstähnlichkeit«.

In dieser Hinsicht ist eine Küstenlinie einer Wolke und vielen anderen Gestaltungen der Natur ähnlich. Diese Eigenschaft der Selbstähnlichkeit von Mustern über viele Größenordnungsstufen hinweg dürfte eine der ganz wesentlichen Grundeigenschaften der Natur sein. Es ist das Prinzip, nach dem Holons aus kleineren Holons aufgebaut werden, und es könnte sein, daß die Natur ihre Formen größtenteils nach diesem Muster bildet. Erinnerst Du Dich an die Bildung von Erfahrungsmustern aus den fünf Skandhas, von der Ich Dir im neunten Brief erzählte?

Fraktale eröffnen uns eine neue Betrachtungsweise für die Wunder der Formenbildung in der Natur. Wolken, Farne, die Verzweigungen von Stamm und Wurzelsystem eines Baums, das Nervensystem, das System der Venen und Arterien, die Nebenflüsse eines Stroms, das Muster eines Blitzes – all das hat diesen Fraktal-Charakter.

Mandelbrot entdeckte Fraktal-Objekte, die wirklich zum Staunen sind. Bei ihrer Betrachtung findet das Auge Entspannung, und

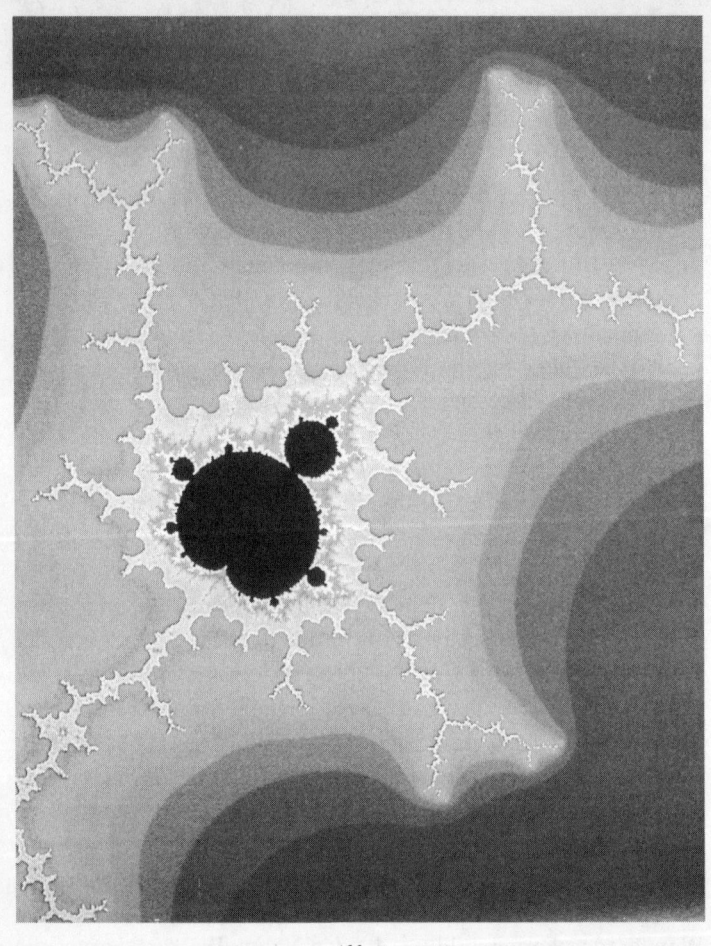

*Abb. 8*

der Geist öffnet sich. Diese Formen entstehen durch Iteration (vielfache Wiederholung) ein und derselben einfachen Rechenoperation mittels eines Computers. Wenn man diese Serie nach Millionen von Wiederholungen von einem Plotter auf einem Bildschirm graphisch darstellen läßt, werden unglaublich schöne,

*Abb. 9*

verschlungene Formen sichtbar. Und diese Formen wiederholen sich wieder und wieder, wenn du ein Stück »Küstenlinie« auf mathematischem Wege immer weiter vergrößern läßt.

Eines der bekanntesten Ergebnisse solcher mathematischen Operationen wird Mandelbrotmenge genannt. Graphisch darge-

*Abb. 10*

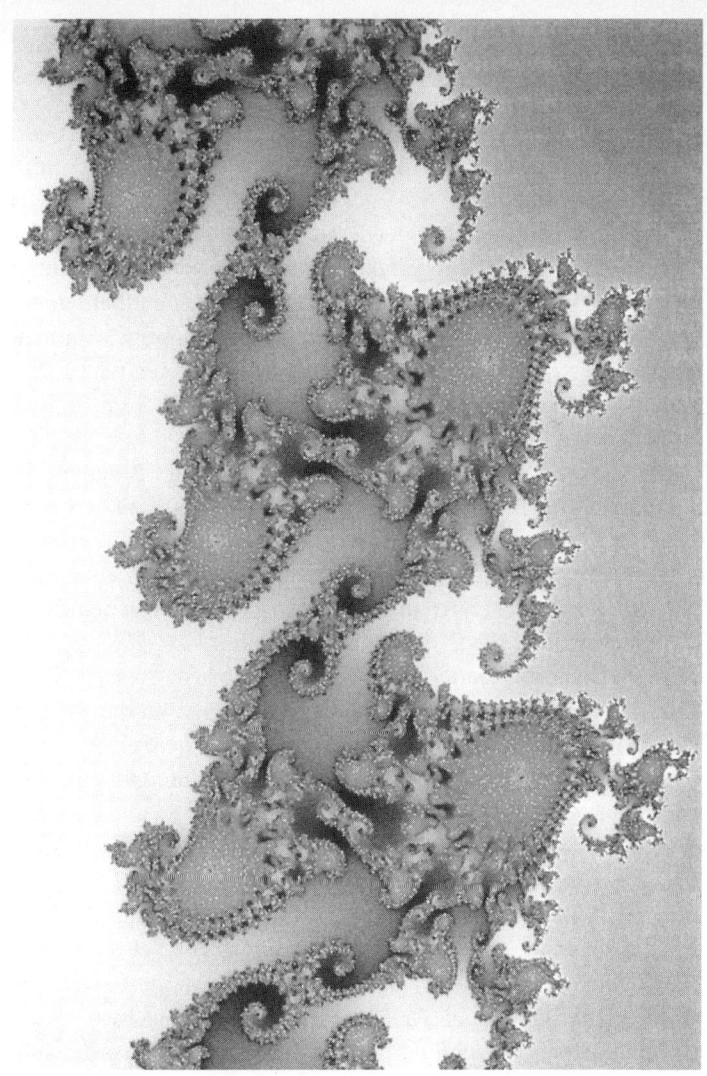

*Abb. 11*

stellt ergibt sich das, was Du in Abbildung 8 siehst. Es hat eine entfernt menschenähnliche Gestalt und bekam daher den Namen »Apfelmännchen«. Wenn wir einen kleinen Ausschnitt daraus vergrößern, erhalten wir Abbildung 9, und da ist wieder ein Apfelmännchen zu sehen. Durch immer weitere Vergrößerung erhalten wir Abbildung 10 und schließlich 11. Und wenn wir mehr als einemillionmal vergrößert haben, sind wir bei Abbildung 12 und haben wieder ein perfektes Apfelmännchen. Wir könnten ewig so weitermachen. Und wir hätten mit einer milliardenmal oder billiardenmal größeren Mandelbrotmenge anfangen können. Abgesehen von der Mandelbrotmenge gibt es unendlich viele andere Möglichkeiten, solche herrlichen Wiederholungsmuster zu generieren.

Die Fraktale geben Wissenschaftlern auch die Möglichkeit, komplexe *dynamische* Ordnungsmuster in der Natur zu beschreiben. Das Verhalten mancher Holons ist so komplex, daß es chaotisch, völlig ordnungslos, zu sein scheint. Inzwischen entdecken Wissenschaftler aber auch in der Tiefe so chaotisch erscheinender Systeme wie dem Wetter so etwas wie Ordnung.

Wenn Du an das Wetter denkst, an den Rauch, der von einer auf dem Aschenbecher liegenden Zigarette aufsteigt, an das Muster, das die Emotionen eines Menschen über einen gewissen Zeitraum bilden, oder an die Muster in der Geschichte einer Organisation oder einer ganzen Nation, werden sie Dir anfangs alle ziemlich chaotisch vorkommen. Der von einer Zigarette aufsteigende Rauch kräuselt sich zu verschlungenen, faszinierenden, beinahe hypnotischen Gebilden. Die Formen ändern sich ständig, bleiben keinen Augenblick gleich, und doch ist etwas von Selbstähnlichkeit in ihnen. Etwas bleibt anscheinend gleich an diesem Muster, während der Rauch in Arabesken aufsteigt. Läßt sich dieses Gleichbleibende, dieser Eindruck von Ordnung im Chaos des aufsteigenden Rauchs, beschreiben?

Wissenschaftler können den Gesamtzustand eines komplexen Holons wie etwa eines Wettermusters als Bewegungen eines

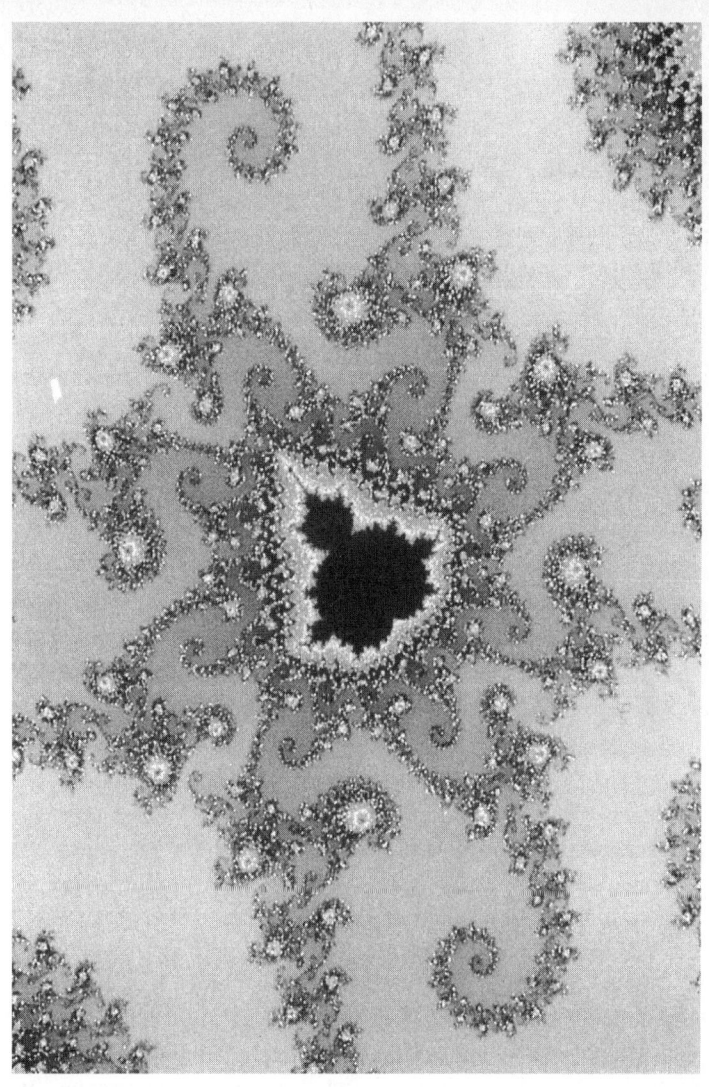

*Abb. 12*

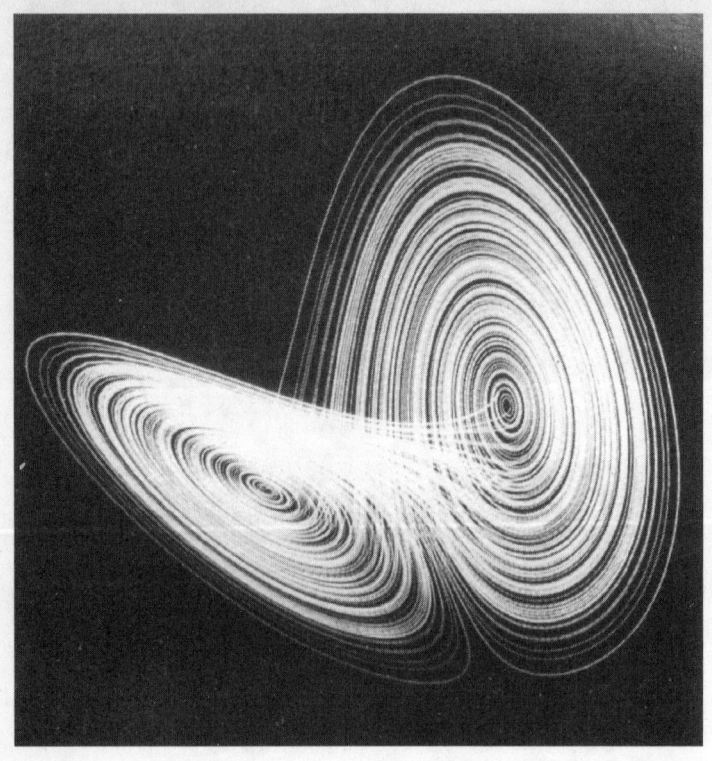

*Abb. 13*

Punktes in einer speziellen mehrdimensionalen Darstellungsweise graphisch erfassen – im sogenannten *Phasenraum* des Holons. Hier werden die Positionen dieses Punktes auf seinem Weg durch die Zeit verfolgt. Solche mehrdimensionalen Darstellungen sind wie die Mandelbrotmengen erst mit der Entwicklung von Supercomputern möglich geworden. Ich will hier nicht darauf eingehen, was ein Phasenraum ist; es kommt nur darauf an zu verstehen, daß ein Punkt in der Darstellung den dynamischen Zustand des Gesamtholons zu einem bestimmten Zeitpunkt repräsentiert. Die Bewegung des Punktes im Phasenraum sagt also etwas darüber aus, wie das Holon sich als Ganzes im Laufe der Zeit verändert.

Wenn man das Verhalten eines Holons wie etwa des Wetters im Phasenraum graphisch darstellt, erscheinen ganz erstaunliche und ästhetisch sehr ansprechende Gebilde (Abbildung 13). Solch ein Muster, an dem die tief im Chaos verborgene Ordnung erkennbar wird, nennt man »*seltsamer* Attraktor« (*strange attractor*). Attraktor, weil hier ein Verhalten oder Zustand sichtbar gemacht wird, zu dem ein dynamisches System hin tendiert; und *seltsam*, weil es sich um chaotische Systeme handelt, die nie ein zweites Mal genau den gleichen Zustand erreichen, genau das gleiche Verhalten zeigen.

Das führt uns zurück zu unserem Thema »Muster in Mustern in Mustern«. Die seltsamen Attraktoren haben eine besondere Eigenschaft – sie sind Fraktale. Wie man am Zigarettenrauch, am Wetter oder auch an unseren emotionalen Mustern sieht, wiederholen sie sich niemals ganz exakt, aber *irgend etwas* an ihnen läßt ganz eindeutig eine gewisse Selbstähnlichkeit erkennen: immer wieder ähnliche Muster, auf welcher »Vergrößerungsstufe« wir den Attraktor auch untersuchen mögen. Auch in ganz chaotisch wirkenden Systemen gibt es also eine faszinierende, tief verborgene Form der Ordnung.

Fraktale und seltsame Attraktoren sind keine meßbaren Objekte. Es ist schwierig, sie auch nur mit dem Verstand zu erfassen. Aber wir können das Muster fühlen, und dann verstehen wir, daß es solche Muster, in immer wieder neuen Abwandlungen, praktisch bei jedem dynamischen Holon der Natur gibt. So chaotisch uns also das Wetter oder Zigarettenrauch und manchmal unsere eigenen Gedanken und Emotionen auch erscheinen mögen, es verbirgt sich doch eine tiefe Ordnung in ihnen.

Zwei Dinge, die besonders viel mit dynamischen Fraktalmustern zu tun haben, sind Bedeutung und Qualität. Der Unterschied zwischen einer Kunstblume und einer richtigen Blume liegt vor allem in der Komplexität der Struktur, im Grad der verborgenen

Ordnung. Wenn wir ein Gespür für Muster haben und Muster unterschiedlichster Ebenen verknüpfen können, sind wir in der Lage, »die Unendlichkeit in einem Sandkorn zu sehen«.

Fühlen-Energie-Gewahrsein wäre absolut formlos, wäre da nicht das Spiel all der Muster in diesem Raum, vom Allerkleinsten bis zum Allergrößten. Die Muster sind es, die die Qualitäten all der verschiedenen Holons in unserer Welt ausmachen. Wenn wir das Muster fühlen, fühlen wir auch seine Qualität, und damit sind wir in der Lage, Wiederholungen dieser Qualität auf verschiedenen Ebenen zu fühlen.

So läßt sich auch erklären, weshalb wir Muster einer höheren Größenordnung als unserer eigenen fühlen können, weshalb wir also mit Göttern, Engeln, Dralas und so weiter in Resonanz treten können. Wenn wir die Schwingungen eines Energie-Musters im eigenen Körper-Geist fühlen, können wir mit ähnlichen Schwingungen einer höheren Größenordnung in Resonanz treten. Das meinten die mittelalterlichen Alchimisten vielleicht mit dem Satz »Wie oben, so auch unten«. Und im sechsten Jahrhundert schrieb Sengcan, der dritte Patriarch des chinesischen Zen: »Das Kleinste ist gleich dem Größten, die Grenzen zwischen den Welten verschwinden. Das Größte ist gleich dem Kleinsten, es gibt keine festen Grenzen.«

Zu den meisten Formen spiritueller Praxis gehört Wiederholung. Jedes Ritual, sofern es lebendig ist, lebt davon: Mantra-Rezitation, schöpferisches Visualisieren von Gottheiten, rituelles Trommeln und Tanzen und so weiter. Durch Wiederholung stimmen wir uns, auf der Ebene unseres eigenen Körper-Geistes, auf ein bestimmtes Muster von Energie-Gewahrsein-Fühlen ein, und dadurch wird Resonanz mit ähnlichen Mustern auf anderen Ebenen möglich.

Wir können hier wieder unseren Stimmgabel-Vergleich heranziehen. Die Stimmgabel kommuniziert mit dem Klavier: Wenn der Klavierstimmer eine Stimmgabel anschlägt, nehmen wir das mittlere C, und sie dann ans Klaviergehäuse hält, wird die mittlere

C-Saite des Klaviers anklingen (sofern das Klavier richtig gestimmt ist). Ein Klavier oder ein Flügel wird durch die kleine Stimmgabel zu Resonanzschwingungen angeregt! So ähnlich kann man sich vielleicht die Kommunikation des Menschen mit den Dralas vorstellen. Wir erzeugen in uns ein Muster, das mit ihrem – wie oben, so auch unten – in Resonanz tritt, und damit haben wir uns auf ihre Energiemuster eingestimmt.

Ein schönes Beispiel für dieses Prinzip wird in einer Geschichte von einem chinesischen Regenmacher erzählt. Richard Wilhelm, der viele Jahre in China lebte und der erste Übersetzer des *I Ging* war, hat sie Carl Gustav Jung erzählt:

*In Kiaochou kam es zu einer großen Dürre, Menschen und Tiere starben zu Hunderten. Voller Verzweiflung ließen die Leute einen alten Regenmacher rufen, der in den nahe gelegenen Bergen lebte. Richard Wilhelm sah, wie der Regenmacher in einer Sänfte in die Ortschaft gebracht wurde, ein sehr kleiner, graubärtiger Mann. Er sagte, er wolle ganz für sich allein in einer kleinen Hütte vor der Ortschaft bleiben, und nach drei Tagen regnete es, es schneite sogar. Richard Wilhelm gelang es, zu einem Gespräch vorgelassen zu werden, und so konnte er den alten Mann fragen, wie er den Regen erzeugt habe. Der sagte jedoch: »Den habe ich doch nicht gemacht, wie sollte ich denn?« Aber nach kurzem Schweigen fügte er hinzu: »Sehen Sie, es war so: Durch die Dürre war die ganze Natur und waren auch die Menschen zutiefst verstört. Sie waren nicht mehr im Dao. Als ich herkam, ergriff auch mich diese Verstörung. Es war so schlimm, daß ich drei Tage brauchte, bis ich wieder ganz in mir gefestigt war.« Und mit einem Lächeln fügte er hinzu: »Dann hat es natürlich geregnet.«*

Die abendländische Alchimie und Astrologie (ich meine die *echte* Astrologie, nicht die albernen Zeitungshoroskope, über die wir uns manchmal amüsieren), aber auch die daoistische und konfuzianische Tradition wissen von Entsprechungen zwischen den verschiedenen Daseinsbereichen – dem Unbelebten, der Pflanzen-, Tier-, Menschen- und Himmelswelt; wir könnten auch sagen zwischen dem Materiellen, Biologischen, Psychologischen und Spirituellen. Diese Entsprechungen bilden sogar die Grundlage der Spiritualität in diesen Systemen.

Paracelsus, einer der großen Alchimisten, schrieb beispielsweise, daß alle Muster des Himmels und der Erde auch im Menschen zu finden seien. Jede Philosophie oder Medizin müsse den Makrokosmos (den gesamten Kosmos) im Mikrokosmos (dem einzelnen Menschen) wiederfinden.

Ähnlich äußert sich der balinesische Heiler Jacota Rai: »Wenn du stark und gesund sein möchtest, hör auf deinen Körper. Lerne aus deinem Leben und laß nicht zu, daß negative Gefühle sich in deinem Körper niederschlagen. Du setzt dich nicht nur für die individuelle Gesundheit ein. Dein Körper ist ein Mikrokosmos der Erde. Sorge für deinen Körper, und du sorgst für die Erde.«

Aufgrund der Entsprechungen zwischen Himmel, Erde und Menschen erweisen sich Ereignisse, die zunächst unverbunden erscheinen, aus einer anderen Perspektive als Teile eines größeren Zusammenhangs. Wo wir zunächst nur zufällige Überschneidungen sehen, zeigen sich bei einer Weitung unseres Gesichtsfeldes Verbindungen. Und die Verbindung liegt in der Selbstähnlichkeit der Muster.

Ein Beispiel für dieses Prinzip ist der Snake Dance, den Trudy Sable in ihrer Dissertation über die Weitergabe des Wissens bei den Mi'kmaw beschrieben hat. Bei diesem Tanz, zu dem sich die Tänzer hintereinander aufstellen, wobei sie einander die Hände auf die Schultern oder um die Taille legen, geht es um eine Heilpflanze von schlangenähnlichem Wuchs. Doch in den Bewegungen der Tänzerschlange, zusammen mit der Begleitung durch Rasseln und Gesänge, offenbart sich ein weites Geflecht von Beziehungen zwischen den Menschen, der Pflanze, den Energien dieser Pflanze und ihres Beschützerwesens, ja sogar dem Wechsel der Jahreszeiten und den Sternen. »Beim Studium eines einzigen Tanzes oder einer einzigen Pflanze«, so resümiert Trudy Sable, »zeigt sich ein ganzer Kosmos von Beziehungen, von Informationen über die Welt.«

In der griechischen Mythologie waren die höheren Daseinsbereiche durch die Götter vertreten, die gelegentlich in die Belange der Menschen eingriffen, aber auch unabhängig von den Menschen ihren ganz eigenen Verrichtungen nachgingen. Ich sage »vertreten«, aber ich bin sicher, daß die Griechen ihre Götter nicht als bloße Symbole sahen, sondern als Kräfte, die an Wendepunkten (wie sie in der griechischen Tragödie dargestellt werden) wirklich in den Lauf ihres Lebens eingriffen. Diese Schauspiele waren buchstäblich Stücke ihres Lebens, wie es für unsere Kultur die Folgen der Vorabendserien im Fernsehen sind. Was ist Dir lieber?

Wieder etwas Ähnliches haben wir im Wayang, dem javanischen Schattentheater. Die Stücke werden, meist abends, für das ganze Dorf aufgeführt und können sich über mehrere Nächte hinziehen. Man geht davon aus, daß nicht nur die Menschen zuschauen, sondern auch die Ahnen und Götter sowie Geister und Dämonen aller Art. Die Götter und Geister gelten sogar als das eigentliche Publikum, während die Menschen nur so am Rande vorbeiziehen.

Die Sprache dieser Stücke ist ein Spiegel aller historischen Entwicklungsschritte der Landessprache – Altjavanisch, Sanskrit (in dem die Götter angeredet werden), Neujavanisch und amerikanischer Slang. Die Aufführung wird als glückverheißende Zusammenkunft von Göttern und Menschen angesehen. Das zeigt sich schon an den in der Aufführung dargebotenen Geschichten, die sich vor allem um verheißungsvolle oder bedeutsame Koinzidenzen drehen. Im Stück gibt es wie im Leben verschiedene Welten und Zeiten, die sich überschneiden und mitunter innig mischen können. Und wenn die Welten sich begegnen, ist der bedeutsame und folgenreiche Augenblick der Koinzidenz erreicht.

Das eigentlich Feinsinnige am Wayang, seine Lehre, zeigt sich in dieser Koinzidenz der Welten. In einem einzigen Stück begegnen uns die Welt der Dämonen, die unmittelbare sinnliche Welt der Natur; die Welt der heroischen Ahnengestalten; die Welt der alten Gottheiten, eine ferne, kosmische Welt reiner Kraft; und die Welt der Clowns, eine moderne, pragmatische Welt, in der jeder zusehen muß, wie er durchkommt. Alle diese Welten existieren zusammen, und es gibt Begegnungen, Konfrontationen, Schlachten zwischen ihnen. Jede hat ihre eigene Zeitdimension, aber alle diese Zeitdimensionen treten gleichzeitig in Erscheinung.

Und vergessen wir nicht, daß die Welten und Zeiten für die Javaner tatsächlich zusammenkommen. Das ist nicht einfach ein Märchen. Märchen sind übrigens in diesem Sinne auch nicht einfach nur Märchen à la »Es war einmal«.

So Vanessa, in diesem Brief habe ich versucht, Dich mit den Mustern vertraut zu machen, die sich durch alle Ebenen unserer Wirklichkeit ziehen – die dynamischen Fraktale von Natur, Leben und Geist; die seltsamen Attraktoren, die diese dynamischen Fraktale in Aktion zeigen, mitten im scheinbaren Chaos, wo sie Seen der Ordnung in all dem Strömen bilden und das verbindende Prinzip aller Größenordnungsstufen sind. Ich habe auch gezeigt, wie dies in vielen verschiedenen Traditionen als das Prinzip »wie oben, so auch unten«, das Prinzip von Mikrokosmos und Makrokosmos, zum Ausdruck kommt – hier der Mensch, dort Himmel und Erde, ineinander gespiegelt.

Heute nachmittag wird es darum gehen, daß diese Dinge nicht nur für andere Kulturen und Zeiten gelten. Auch wir können uns die bedeutsame, die glückverheißende Koinzidenz jedes Augenblicks, die *Jetztheit*, durch unser Fühlen erschließen und so zu vielen Bedeutungsebenen durch Resonanz Kontakt aufnehmen.

## 24. Brief
### Wie Stimmgabeln auf dem kosmischen Klavier

*Liebe Vanessa,*

in einigen meiner früheren Briefe habe ich schon über bedeutsame Koinzidenzen geschrieben, und da die Zeit nicht linear ist, fügt es sich ganz gut, wenn dieser Kreis sich hier schließt und wir auf dieses Thema zurückkommen.

Du betrittst einen Laden und stößt auf einen Freund, den Du seit fünf Jahren nicht mehr gesehen hast und von dem Du gar nicht weißt, daß er gerade wieder mal in der Gegend ist. Aber ausgerechnet an diesem Morgen hast Du an diesen Freund gedacht, weil Du ihn dringend etwas fragen mußt, was nur er weiß. Das ist eine bedeutsame Koinzidenz. Oder Dein Computer fällt in dem Augenblick aus, in dem Du einen Brief schreiben willst, der Dir viel Ärger eingebracht hätte – das ist mir vor ein paar Jahren passiert. Aber können wir uns der größeren Bedeutung öffnen, den vielen Welten, die sich in dieser Koinzidenz treffen wie in der griechischen Tragödie oder im javanischen Schattentheater? Können wir uns von dieser umfassenderen Sicht leiten lassen, die solche Koinzidenzen uns vorführen?

Sogar während der Tage, die ich hier in der Hütte verbringe, um zu schreiben, habe ich eindeutige Fälle von solchen Koinzidenzen erlebt. Über einen Fall habe ich bereits im fünften Brief berichtet: die Sache mit dem warmen Wasser, das gerade an dem Morgen *aus*fiel, an dem mir unbedingt die Koinzidenz *ein*fallen mußte. Ich will Dir von noch einem Fall erzählen, zu dem es heute morgen kam. Ich sah gerade durch, was ich vor ein paar Tagen über Holons geschrieben hatte, die auf einen plötzlichen Energiestoß hin entweder auf eine höhere oder auf eine tiefere Ebene der Energie und Ordnung springen können. Es wollte mir nicht so recht gefallen, es war mir ein bißchen zu steif geraten, und ich hatte schon tagelang daran herumgebastelt, wußte aber immer noch nicht recht, wie es sich in den Zusammenhang einfügen ließ. Ich hatte das Gefühl, daß ich da dringend noch ein praktisches Beispiel brauchte.

Heute morgen also war ich damit beschäftigt, diesen Teil umzuschreiben, um ihn einfacher und klarer zu machen. Beim Schreiben überlegte ich gerade, was wohl ein gutes Beispiel wäre, als mir ein unbekanntes Geräusch auffiel – ba-*gom*-bong-bong, ba-*gom*-bong-bong ... Ich hörte auf zu tippen und lauschte. Das konnte nur Musik sein. Sie wurde lauter und war schließlich als so etwas wie leichter Country-Rock zu erkennen. Der Hausverwalter wohnt drüben auf der anderen Seite der Zufahrt, vielleicht zweihundert Meter weit weg, und ich dachte: »Mein Gott, Mark kann doch unmöglich seine Stereoanlage dermaßen aufdrehen.« Und eigentlich hört er nie Country-Musik.

Also ging ich zur Tür und sah nach. Da stand auf der Zufahrt, zwischen meiner Hütte und Marks Haus, ein alter dunkelgrüner Pick-up. Auf dem Fahrersitz saß jemand mit einem Pappbecher Kaffee in der Hand und wippte mit dem Kopf zur Musik.

Mein erster Gedanke war, rauszugehen und den Mann zu bitten, er möge doch die Musik leiser drehen, aber dann kam mir plötzlich: »Das ist genau das, worüber Du gerade schreibst.« Also ging ich an meinen Computer zurück und ließ mich von diesem Störungsgefühl antreiben. Es funktionierte. Nach ein paar Minuten machte die Musik mir überhaupt nichts mehr aus, zumal sie ja offenbar »gezielt« dazu da war, mir bei dieser schwierigen Passage zu helfen. Noch bevor ich mit dem Schreiben fertig war, wurde die Musik leiser, und ein paar Minuten später hörte ich den Wagen wegfahren.

Koinzidenz? Ja, natürlich. Und sogar *bedeutsam*. Es war eine Koinzidenz meiner äußeren Welt und der inneren Welt meiner Gedanken und Gefühle zu diesem Buch, die im Moment sehr konzentriert ist, weil ich mit meinen Gedanken und Gefühlen zu diesem Buch esse und schlafe und meiner Manjushri-Praxis nachgehe. Es gab eine ganze Reihe von Vorfällen dieser Art. Ich habe mich zum Schreiben hierher zurückgezogen, weil ich große Schwierigkeiten mit der Fertigstellung dieses Buches hatte. Ich habe Manjushri sehr nahe gefühlt und ihn, manchmal fast verzweifelt, um Hilfe gebeten. So kam es übrigens dazu, daß ich überhaupt diese Briefe an Dich schreibe. Vor zehn Jahren habe ich zwei ziemlich kompakte, lange und ernste Bücher über Wissenschaft und Spiritualität geschrieben, und Mama redet mir schon seit langem zu, doch mal eine einfache Fassung zu erarbeiten, die jeder verstehen kann.

Zwei Jahre lang habe ich mich ziemlich vergeblich darum bemüht und dann den Entschluß zu einem letzten Versuch gefaßt: für drei Wochen in Klausur gehen und dann, wenn immer noch nichts zustande kommen sollte, die ganze Sache endgültig aufzugeben. In der Zeit vor meiner Abfahrt hierher hatte ich mit besonderer Sorge beobachtet, wie die Borniertheit der Schule sich an Dir auswirkte. Und dann war da noch ein Gespräch mit Adam, einem jungen Freund, Student im ersten Semester. Er erzählte mir, daß viele seiner besten Freunde in einer verzweifelten Lage seien – sie waren schwer depressiv oder nahmen harte Drogen, und es gab mindestens einen Selbstmordversuch. Es war ihm so wichtig, daß ich verstand, wie zutiefst entmutigt seine – Deine – Generation angesichts des Zustands der Welt und angesichts der trüben Zukunftsaussichten ist.

Am ersten Morgen meiner Klausur übte ich meine Manjushri-Meditation, und es kamen die Worte in mir hoch: »Bitte *hilf*.« Dann hörte ich beziehungsweise fühlte ich in meiner Brust die Worte »Liebe Vanessa«. Ich dachte: »Oh, wirklich nett. Aber das wird nicht gehen.« Aber dann hörte ich wieder »Liebe Vanessa« und schob den Gedanken abermals weg. Als dann zum dritten Mal »Liebe Vanessa« kam, stand ich auf und schrieb: »Liebe Vanessa ...« Von da an war das Schreiben kein Problem mehr.

Wie Du weißt, ist das Bücherschreiben für mich immer ein ziemlicher Kampf gewesen. Selten, daß mir mehr als ein paar Sätze in Folge locker von der Hand gehen. Es war für mich fast immer dieselbe alte Plackerei – und dabei noch das Gefühl, daß ich eigentlich immer das gleiche sagte. Aber in diesen drei Wochen hier kamen mir die Worte manchmal schneller, als ich sie aufschreiben konnte, und manchmal hatte ich das Gefühl, daß da jemand durch mich schreibt.

Ich erzähle das nicht, weil ich meine Erfahrung außergewöhnlich finde; ganz und gar nicht, im Gegenteil. Ich will vielmehr sagen, daß *jeder*, wenn er nur genügend Leidenschaft und Offenheit mitbringt, Verbindung zu seinen Drala-Freunden aufnehmen kann und ihre Präsenz dann vielleicht als geballte Intuition an sich erlebt. Außerdem darf die Sicht nicht durch den Glauben behindert sein, daß die rationale, wissenschaftliche Sicht die einzig wahrheitsgetreue Geschichte der Welt erzählt. Du mußt diese Sehnsucht haben, und Du mußt bereit sein, zu lieben. Der sufische Mystiker und Dichter Rumi, der große Liebende des Göttlichen im »Innen« und »Außen«, hat gesagt: »Wenn du, o Bedürftiger, ein besonderes Organ der Wahrnehmung ausbilden möchtest, so vermehre deine Bedürftigkeit.«

Lucia Roncalli, eine äußerst engagierte und fürsorgliche Hebamme, die ich 1994 bei der PEAR-Konferenz traf, erzählte mir von vier Begegnungen, die sie bei Hausgeburten mit ihrem persönlichen Drala hatte. Über die vierte Begegnung erzählt sie:

*Eigentlich fühle ich es nicht in mir. Ich sehe es im Zimmer. Es sah bei jeder Begegnung gleich aus, und ich nenne es jetzt bei seinem Namen: Angst. Es ist massig wie ein Berg und zugleich einem Büffel ähnlich. Es hat ein dichtes, zottiges Fell und ein Auge – ich sehe es von der Seite. Es hat nichts persönlich Bedrohendes oder Monströses. Es ist einfach, und es ist bei uns, eine weitere Präsenz im Zimmer.*

*Angst hat ein Geschlecht, ich sehe es als männlich; allerdings wäre es zuviel der Personifizierung, wenn ich »er« sagen würde. Bei den anderen drei Fällen, in denen Angst erschien, sind normale Geburten gesunder Frauen nach unauffälliger Schwangerschaft völlig entgleist. Es waren die denkbar ungewöhnlichsten Notfälle, unvorhersehbar. Die Sache nahm bei diesen ersten drei Malen immer ein gutes Ende, aber vorher gab es endlose Augenblicke, in denen alles auf Messers Schneide stand.*

Bei dieser vierten Begegnung mit Angst – vier Fälle unter zweihundert erfolgreichen Hausgeburten, an denen Lucia beteiligt war – waren die Vitalzeichen des Kindes bis Sekunden vor der Geburt gut. Trotzdem überlebte es nur einige Monate, und zwar unter künstlicher Beatmung, bis die Eltern das Gerät schließlich abstellen ließen. Hätte Lucia – gegen den entschiedenen Wunsch der Eltern, gegen den Rat der anwesenden Kollegin und gegen die Tatsache, daß keinerlei medizinische Notwendigkeit zu erkennen war – auf einer Verlegung ins Krankenhaus bestehen sollen? Sie selbst sagt: »In einer rationalistischen Kultur ist das mit seltsamen Empfindungen so eine Sache: Nur zu leicht läßt du dich davon abbringen, sie ernst zu nehmen. Wenn ›verifizierbare Daten‹ an oberster Stelle stehen, dein Gefühl aber etwas anderes sagt, dann stehst du mitten in der Pampa, wo nichts mehr so genau bekannt ist, wo es keine gebahnten Wege gibt und Kochbuchregeln keine Gültigkeit haben.«

Deshalb kommt Lucia zu folgendem Schluß:

*Vielleicht hätte dieses Leben gerettet werden können, wenn ich die von Angst gegebenen Zeichen akzeptiert und die Verlegung in die Klinik vorgeschlagen hätte. Möglicherweise war auch ein anderer Faktor im Spiel, den vielleicht die Eltern verstanden hätten, wenn ich mit ihnen offen über Angst gesprochen hätte. Es könnte sein, daß sie sich auch dann nicht für die Klinik entschieden hätten, sondern für Gebete oder etwas anderes.*

*Dann hätte jedenfalls die Verantwortung für die Entscheidung und die Folgen da gelegen, wo sie hingehört: in den Händen der Eltern.*

*Diese Gedanken gehen mir immer noch durch den Kopf, und ich würde am liebsten Trommeln schlagen und an den Glockenseilen zerren und von den Dächern rufen:* Intuitives Wissen ist genau so real wie Labordaten!!! Es muß in medizinische Entscheidungen mit dem gleichen Respekt einbezogen werden wie das Quantifizierbare! Wir müssen eine Sprache entwickeln, in der wir – und zwar ordentlich – über diese Dinge sprechen können!

Zu allen Zeiten und in allen Völkern haben die Menschen solche Energiemuster angerufen, die wir Götter, Geister, Helfer, Dralas, Engel, Devas oder wie auch immer nennen. In der kosmischen Geschichte, die ich in diesen Briefen erzähle, sind diese Wesen einfach Muster im Ozean der Energie, des Fühlens und des Gewahrseins, Muster, auf die wir uns einstimmen können, so daß sie aus dem Ozean hervortreten. Wir sind letztlich nicht getrennt von diesen Gottheiten; wir haben gleichsam teil an ihrem Wesen, und dadurch können wir mit ihnen kommunizieren oder sie mit uns.

Wenn wir uns den Dralas öffnen, und sei es auch nur für einen Augenblick, können sie uns leiten. Aber nur wenn wir *jetzt* leben, können wir diese Verbindungen fühlen und die Dralas einlassen. Jetztheit ist der Schlüssel; tatsächlich ist das Jetzt sogar der einzige Augenblick, den Du je hast, Vanessa.

Aber eine Warnung muß ich hier noch anfügen: Die Energiemuster der Götter und Geister sind nicht unbedingt angenehm oder hilfreich, also sieht man sich besser vor. Es gibt in diesem Bereich, genau so wie in der Menschenwelt, Energiemuster, die eher entzweiend wirken und Leiden verursachen. Die wollen wir sicher nicht anlocken. Wir können uns zu unserem eigenen Wohl und zum Nutzen anderer auf größere Energiemuster einstimmen, aber wir können damit auch viel Schaden anrichten. Das ist wie mit der Elektrizität, die an sich neutral ist, aber nutzbringend oder schadenbringend angewendet werden kann. Wir sollten wissen, an wen wir uns wenden, wir sollten auch wissen, was wir tun und warum. Der beste Schutz besteht in dem klaren Wissen, daß wir letztlich nicht voneinander getrennt sind und nicht voneinander getrennt werden können. Im Grunde sind wir verbunden – als Muster im Raum des Fühlen-Energie-Gewahrseins. Wenn wir also Drala-Energie anziehen, sollten wir immer wissen und fühlen, daß wir es nie bloß für uns tun, sondern stets für uns *und* für andere.

Und noch etwas, das nicht genug betont werden kann: Nicht nur spirituelle Übungen verbinden uns mit der größeren Welt, einer verzauberten oder heiligen Welt. Alles andere, was wir tun – Holzhacken, Feuer machen, Frühstück zubereiten, den Wagen anlassen, im Supermarkt einkaufen – ist auch ein Ritual. Wir tun diese Dinge Tag für Tag ein Leben lang. Und wenn wir dabei geistesgegenwärtig sind, fühlen wir auch, wie jede dieser Tätigkeiten uns mit allem anderen in der Welt verbindet. Künstlerische Tätigkeiten wie etwa Holzschnitzerei, aber auch alles andere, was Menschen tun, sogar Sport, können uns mit den jeweils zugehörigen Drala-Energien verbinden. Gerade künstlerische oder kunsthandwerkliche Tätigkeiten, wenn wir ihnen mit echter Passion nachgehen, können besonders gut die Drala-Energien anziehen, weil wir darin Mustern folgen, die sich über Generationen entwickelt und erhalten haben.

Mein Leben besteht zu einem Großteil aus immer wiederkehrenden Dingen. Wenn ich die Muster meines Tuns fühle, anstatt mein Wahrnehmungsfeld auf das einzuschränken, was direkt vor meiner Nase ist (denn Jetztheit ist nicht eng, sondern weit, Achtsamkeit *und* Gewahrsein), wird mein Leben ein zusammenhängendes Ganzes. Und das Energieniveau ist dann ein ganz anderes als zu Zeiten, wo mein Leben eine bloße Aneinanderreihung ungefühlter Zombie-Aktionen ist.

Unser Leben erhält also Auftrieb, wenn wir die kleinen Tätigkeiten unseres Lebens fühlen, unser Herz hineinlegen und die

Muster fühlen, die sie in unserem Leben bilden. Dann werden uns Muster fühlbar, die über unsere kleine Welt hinausreichen und eine viel größere Welt berühren, eine heilige Welt, in der Götter und Dralas sind.

Durch dieses Verbundensein mit den Mustern der größeren Welt erschließt sich uns ein ganzer Ozean der Energie. Es ist ganz einfach, aber wir müssen dazu aufhören, uns gegen den Gewahr-sein-Fühlen-Energie-Ozean, zu dem wir gehören, abzugrenzen; wir müssen den Widerstand aufgeben, dürfen uns nicht mehr angstvoll abwenden. Wenn wir in diesen Ozean hineinspringen und unsere Zugehörigkeit fühlen, kann es zu einem spielerischen Austausch kommen. Unser Ringen um dies oder das läßt nach, und es ist, wie wenn ein Krampf sich löst. Die Dinge kommen zu uns, und wir gehen auf sie ein, anstatt bloß zu reagieren. Geschmeidig drehen wir uns im Spiel der Kräfte, federnd biegen wir uns zurück oder vor, gebend und empfangend. Innerlich lachend spüren wir den Unterschied zu unserer gewohnten ernsthaften Wohlanstän-digkeit. Und wir sehen immer deutlicher, daß die Dinge zur rechten Zeit geschehen.

Ich sage nicht, daß man dann immer nur glücklich ist und seinen Spaß hat. Du kannst auch dann bedrückt sein, aber wenn Du zuläßt, daß Du es wirklich fühlst und schmeckst, daß Du Dich darauf einläßt, wirst Du sogar in dieser Stimmung Energie und Weisheit finden. Du empfindest sie als Teil des Spiels, Teil des größeren Bildes.

Durch Einstimmung auf den Ozean der Energie und die Drala-Muster unserer persönlichen und der gemeinschaftlichen Welt können wir in unserer Kultur tiefgreifende Veränderungen be-wirken. Wir sind zwar ohnehin in die größere Welt und die Drala-Welten eingebunden, aber wenn wir uns dagegen so wehren, wie es in unserer Kultur heute der Fall ist, werden wir uns weiterhin abgeschnitten und allein im Universum fühlen. Und wir werden weiterhin deprimiert sein und uns hilflos fühlen.

Es gibt soviel Leiden in unserer Welt, überall, und wir müssen versuchen zu helfen – aber es muß Hilfe sein, die wirklich hilft. Denn sosehr wir uns auch gesellschaftlich oder politisch engagieren mögen, so eifrig wir uns auch spiritueller Praxis widmen mögen, in dem Gedanken, daß wir uns selbst und anderen helfen, solange wir uns doch noch, und sei es unbewußt, als Bewohner einer toten Welt erleben, werden wir die allgemeine Depression nur vertiefen. Unser Handeln wird, ohne daß wir es wollen, nur den Fortbestand, ja die Ausbreitung der toten Welt bewirken, und sie ist ja der eigentliche Grund der Depression.

»Jetzt hab ich erst mal genug von neuen Visionen gehört; wann kommen wir denn mal praktisch zur Sache?« sagen viele. Aber das ist eine Frage der Prioritäten. Wenn Du Deine Art zu sehen nicht grundsätzlich änderst, werden neue Maßnahmen überhaupt nichts bewirken. Ist es jedoch einmal zu dieser Änderung gekommen, ergeben sich auch praktische Lösungen quasi von selbst.

Wir erschaffen unsere Welt miteinander. Wir sind Holons in der Gesellschaft, und diese ist ein Holon in der Welt. Doch diese befindet sich zur Zeit in einem bedrohlichen Verwahrlosungszustand. Als vereinzelte Wesen, als Individuen, werden wir nicht überleben. Individualismus gehört zur toten Welt. Aber wenn wir uns auf die verzauberte Welt einstimmen und anderen dabei helfen, sich auch einzustimmen, wird unser Handeln ganz natürlich unserer Vision folgen und so wirklich zu einer Verbesserung der Gesellschaft beitragen. Und diese wird dann nicht nur für Menschen gut sein, sondern auch für Hunde und Bäume und Dralas.

Als Gemeinschaft können wir, wie eine Stimmgabel auf dem kosmischen Klavier, miteinander schwingen, um ein höheres Kraft- und Energieniveau zu erreichen. Und mit Kraft meine ich die Fähigkeit zur Kontaktaufnahme mit der Welt, nicht rohe Kraft, die etwas erzwingt.

Unsere Gesellschaft glaubt nicht, daß Probleme durch sanfte Berührung der Erde, durch das Miteinander von Mensch und Erde zu bewältigen sind; sie glaubt an Herrschaft, an manipulierende

Macht über die Erde und alles was auf oder unter oder über ihr ist. Aber es funktioniert nicht, und Du und Deine Freunde, Vanessa, ihr wißt und fühlt es.

Die Erde berühren, das ist zum Beispiel durch Feste möglich. In ihrem Zusammenwirken geben Festlichkeiten und Rituale den Menschen die Möglichkeit, ihre lebenswichtigen Verbindungen zur Welt wieder einmal zu bündeln. Im Ritual feiern Menschen die Harmonie mit ihrer Welt, sie sammeln ihre kollektiven Kräfte und rufen die Dralas, um mit ihnen das Leben zu feiern. Rituale lassen Resonanzen entstehen, über die es zum Austausch zwischen Dralas und Menschen kommen kann. Wir suchen Verbindung zu den Elementarkräften der Welt. Durch Einstimmung auf das Wasserelement und die Wasser-Dralas entsteht eine Verbindung zum Wasserelement in uns selbst und der Welt. Wenn wir das Windelement feiern, treten wir in Resonanz mit dem Wind und den wirbelnden Energien des Himmels. Und wenn die Energie des Fühlens oder Liebens entlang der Bahnen von Energie und Gewahrsein ausgesandt wird, können Wunder geschehen.

In unserer westlichen Gesellschaft ist das Feiern inzwischen eher Flucht vor der elenden Plackerei des Lebens als eine Gelegenheit, die Verbindungen zu Leben und Erde neu zu knüpfen. Wie leer sind Parties, bei denen man sich mit wohlgesetzter Miene anödet, oder Freßgelage, die Körper, Geist und Herz erschlagen. Ritual-Versuche sind häufig ermüdend, wenn nicht langweilig. Aber es war nicht immer so. Bei den vorchristlichen »Heiden« gab es an den großen Wendepunkten in den Zyklen der Natur gewachsene, vielschichtige Rituale und Feste.

Nach der Christianisierung hat man aus diesen Festen Feiertage wie Weihnachten, Ostern und Allerheiligen gemacht. Die heiligen Steinkreise werden zerstört, heilige Brunnen zugeschüttet, heilige Menschen verbrannt. Man verbot den Menschen ihre das Leben erneuernden Rituale. Und als die Puritaner erst loslegten, waren die Dämonen bald ganz ausgetrieben, denn jetzt wurde alles Singen (außer das von Kirchenliedern), Tanzen, Spielen und überhaupt jedes die Sinne ansprechende Tun verboten. Du hattest zu arbeiten und dich vom Teufel fernzuhalten. Hast du darin einmal nachgelassen oder bist aus der Reihe getanzt, war dir eine schwere Strafe sicher. Wir leben immer noch unter der Last dieses puritanischen Erbes. Nach wie vor schwingen Individualismus und trostlose Arbeitsbesessenheit das Zepter.

Aber ist es nach allem, was wir hier besprochen haben, immer noch weit hergeholt, zu glauben, daß ein Regentanz-Ritual mehr bewirkt als der Bau von Staudämmen oder gewaltsames Regenmachen mittels Silberjodidberieselung der Wolken? Wirkt das Einsperren von Menschen besser gegen Gewalt, oder ist es besser, man hilft ihnen, die Güte und Freundlichkeit zu sehen, die ihnen selbst eigen ist? Ist ständige Geschäftigkeit wirklich produktiver, als mit den Dralas zu tanzen und ihnen die Chance zur Mithilfe zu geben? Unsere gewohnten Verfahren haben ihren begrenzten Nutzen, aber vielleicht könnten wir doch unser Denken ein wenig raumgreifender machen.

Feste und Rituale sind wichtige Bestandteile des Lebens und so notwendig wie das tägliche Brot. Feste feiern die Ordnung der Natur und verbinden den Menschen mit den Naturereignissen und den Geistern. Die Geister sind am Ritual beteiligt und erwachen hier zum Leben. Das Feiern geschieht um des Lebens selbst willen. Es ist ein natürliches Überströmen lebendiger Freude, eine Erneuerung, eine Neubelebung. Das Fühlen des Guten und der Freude in einem selbst weitet sich aus zum Fühlen des Guten im anderen und im grenzenlosen Universum, dem wir alle angehoren.

## 25. Brief
### Unsere unendliche Geschichte

*Liebe Vanessa,*

in den letzten Briefen haben wir einen kleinen Vorgeschmack davon bekommen, wie wir unsere Welt noch betrachten können. Wir haben einen langen Weg hinter uns, und so möchte ich in diesem letzten Brief zusammenfassen, was all dies für Dich bedeuten könnte.

Denk daran, daß wir die ganze Zeit von *Geschichten* gesprochen haben und nichts davon absolute Wahrheit zu sein beansprucht. Aber die Geschichten, die wir einander erzählen, formen unsere gemeinsame Welt. Vor allem unsere Kinder werden sehr weitgehend von den Geschichten geprägt, die wir ihnen erzählen. Die Geschichten, die sie hören, gestalten die Welt, in die sie hineinwachsen – und die Welt, die sie dann als Erwachsene selbst gestalten werden.

Für Dich steht es gerade an, als Erwachsene in Deiner Welt aufzutreten, und Du könntest in ihr wirklich etwas bewegen. Du könntest anderen zu einem Leben in einer heiligen, lebendigen Welt verhelfen. Dafür habe ich diese Briefe geschrieben – in der Hoffnung, daß Du und einige Deiner Freunde sie lesen werden. Halte Dich von der toten Welt fern, Vanessa, und hilf anderen auf dem Weg in die Welt des Lebendigen; daß Dir diese Welt nicht unbekannt ist, weiß ich.

Ich habe Dir gezeigt, wie unsere Wahrnehmung die Welt gestaltet. Und ich habe Dir auch gezeigt, wie die Überzeugungen, mit denen wir aufwachsen, aber auch unsere Deutungen der Welt und unsere automatischen emotionalen Reaktionen auf sie in diesen

Welt-Erzeugungsprozeß eingehen, ohne daß wir dessen gewahr sind. Die Geschichte, mit der Du aufgewachsen bist, hat Deine Wahrnehmung, und damit auch Deine Welt tiefgreifend geprägt.

Dann habe ich Dich darauf hingewiesen, wieviel von dieser Geschichte von Wissenschaftlern erfunden und durch popularisierende Darstellung kolportiert worden ist. Es ist eine Phantasiegeschichte, ausgedacht von Leuten, die Wissenschaft zu anderen als rein wissenschaftlichen Zwecken benutzen. Und wie wir gesehen haben, könnte man auch eine ganz andere Geschichte erzählen, sogar die Wissenschaft könnte das.

Auch ich, könnte man sagen, habe die Wissenschaft in diesen Briefen zu anderen als rein wissenschaftlichen Zwecken benutzt. Allerdings in einem ganz anderen Sinne, als es bisher geschehen ist. Bisher und auch heute noch wird die Wissenschaft meist dazu benutzt, uns zu irgendeinem *Glauben* zu überreden. Ich dagegen wollte die Wissenschaft in diesen Briefen dazu benutzen, den Glauben und die Überzeugungen, mit denen Du aufgewachsen bist, zu *löschen*. Ich möchte Dir also beim »Ent-Glauben« helfen, anstatt Dich zum Glauben an noch mehr Zeug zu überreden. Ich möchte zur Befreiung Deiner Wahrnehmung, der Wahrnehmung des Herzens, von den Fesseln der alten Überzeugungen beitragen.

Der Unterschied zwischen der *anderen* Geschichte, die die Wissenschaft auch erzählen könnte, und der alten Geschichte, mit der wir aufgewachsen sind, besteht darin, daß die *andere* Geschichte das wache Fühlen gelten läßt, die Wahrnehmung des Herzens. Und sie erkennt all das als gültig an, was dieses wache Fühlen wahrnimmt: den Ozean der Gewahrsein-Fühlen-Energie und die Muster, die sich darin bilden. Man könnte demnach sagen, daß auch die andere Geschichte nur eine Geschichte ist, aber eine Geschichte, bei der die Sinne und das Herz ein wenig weiter geöffnet sind.

Zudem gibt es gute *wissenschaftliche* Gründe, der anderen Geschichte gegenüber der alten den Vorzug zu geben. Wenn es in der Wissenschaft zwei konkurrierende Theorien zu den gleichen beobachteten Phänomenen gibt, kann man sich die Frage stellen: »Welche der beiden erfaßt den größeren Bereich von Phänomenen?«

Die *andere* Geschichte, soviel wird Dir inzwischen klar sein, bietet Platz für alle von der konventionellen Wissenschaft als real anerkannte Phänomene. Sie kann aber auch Phänomene erfassen und stimmig, rational und intelligent erklären, die zwar ständig beobachtet, aber von der konventionellen Wissenschaft einfach nicht beachtet werden. Ich will die wichtigsten Punkte kurz wiederholen und noch einige Beispiele anfügen.

Zuerst sind natürlich die im siebzehnten Brief beschriebenen Forschungen zur Frage der Psychokinese und der präkognitiven Fern-Sichtigkeit zu erwähnen, wie sie bei PEAR und in vielen anderen Laboratorien durchgeführt werden. Dann die vielen anderen Vorkommnisse, von denen so häufig berichtet wird, daß sie in einer Geschichte, die ernst genommen werden möchte, einfach berücksichtigt werden *müssen*. Eines dieser Phänomene, mit denen die konventionelle Wissenschaft überhaupt nichts anfangen kann, bilden die sogenannten außerkörperlichen Erfahrungen, bei denen Menschen das Gefühl haben, daß ihr Gewahrsein den Körper verläßt, um sich anderswo aufzuhalten. In manchen Fällen können auf diesem Wege Informationen gewonnen werden, die sich später bestätigen lassen. Ich führe nur drei Fälle von vielen an, bei denen kein offensichtlicher Grund zum Fabulieren erkennbar ist.

Der Krebsarzt Josef Issels berichtet:

*Einmal habe ich etwas sehr Merkwürdiges erlebt. Ich machte meine Morgenrunde auf der Station 1, auf der Akutfälle liegen. Ich betrat das Zimmer einer dem Tode nahen älteren Dame. Sie sah mich an und sagte: »Herr Doktor, wissen Sie, daß ich meinen Körper verlassen kann?« Mir war bekannt, daß die Nähe des Todes die absonderlichsten Phänomene erzeugen*

kann. »Ich werde es Ihnen beweisen«, sagte sie, »hier und jetzt.«
Sie schwieg einen Augenblick und sagte dann: »Wenn Sie in
Zimmer 12 gehen, werden sie eine Frau vorfinden, die einen
Brief an ihren Mann schreibt. Sie ist eben mit der ersten Seite
fertig. Ich habe es gerade gesehen.« Sie beschrieb dann bis in alle
Einzelheiten, was sie gerade »gesehen« hatte. Ich beeilte mich, in
das Zimmer 12, das am anderen Ende das Ganges lag, zu
kommen. Ich fand genau das vor, was die Frau geschildert hatte,
bis zu den Inhalten des Briefs. Ich ging in das Zimmer der
älteren Dame zurück, in der Hoffnung, vielleicht eine Erklärung
zu bekommen. Aber sie war inzwischen gestorben.

Die zweite Geschichte wird von einer Frau erzählt, die beim
europäischen Parlament arbeitet und sich gerade mit dem Auto
auf der Rückfahrt von London nach Luxemburg befand:

Gegen Mitternacht geriet ich in einer Kurve am Rand eines
Abhangs auf eine vereiste Stelle und kam ins Schleudern.
Das linke Rad stieß an den erhöhten Mittelstreifen zwischen
den Fahrbahnen, und der Reifen platzte. Der Wagen überschlug
sich, und das letzte, woran ich mich erinnere, ist das Gefühl von
Eis im Gesicht. Als nächstes löste ich mich in spiralförmigen
Windungen aus meinem Körper und verfolgte in Windeseile den
Weg zurück, den ich gekommen war. Hinter der Kurve bemerkte
ich einen näherkommenden Wagen, in dem ein älteres Ehepaar
saß. Der Mann hob die Hände vom Lenkrad, als er das Krachen
hörte, und zugleich fiel ihm die Pfeife, die er gerade rauchte, in
den Schoß. Zu seiner Frau gewandt sagte er: »Da haben wir es
schon wieder.« Ich sah, wie er sich die Tabakkrümel, die aus
seiner Pfeife gefallen waren, von der Hose zu wischen versuchte.
Dann spürte ich, wie ich durch eine dunkle Röhre oder einen
Tunnel nach oben gezogen wurde. Ich hatte den vagen Eindruck
von einer Gestalt, die mir ein wunderschönes Umhängetuch,
ganz weiß und weich und leuchtend, reichte. Ich hörte ihn

sagen: »Komm, du mußt doch frieren, du mußt doch so müde sein ...«

Ich erinnere mich, daß ich sagte: »Nein, ich kann dein Tuch leider nicht annehmen, ich bin so voll Blut.« Ich blickte nach unten und sah mich in meinem Auto, blutüberströmt. Ich weiß nicht mehr, wie ich zurückkam. Als nächstes kam ich jedenfalls wieder zu Bewußtsein. Die Leute staunten, denn sie hatten mich für tot gehalten. Am nächsten Vormittag fragte ich den Mann: »Weshalb haben Sie ›wieder‹ gesagt, als Sie den Unfall hörten?« Er sagte: »Ich verstehe nicht.« Also sagte ich: »Sie haben sich Madame zugewandt, und dabei fiel Ihnen die Pfeife aus dem Mund.« Er wurde kalkweiß und sagte: »Aber Madame, das können Sie unmöglich wissen; Sie waren doch hinter der Kurve verunglückt.«

Die Sozialarbeiterin Kimberly Clark von der University of Seattle erzählt von einer Patientin namens Maria, die während ihres Aufenthalts in dem Krankenhaus, in dem Kimberly arbeitete, einen Herzstillstand erlitt. Sie sagte zu Kimberly:

»Als die Ärzte und Schwestern sich an mir zu schaffen machten, ist was ganz Seltsames passiert: Ich sah von der Decke herunter zu, wie sie meinen Körper bearbeiteten.«
Das beeindruckte mich zunächst nicht übermäßig. Sie hatte die Ärzte und das Personal schon den ganzen Tag vor ihrem Herzstillstand gesehen und mußte ungefähr wissen, wer da sein würde, was die Leute anhaben würden, was da ablaufen würde. Dann erzählte Maria aber weiter, daß irgendein Gegenstand auf dem Sims im dritten Stock am Nordende des Gebäudes sie ablenkte. Sie »dachte sich« dort hinauf und hatte alsbald einen Tennisschuh »unmittelbar vor ihrer Nase«. Jetzt bat sie mich nachzusehen, ob ich diesen Schuh finden könne. Sie wollte gern die Bestätigung einer zweiten Person für diese außerkörperliche Erfahrung haben.

*Mit gemischten Gefühlen ging ich nach draußen und suchte mit den Augen die Simse des Gebäudes ab, aber da war nichts zu sehen. Dann ging ich im dritten Stock von einem Patientenzimmer zum nächsten und sah überall aus den Fenstern, die so klein waren, daß ich das Gesicht an die Scheibe pressen mußte, um überhaupt das Sims zu sehen. Und tatsächlich fand ich schließlich ein Zimmer, vor dem außen auf dem Sims ein Tennisschuh lag! Allerdings war mein Blickwinkel hier ein ganz anderer als der von Maria beschriebene. Sie hatte gesagt, am kleinen Zeh sei der Schuh durchgescheuert, und das Ende des Schnürsenkels stecke unter dem Absatz. Um diese und andere von ihr beschriebene Details sehen zu können, hätte sie draußen und sehr dicht an dem Schuh schweben müssen. Ich konnte den Schuh bergen und brachte ihn Maria. Für mich war er ein sehr konkreter Beweis.*

Solche Geschichten sind gar nicht so unglaublich, wenn wir einen wichtigen Punkt der *anderen* Geschichte akzeptieren, nämlich daß unsere Wahrnehmung nicht auf die bekannten Körpersinne beschränkt ist. Selbstverständlich könnte man hier allerlei interessante Nachforschungen anstellen, um zu erklären, wie es zu solchen Dingen kommt.

Ein weiteres häufig berichtetes und sorgfältig untersuchtes Phänomen ist die Fernheilung. Bei der Mind Science Foundation in San Antonio, Texas, hat man Experimente durchgeführt, bei denen eine Person den Ruhe- oder Erregungszustand einer zweiten Person in einem anderen Raum zu beeinflussen versucht. Bis 1991 wurden 323 Versuche mit 271 verschiedenen Personen durchgeführt. Es zeigte sich ganz deutlich, daß der physiologische/emotionale Zustand eines Menschen durch die bloße Intention eines anderen beeinflußt werden kann.

Dann gibt es auch noch das Phänomen der Heilung durch Gruppengebete – ebenfalls unter verschiedensten Umständen eindeutig demonstriert. So untersuchte der Kardiologe Randolph

Byrd an die vierhundert Patienten, die Herzinfarkte erlitten hatten. Er teilte sie in zwei Gruppen ein. Beide Gruppen wurden medizinisch nach dem neuesten Stand der Wissenschaft versorgt. Für eine der beiden Gruppen wurde jedoch zusätzlich noch gebetet. Diese Gruppe machte soviel raschere gesundheitliche Fortschritte als die andere, daß jedes Pharmaunternehmen schnellstens zugegriffen hätte ... wenn es sich denn um einen Stoff gehandelt hätte.

Fernheilung wäre auch eines der vor dem Hintergrund der *anderen* Geschichte erklärbaren Phänomene, aber die Schulwissenschaft hat ihr keine Beachtung geschenkt oder von Hokuspokus geredet, denn in der alten Geschichte ist für dergleichen kein Platz.

Jetzt möchte ich, daß Du Dir kurz noch einmal den dritten Brief ansiehst, die Geschichte, mit der Du aufgewachsen bist.

So, und jetzt halten wir die *andere* Geschichte dagegen. Wie ich in diesen Briefen gezeigt habe, könnte diese andere Geschichte durchaus auch von der Wissenschaft erzählt werden, wenn Wissenschaftler nur nicht – wie Du – so sehr durch die alte Geschichte geprägt wären, mit der sie aufgewachsen sind. Wissenschaftler sind Menschen und unterliegen genau derselben Konditionierung – und Blindheit für diese Konditionierung – wie wir.

Hier also die andere Geschichte:

Wir leben in einer zutiefst guten Welt, die ganz und gar durchdrungen ist von Fühlen, Zuwendung und Gewahrsein. Wir leben in einem Raum von unermeßlicher Ausdehnung und Tiefe. Dieser Raum, in seiner Tiefe und in den Oberflächen, die wir sehen, hören und riechen, besteht aus Fühlen, Energie, Gewahrsein. Wir und alles, was wir sehen, schmecken und berühren, sind Teil dieses Raums. Er ist in unserem Körper, in unserem Geist. Oder besser: Wir sind in diesem Raum. Wir sind wie Hologramme, die sich in diesem Raum bilden.

Wir können uns dieser lebendigen Welt erfreuen. Die Freude

fühlen, daß wir in diesen lebendigen Raum hineinspringen können, und sei es nur für einen Augenblick. Die Freude, daß wir um sein Vorhandensein hier und jetzt wissen und uns darauf verlassen können: daß wir aufatmen und ganz beruhigt sein können. Die Freude, daß wir in diesem Raum sind, einem Raum voller Fühlen, Lebendigkeit, Gewahrsein. Dies zu fühlen, das ist es, was wir wollen und auch können. Wir können uns geborgen fühlen, denn dieser gute, freundliche, uns ohne Wenn und Aber zugewandte Raum erfüllt uns selbst ganz und gar. Und über diesen gütigen Raum sind wir mit allem anderen zutiefst verbunden.

In diesem Raum geschieht alles spielerisch und mit Leichtigkeit, denn es gibt hier keinen großen Planer, der uns von einem nur ihm vorbehaltenen Himmel aus beherrscht und manipuliert. Die Welt des Energie-Gewahrsein-Fühlens ist eine ganz und gar spontane kreative Show. Und wenn wir das wissen, müssen wir nicht mehr ständig nach allem greifen, uns an jedes kleine Ding klammern. Wir lassen die kleinen Dinge zu uns kommen und antworten ihnen, ganz so wie Kinder spontan in der Sonne spielen und dann bei plötzlichem Regen irgendwo unterkriechen.

Aber viele Menschen leiden, weil sie nicht sehen, daß sie im lebendigen Raum spielen können. Sie fühlen sich als tote Klumpen, festsitzend in einer toten, leeren Welt. Da ist eine große Trauer. Es ist auch unsere eigene Trauer, denn auch wir leiden, wenn wir vergessen, daß wir lebendiger Raum sind. Und das vergessen wir oft, also leiden wir auch oft. Unsere Freude kann diese Trauer nie vergessen. Ein erwachtes Herz bedeutet also immer beides, Freude und Trauer.

Wenn unsere Herz-Wahrnehmung offen ist, dann ist die Trauer anderer unsere eigene, und wir können sie nicht übersehen oder vergessen. Wir müssen den andern helfen zu spielen. Das ist vielleicht das beste Ziel im Leben: den lebendigen Raum fühlen lernen und dort spielen. Und dann andere mitbringen, damit auch sie dort spielen können.

Durch Herz-Wahrnehmung sehen-fühlen wir unsere Verbundenheit mit allem, was so spielerisch im Raum entsteht und uns begegnet. Mit dem Herzen sehen, mit dem Herzen hören, mit dem Herzen riechen, mit dem Herzen schmecken, mit dem Herzen berühren und mit dem Herzen fühlen. So verbinden wir uns mit anderen im Gewebe des Fühlens, das durch uns hindurchläuft und sich weit hinaus, weit hinein in den Raum erstreckt.

Sernyi, Mama, Du, ich, Deine Freundin Margaret, der Felsen auf unserem Hügel, die Bäume im Park, die rote Scheune vor meinem Küchenfenster, der Wagen mit dem Platten, die Armbanduhr, die immer wieder stehenbleibt – sie alle haben ihr eigenes Leuchten, ihre eigene Energie, ihren eigenen Raum. Und sie alle erstrahlen, wenn wir ihnen mit Fühlen-Gewahrsein begegnen.

Wir können die Dinge erkennen, wenn wir ihnen unser Fühlen zuwenden. Wenn Dein Wagen nicht anspringen will, wende Dich ihm mit Deinem Fühlen zu – Du kannst *fühlen*, weshalb er nicht anspringt. Die Rosen – wenn ich mein Fühlen zu ihnen hingehen lasse, weiß ich, was sie brauchen. Sernyi, wenn sie diesen Blick aufsetzt – laß Dein Fühlen zu ihr hingehen und Du weißt, was sie Dir sagen will. Wende Dein Fühlen der Erde zu – Du fühlst ihre Bereitschaft, zu tragen und zu nähren, und Du weißt, wie traurig sie ist. Laß Dein Gewahrsein-Fühlen in den Raum hinausgehen, und Du findest eine Weisheit und Einsicht, die das Denken nicht bieten kann.

Manche Menschen sprechen mit Blumen. Andere sagen: »So ein Blödsinn, Blumen sprechen doch nicht, in welcher Sprache denn auch, Deutsch vielleicht?« Aber das ist eigentlich Blödsinn, nicht wahr? Blumen sprechen im *Fühlen*, sie sprechen durch Energiemuster. Und wenn wir eine Blume (oder etwas anderes) anschauen und wirklich sehen, fühlen wir das Muster ihres Fühlens. Wir können in Resonanz mit diesem Muster treten. Wenn jemand mit Pflanzen spricht, dann ist das eben seine Art, sein Fühlen mitzuteilen. Und das Fühlen wird von den Blumen erwidert, durch Resonanz. Unsere Welt ist ein unendlicher Kreislauf des Austauschs von Fühlen, Energie und Gewahrsein. Großzügigkeit.

Aber laß uns die Welt nicht einfach als das nehmen, was ohne weiteres zu sehen ist. Es könnte noch viel mehr in ihr geben. Helferwesen, Götter, Engel, Dralas – vielleicht können wir auch sie erkennen, wenn wir unser Herz öffnen, wenn wir das Fühlen-Wahrnehmen lernen. Wir können ihnen den Zugang zu unserem Leben erleichtern. Wir können mit Mustern aller Art und aller Größenordnungen in Resonanz treten und Verbindung zum großen Ozean des Energie-Fühlen-Gewahrseins aufnehmen, wenn wir die kleinsten Einzelheiten unseres Lebens mit wacher Aufmerksamkeit wahrnehmen und ihrer Verbundenheit nachspüren. Feiern wir also die Unermeßlichkeit, die Lebendigkeit, die Güte der Welt! Laden wir Sernyi und den Felsbrocken und die Götter (und die Dämonen, wenn sie es wagen) und alle anderen ein, die sich gern anschließen möchten. Das könnte der Anfang einer guten Gesellschaft sein.

So, Vanessa, morgen geht meine Klausur zu Ende. Nach diesen drei Wochen des Briefeschreibens wird es wohl ein wenig seltsam, aber auch schön sein, Dich und Mama wiederzusehen – und dann im Büro die alten, vertrauten Muster.

Ich habe in diesem letzten Brief versucht, die Reise zu rekapitulieren, die wir in diesen drei Wochen zusammen gemacht haben. Du warst zwar nicht wirklich hier bei mir in der Hütte, aber in meinem Fühlen warst Du es ganz deutlich, und mir ist wirklich so, als wären wir zusammen gereist.

Dir und Deiner Generation meine ganze Liebe

Dein Papa

## Dank

Großen Dank weiß ich all den Freunden, die die Briefe gelesen und kritische Anmerkungen und Vorschläge gemacht haben; ebenso auch Emily Hillburn Sell, der Lektorin und Freundin, für Rat und Geduld; meiner Frau Karen, die mich jahrelang drängte, die Geschichte der toten Welt und ihres verzauberten Spiegelbildes in einer leicht verständlichen Form zu erzählen, und die meine Arbeit durch alle Höhen und Tiefen mit unermüdlichem Zuspruch begleitete; und Vanessa und ihren Freunden, ohne deren echte Sehnsucht diese Briefe natürlich nie geschrieben worden wären.

# Postskriptum
## Quellen und Lektüreempfehlungen

### Zum Überblick

Es gibt eine ganze Menge Bücher über »Wissenschaft und Spiritualität«. Viele sprechen von Wissenschaft und Spiritualität, als wären sie zwei objektive Realitäten, zwei parallele Welten. Selten wenden sie sich der Frage zu, wie wir unsere Welt erkennen, also etwa der Neurowissenschaft und der Kognitionspsychologie; und offenbar sehen sie auch nicht, welche Rolle die Tote-Welt-Wissenschaft für unsere tiefe Konditionierung spielt. Sie bemühen sich redlich um eine Vereinigung von Wissenschaft und Spiritualität, sind aber vielfach selbst noch befangen in der Vorstellung, daß Körper, Geist und Natur durch tiefe Gräben voneinander getrennt sind. Die folgenden Bücher versuchen, wie diese Briefe, eine breitere Perspektive zu gewinnen, für die Wissenschaft und spirituelle Einsicht komplementäre Weisen des Erkennens ein und derselben Welt sind:

Harman, Willis: *Bewußt-Sein im Wandel.* Freiburg: Bauer 1989.

Hayward, Jeremy W.: *Der Zauber der Alltagswelt. Ein tieferes Verständnis der Wirklichkeit durch Wissenschaft und intuitive Weisheit.* München: Droemer Knaur 1985.

Needleman, Jacob: *Vom Sinn des Kosmos. Moderne Wissenschaften und alte Weisheiten.* Frankfurt/M.: Insel 1993.

Peat, F. David: *Der Stein der Weisen. Chaos und verborgene Weltordnung.* München: dtv 1994.

Varela, Francisco. J./Thompson, Evan/Rosch, Eleanor: *Der mittlere Weg der Erkenntnis. Der Brückenschlag zwischen wissenschaftlicher Theorie und menschlicher Erfahrung.* München: Goldmann 1995.

Wheatley, Margaret: *Quantensprung der Führungskunst. Leadership and the New Science. Die neuen Denkmodelle der Naturwissenschaft revolutionieren die Management-Praxis.* Reinbek: Rowohlt 1997. – Nicht über Spiritualität als solche, aber eine wunderbare Illustration dessen, wie das Verständnis der neuen naturwissenschaftlichen Geschichte zu einem gänzlich anderen Ansatz der Führungskunst in der Geschäftswelt führen kann.

Wilber, Ken: *Eros, Kosmos, Logos. Eine Vision an der Schwelle zum nächsten*

*Jahrtausend.* Frankfurt/M.: Wolfgang Krüger Verlag 1996. – Dieses Buch ist außergewöhnlich – 900 Seiten, davon fast 200 Anhang. Aber es *ist* brillant: geistreich, belesen, voll wichtiger Einsichten.

## 1. Brief

Gurdjieff, G. I.: *Das Leben ist nur dann wirklich, wenn ›ich bin‹.* München: Sphinx 1987.

Jeans, James: *Der Weltenraum und seine Rätsel* (Erw. Vorlesung). Stuttgart: DVA 1937.

Bennett, J. G.: *Gurdjieff. Ursprung und Hintergrund seiner Lehre.* München: Heyne 1997.

Ouspensky, Peter D.: *Auf der Suche nach dem Wunderbaren. Perspektiven der Welterfahrung und der Selbsterkenntnis.* München: O. W. Barth 1980.

Raine, Kathleen zitiert in *Facing the World with Soul* von Robert Sardello New York: Harper. Perennial 1994.

Speath, Kathleen Riordan: *The Gurdjieff Work.* Los Angeles: Tarcher 1989.

Trungpa, Chögyam: Born in Tibet. Boston: Shambhala 1977.

Webb, James: *The Harmonious Circle.* Boston: Shambhala 1987.

Wilber, Ken: *Quantum Questions.* Boulder: New Science Library 1984.

## 2. Brief

Arden, Harvey: *Dreamkeepers. A Spirit-Journey into Aboriginal Australia.* New York: Harper Collins 1994.

Black Elk/Lyon, Wallace/Lyon, William S.: *Black Elk. The Sacred Ways of a Lakota.* New York: Harper Collins 1991.

Bloom, Harold: *Omens of Millenium. The Gnosis of Angels, Dreams, and Resurrection.* New York: Riverhead 1996.

Boyd, Doug: *Rolling Thunder.* New York: Delta 1974.

Campbell, Joseph: *Die Kraft der Mythen. Bilder der Seele im Leben des Menschen.* Düsseldorf: Artemis 1994.

Davis-Floyd, Robbie/Arvidson, P. Sven (Hg.): *Intuition – The Inside Story. Interdisciplinary Stories and Perspectives.* New York: Routledge 1996.

Erickson, Carolly: *The Medieval Vision.* New York: Oxford University Press 1976.

Evans-Wentz, W. Y.: *The Fairy-Faith in Celtic Countries.* Oxford: Clarendon Press 1911.

Fox, Matthew/Sheldrake, Rupert: *The Physics of Angels. Exploring the Realm where Science and Spirit Meet.* New York: Harper Collins 1996.

Gersi, Douchan: *Faces in the Smoke.* Los Angeles: Tarcher 1991.

Gold, Peter: *Wind des Lebens, Licht des Geistes. Das heilige Wissen der Navajos und Tibeter.* München: Droemer Knaur 1997.

Harpur, Paul: *Daimonic Reality. Understanding Otherworld Encounters.* New York: Arkana 1995.

Hayward, Jeremy W.: *Heilige Welt. Die Shambhala-Krieger im Alltag.* München: Hugendubel 1997.

Heinze, Ruth-Inge: *Shamans of the 20th Century.* New York: Irvington 1991.

Isozaki, Arata: »Ma. Space-Time in Japan« in: *Japan Today* 36.

Knudtson, Peter/Suzuki, David: *The Wisdom of the Elders.* Toronto: Stoddart 1992.

Lawlor, Robert: *Am Anfang war der Traum. Die Kulturgeschichte der Aborigines.* München: Droemer Knaur 1993.

Maclean, Dorothy: *Du kannst mit Engeln sprechen. Ein Wegweiser zu den Lichtwesen um uns.* München: Heyne 1997.

Maybury-Lewis, David: *Millenium. Tribal Wisdom and the Modern World.* New York: Viking 1992.

McGaa, Ed (Eagle Man): *Erdrituale. Indianische Wege zur Heilung von Körper, Geist und Erde.* Illmensee: Ost-West-Verlag 1998.

McNeley, J. K.: *Holy Wind in Navajo Philosophy.* Tucson: The University of Arizona Press 1981.

Moore, Thomas: *Der Seele Flügel geben. Das Geheimnis von Liebe und Freundschaft.* München: Droemer Knaur 1995.

Morgan, Marlo: *Traumfänger. Die Reise einer Frau in die Welt der Aborigines.* München: Goldmann 1998.

Ono, Sokyo: *Shinto. The Kami Way.* Rutland, Vt.: Charles Tuttle 1962.

Parisen, Maria (Hg.): Angels and Mortals. Their Co-Creative Power. Wheaton, Ill.: Quest Books 1990.

Thundup Rinpoche: Tulku: *Hidden Teachings of Tibet.* London: Wisdom 1986.

Trungpa Rinpoche, Chögyam: *Shambhala. The Sacred Path of the Warrior.* Boston: Shambhala 1984.

van der Post, Laurens: *Die verlorene Welt der Kalahari.* Zürich: Diogenes 1995.

van Ness Seymour, Tryntje: *When the Rainbow Touches Down.* University of Washington Press 1989.

## 3. Brief

Crick, Frances: *Was die Seele wirklich ist. Die naturwissenschaftliche Erforschung des Bewußtseins.* Reinbek: Rowohlt 1997.

Delbruck, Max: *Mind from Matter?* Oxford: Blackwell 1986.

Humphrey, Nicholas: *Leaps of Faith. Science, Miracles, and the Search for Supernatural Consolation.* New York: Basic Books 1996.

Monod, Jacques: *Zufall und Notwendigkeit. Philosophische Fragen der modernen Biologie.* München: Piper 1996.

Peacocke, Arthur: *Intimations of Reality.* Indiana: Notre Dame U.P. 1983.

## 4. Brief

Achterberg, Jeanne: *Die Frau als Heilerin. Die schöpferische Rolle der heilkundigen Frau in Geschichte und Gegenwart.* München: Goldmann 1994.

Berman, Morris: *Wiederverzauberung der Welt. Am Ende des Newtonschen Zeitalters.* Reinbek: Rowohlt 1985.

Burke, James: *The Day the Universe Changed.* Boston: Little Brown 1985.

Butterfield, Herbert: *The Origins of Modern Science.* New York: Free Press 1965.

Collingwood, R. G.: *The Idea of Nature.* Oxford University Press 1960.

Eisler, Raine: *The Chalice and the Blade.* New York: Harper & Row 1987.

Goldstein, Thomas: *Dawn of Modern Science.* Boston: Houghton Mifflin 1980.

Heer, F.: *The Medieval World.* New York: New American Library/Mentor 1964.

Pagels, Elaine: *Adam, Eve, and the Serpent.* New York: Vintage 1989.

Shepherd, Linda Jean: *Lifting the Veil. The Feminine Face of Science.* Boston: Shambhala 1993.

Singer, Charles: *A Short History of Scientific Ideas.* Oxford: Oxford University Press 1959.

Störig, Hans Joachim: *Kleine Weltgeschichte der Philosophie.* Frankfurt/M.: Fischer Taschenbuch Verlag 1992.

Szamosi, Geza: *The Twin Dimensions. Inventing Time and Space.* New York: McGraw-Hill 1987.

Thomas, Keith: *Religion and the Decline of Magic.* New York: Free Press 1971.

Whitehead, Alfred North: *Wissenschaft und moderne Welt.* Frankfurt/M.: Suhrkamp 1988.

Whitrow, G. J.: *Die Erfindung der Zeit.* Hamburg: Junius 1991.

Yates, Frances: *Giordano Bruno and the Hermetic Tradition.* Chicago: University of Chicago Press 1964.

## 5. Brief

Coveney, Peter/Highfield, Roger: *Anti-Chaos. Der Pfeil der Zeit in der Selbstorganisation des Lebens.* Reinbek: Rowohlt 1994.

Denbigh, Kenneth: *Three Concepts of Time.* Heidelberg: Springer 1981.

Halifax, Joan: *Shamanic Voices.* New York: Arkana 1979.

Fraser, J. T.: *Time, the Familiar Stranger.* Amherst: Massachusetts U.P. 1987.

Koestler, Arthur: *Die Wurzeln des Zufalls.* Frankfurt/M.: Suhrkamp 1974.

Ornstein, Robert: *Die Evolution des Bewußtseins. Ursprünge und Perspektiven.* Kirchzarten: VAK 1996.

Priestley, J. B.: *Man and Time.* London: Aldus Books 1964.

Shallis, Michael: *On Time.* New York: Schocken 1983.

## 6. Brief

Borysenko, Joan: *Feuer in der Seele. Spiritueller Optimismus als Weg zur inneren Heilung.* Freiburg: Bauer 1996.

Chödrön, Pema: *Beginne wo du bist. Eine Anleitung zum mitfühlenden Leben.* Braunschweig: Aurum 1997.

Epstein, Mark: *Gedanken ohne den Denker. Das Wechselspiel von Buddhismus und Psychotherapie.* Frankfurt/M.: Wolfgang Krüger 1996.

Goldstein, Joseph/Kornfield, Jack: *Einsicht durch Meditation.* München: O. W. Barth 1989.

Goleman, David: *The Varieties of Meditative Experience.* New York: E. P. Dutton 1977.

Hayward, Jeremy W.: *Heilige Welt. Die Shambhala-Krieger im Alltag.* München: Hugendubel 1997.

James, William: *Psychology. A Brief Course.* New York: Dover 1961.

Kabat-Zinn, Jon: *Full Catastrophe Living.* New York: Delacorte 1990.

Kornfield, Jack: *Frag den Buddha – und geh den Weg des Herzens.* München: Kösel 1995.

Polanyi, Michael: *Personal Knowledge.* Chicago: University of Chicago Press 1962.

Thrangu, Khenchen: *The Practice of Tranquility and Insight.* Boston: Shambhala 1993.

Trungpa, Chögyam: *The Path is the Goal. A Basic Handbook of Buddhist Meditation.* Boston: Shambhala 1995.

## 7. Brief

Calvin, William: *Die Symphonie des Denkens. Wie Bewußtsein entsteht.* München: dtv 1995.

Damasio, Antonio: *Descartes' Irrtum.* München: List 1995.

Eccles, John/Popper, Karl: *Das Ich und sein Gehirn*. München: Piper 1996.

Edelman, Gerald: *Göttliche Luft, vernichtendes Feuer. Wie der Geist im Gehirn entsteht*. München: Piper 1995.

Globus, Gordan: *The Postmodern Brain*. Amsterdam: John Benjamin 1995.

Harth, Erich: *Windows on the Mind. Reflections on the Basis of Consciousness*. New York: Quill 1983.

Hayward, Jeremy W./Varela, Francisco (Hg.): *Gewagte Denkwege. Wissenschaftler im Gespräch mit dem Dalai Lama*. München: Piper 1996.

Hooper, Judith/Teresi, Dick: *The 3-Pound Universe*. New York: Macmillan 1986.

Laughlin, Charles/McManus, John/Aquili, Eugene d': *Brain, Symbol, Experience*. New York: Columbia University Press 1992.

Penfield, Wilder: *The Mystery of the Mind*. Princeton: Princeton University Press 1975.

Poppel, Ernst: *Mindworks: Time and Conscious Experience*. New York: Harcourt, Brace, Jovanovich 1988.

Searle, John: *Die Wiederentdeckung des Geistes*. Frankfurt/M.: Suhrkamp 1996.

Weiskrantz, L. u. a.: »Blindsight« in: *The Lancet*, April 1974.

## 8. Brief

Bruner, Jerome S.: *Sinn, Kultur und Ich-Identität. Zur Kulturpsychologie des Sinns*. Heidelberg: Carl-Auer-Systeme 1997.

Dixon, Norman: *Preconscious Processing*. Chichester: Wiley 1981.

Flanagan, Owen: *The Science of the Mind*. Cambridge: MIT Press 1984.

Gardner, Howard: *Dem Denken auf der Spur. Der Weg der Kognitionswissenschaften*. Stuttgart: Klett-Cotta 1989.

Goleman, Daniel: *E. Q. Emotionale Intelligenz*. München: Hanser 1996.

Gombrich. E. H.: *Art and Illusion*. Princeton: Bollingen 1969.

Gregory, Richard: »Visual Perception and Illusion« in: Jonathan Miller (Hg.), *States of Mind*. New York: Pantheon 1983.

ders.: *The Intelligent Eye*. New York: McGraw Hill 1970.

Johnson, Mark: *The Body in the Mind. The Bodily Basis of Meaning, Imagination, and Reason*. Chicago: Chicago U.P. 1987.

Konner, Melvin: *The Tangled Wing*. New York: Holt, Rinehart & Winston 1982.

Mandler, G.: *Mind and Body. The Psychology of Emotion and Stress*. New York: Norton 1984.

Jonathan Miller (Hg.): *States of Mind*. New York: Pantheon 1983.

Rivlin, Robert/Gravelle, Karen: *Deciphering the Senses*. New York: Simon & Schuster 1984.

Seligman, Martin: *Pessimisten küßt man nicht. Optimismus kann man lernen.* München: Droemer Knaur 1993.

Wilding, John M.: *Perception. From Sense to Object.* London: Hutchinson 1982.

## 9. Brief

Conze, Edward: *Buddhistisches Denken. Drei Phasen buddhistischer Philosophie in Indien.* Frankfurt/M.: Suhrkamp 1990.

Green, Celia/McCreery, Charles: *Träume bewußt steuern. Über das Paradox vom Wachsein im Schlaf.* Frankfurt/M.: Wolfgang Krüger 1996.

Guenther, Herbert V.: *From Reductionism to Creativity. rDzogs-chen and the New Sciences of Mind.* Boston: Shambhala 1989.

Hayward, Jeremy W.: *Die Erforschung der Innenwelt. Neue Wege zum wissenschaftlichen Verständnis von Wahrnehmung, Erkennen und Bewußtsein.* Frankfurt/M.: Insel 1996.

Trungpa, Chögyam: *Glimpses of Abhidharma.* Boston. Shambhala 1987.

Varela, Francisco: »Living Ways of Sense-Making« in: Paisley Livingston (Hg.): *Disorder and Order.* Stanford: Anma Libn 1984.

ders./Thompson, Evan/Rosch, Eleanor: *Der mittlere Weg der Erkenntnis. Der Brückenschlag zwischen wissenschaftlicher Theorie und menschlicher Erfahrung.* München: Goldmann 1995.

Wilber, Ken/Engler, Jack/Brown, Daniel: *Transformations of Consciousness.* Boston: New Science Library 1986.

## 10. Brief

Abram, David: *The Spell of the Sensous. Perception and Language in a More-than-Human World.* New York: Pantheon 1996.

Barfield, Owen: *Saving the Appearances.* New York: Harcourt, Brace, Jova novich 1965.

Bruner, Jerome S.: *Actual Minds, Possible Worlds.* Cambridge, MA: Harvard University Press 1986.

Chalmers, A. F.: *Wege der Wissenschaft. Einführung in die Wissenschaftstheorie.* Berlin: Springer 1994.

Goodman, Nelson: *Weisen der Welterzeugung.* Frankfurt/M.: Suhrkamp 1989.

Kosko, Bart: Fuzzy Logisch. Eine neue Art des Denkens. Düsseldorf: Econ 1995.

Kuhn, Thomas: *Die Struktur wissenschaftlicher Revolution.* Frankfurt/M.: Suhrkamp 1973.

Lakoff, George/Johnson, Mark: *Metaphors We Live By*. Chicago: University of Chicago Press 1980.

Lyons, John: *Language and Linguistics*. Cambridge: Cambridge University Press 1981.

Rorty, Richard: *Der Spiegel der Natur. Eine Kritik der Philosophie*. Frankfurt/M.: Suhrkamp 1987.

Sable, Trudy: *Another Look in the Mirror* (unveröffentlichte Magisterarbeit). Halifax: Saint Mary's University 1996.

Sacks, Oliver: *Der Mann, der seine Frau mit einem Hut verwechselte*. Reinbek: Rowohlt 1990.

Suppe, Frederick: *The Structure of Scientific Theories*. Champaign: University of Illinois Press 1974.

Wallace, B. Allan: *Choosing, Reality*. Boston: Shambhala 1989.

Whitehead, Ruth Holmes: *Six Worlds. Stories from Micmac Legends*. Halifax: Nimbus 1983.

Whorf, Benjamin: *Sprache, Denken, Wirklichkeit. Beiträge zur Meta-Linguistik*. Reinbek: Rowohlt 1984.

## 11. Brief

Csikzentmihalyi, Mihaly: *Flow. Das Geheimnis des Glücks*. Stuttgart: Klett-Cotta 1996.

McNiff, Shaun: *Earth Angels. Engaging the Sacred in Everyday Things*. Boston: Shambhala 1995.

Mathieu, W. A.: *The Listening Book*. Boston: Shambhala 1991.

Pert, Candace: *Die Weisheit des Körpers*. Münsterschwarzach: Vier Türme 1996.

Sardello, Robert: *Facing the World with Soul*. New York: Harper Perennial 1994.

ders.: *Love and the Soul. Creating a Future for the Earth*. New York: Harper Collins 1995.

Seng-ts'an: *Hsin-hsin-ming. Die Schrift vom Vertrauen*. Umkirch: Aldinger 1992.

Williamson, Marianne: *Rückkehr zur Liebe*. München: Goldmann 1996.

## 12. Brief

Bonner, John Tyler: *The Evolution of Culture in Animals*. Princeton University Press 1980.

Crook, John: *The Evolution of Human Consciousness*. Oxford: Clarendon Press 1983.

Darwin, Charles: *Die Entstehung der Arten durch natürliche Zuchtwahl*. Stuttgart: Reclam.

Dawkins, Richard: *Das egoistische Gen*. Reinbek: Rowohlt 1996.

Farrington, Benjamin: *What Darwin Really Said*. New York: Schocken Books 1982.

Grasse, Pierre: *Evolution of Living Organisms*. New York: Academic Press 1977.

Griffin, Donald: *Wie Tiere denken. Ein Vorstoß ins Bewußtsein der Tiere*. München: dtv 1990.

Huxley, Thomas: »The Struggle for Existence in Human Society« in: *The Nineteenth Century*, Februar 1888.

Kohn, Alfie: *The Brighter Side of Human Nature*. New York: Basic Books 1990.

Kropotkin, Peter: *Gegenseitige Hilfe*. Grafenau: Trotzdem 1989.

LaBorde, Roger in: Hayward, Jeremy W.: *Heilige Welt. Die Shambhala-Krieger im Alltag*. München: Hugendubel 1997.

Masson, Jeffrey Moussaieff: *Wenn Tiere weinen*. Reinbek: Rowohlt 1996.

Midgley, Mary: *Evolution as a Religion*. New York: Methuen 1985.

Spencer, Herbert: *Social Statistics*. London: Chapman 1851.

Stebbins, George Ledyard: *Darwin to DNA, Molecules to Men*. San Francisco: Freeman 1982.

Taylor, Gordon Rattray: *The Great Evolution Mystery*. New York: Harper & Row 1983.

Thich Nhat Hanh: *Innerer Friede – äußerer Friede*. Berlin: Theseus 1996.

Maybury-Lewis, David: *Millenium. Tribal Wisdom and the Modern World*. New York: Viking 1992.

Trungpa, Chögyam: *Introduction to Buddhist and Western Psychology*. Boulder: Prajna Press 1983.

Turnbull, Colin, *The Forest People*. New York: Touchstone 1961.

ders.: *The Mountain People*. New York; Touchstone 1972.

Wilson, Edward O.: *On Human Nature*. Cambridge, MA: Harvard University Press 1978.

## 13. Brief

Chödrön, Pema: *Beginne wo du bist. Eine Anleitung zum mitfühlenden Leben*. Braunschweig: Aurum 1997.

Fryba, Mirko: *Anleitung zum Glücklichsein. Die Philosophie des Abhidhamma*. Freiburg: Bauer 1986.

Hayward, Jeremy W.: *Heilige Welt. Die Shambhala-Krieger im Alltag*. München: Hugendubel 1997.

Sogyal Rinpoche: *Das Tibetische Buch vom Leben und Sterben. Ein Schlüssel zum tieferen Verständnis von Leben und Tod*. München: O. W. Barth 1994.

Trungpa, Chögyam: *Training the Mind and Cultivating Loving-Kindness*. Boston: Shambhala 1993.


## 14. Brief


Calder, Nigel: *Einstein's Universe*. New York: Penguin 1980.

Csikzentmihalyi, Mihaly: *Flow. Das Geheimnis des Glücks*. Stuttgart: Klett-Cotta 1996.

Davis, Paul: *Superforce*. New York: Simon & Schuster 1984.

Greenstein, George: *Die zweite Sonne. Quantenmechanik, Rote Riesen und die Gesetze des Kosmos*. München: dtv 1990.

Kaku, Michio/Tranier, Jennifer: *Jenseits von Einstein. Die Suche nach der Theorie des Universums*. Frankfurt/M.: Insel 1993.

Liu I-Ming: *Awakening to the Tao*. Boston: Shambhala 1988.

Pagels, Heinz: *The Cosmic Code*. New York: Simon & Schuster 1982.

Matthews, Robert: »Inertia. Does Empty Space Put up Resistance« in: *Science*, 4. Februar 1994.


## 15. Brief


Bohm, David: *Wholeness and the Implicate Order*. London: Routledge & Kegan Paul 1980.

ders./Peat, F. David: *Science, Order, and Creativity. A Dramatic New Look at the Creative Roots of Science and Life*. New York: Bantam 1987.

Bohr, Niels: *Atomic Physics and Human Knowledge*. New York: Science Editions 1958.

ders.: *Essays* 1958–1962. New York: Interscience 1963.

Bruner, Jerome S.: Gespräch mit Niels Bohr in: Holton, Gerald: *Thematic Origins of Scientific Thought*. Cambridge, MA: Harvard University Press 1973.

Cohen, Kenneth: *Qigong. Grundlagen, Methoden, Anwendung*. Frankfurt/M.: Wolfgang Krüger 1998.

Davies, P. C. W./Brown, J. R.: *The Ghost in the Atom*. Cambridge: Cambridge University Press 1986.

Espanat, Bernard d': *The Conceptual Foundations of Quantum Mechanics*. Reading, MA: W. A. Benjamin 1976.

Folse, Henry: *The Philosophy of Niels Bohr*. Amsterdam: North Holland 1985.

French, A. P./Kennedy, J. P. (Hg.): *Niels Bohr. A Centenary Volume*. Cambridge, MA: Harvard University Press 1985.

Heisenberg, Werner: *Physik und Philosophie.* Stuttgart: Hirzel 1990.

Herbert, Nick: *Elemental Mind.* New York: Plume 1994.

ders.: *Quantum Reality. Beyond the New Physics.* New York: Anchor Press 1985.

Josephson, Brian/Ramachandran (Hg.): *Consciousness and the Physical World.* Elmsford, NY: Pergamon Press 1980.

Penrose, Roger: *The Emperor's New Clothes.* Oxford: Oxford University Press 1995.

Sheldrake, Rupert: *Die Wiedergeburt der Natur. Eine neue Weltsicht.* Reinbek: Rowohlt 1994.

Wald, George: »The Cosmology of Life and Mind« in: *Synthesis of Science and Religion.* Herausgegeben von T. D. Singh und Ravi Gomatam. San Francisco: The Bhaktivedanta Institute 1987.

Wagner, Eugene: *Symmetries and Reflections.* Cambridge, MA: MIT Press 1970.

Wilber, Ken: *The Holographic Paradigm.* Boulder: Shambhala 1982.

Witt, Bryce de/Graham, Neil: *The Many Worlds Interpretation of Quantum Mechanics.* Princeton: Princeton University Press 1982.

Young, Louise B.: *The Unfinished Universe.* New York: Simon & Schuster 1988.

## 16. Brief

Franz, Marie-Louise von: *Zahl und Zeit. Psychologische Überlegungen zu einer Annäherung von Tiefenpsychologie und Physik.* Stuttgart: Klett-Cotta 1991.

Hannah, Barbara: *Jung, His Life and Work.* Boston: Shambhala 1991.

Harpur, Patrick: *Daimonic Reality. Understanding Otherworld Encounters.* London: Arkana 1995.

Hillman, James: *Re-Visioning Psychology.* New York: Harper Perennial 1992.

ders./Ventura, Michael: *We've Had a Hundred Years of Psychotherapy and the World's Getting Worse.* New York: Harper Collins 1992.

Jung, Carl Gustav: *Traum und Traumdeutung.* München: dtv 1990.

ders.: *Archetypen.* München: dtv 1990.

ders.: *Synchronizität.* München: dtv 1990.

Peat, F. David: *Synchronicity: The Bridge Between Matter and Mind.* New York: Bantam 1987.

Sardello, Robert: *Facing the World with Soul.* New York: Harper Perennial 1992.

## 17. Brief

Abell, George/Singer, Barry: *Science and the Paranormal*. New York: Scribners 1981.

Broughton, Richard S.: *Parapsychology. The Controversial Science*. New York: Ballantine 1991.

Eysenck, Hans/Sargent, Carl: *Die Geheimnisse des Übernatürlichen. Erklärungen für das Unerklärliche*. Klagenfurt: Neuer Kaiser 1995.

Jahn, Robert/Dunne, Brenda: *Margins of Reality. The Role of Consciousness in the Physical World*. New York: Harcourt, Brace, Jovanovich 1987.

Targ, Russell/Puthoff, Hal: *Mind-Reach*. London: Granada 1978.

Taylor, Gordon Rattray: *The Natural History of Mind*. New York: Penguin 1981.

## 18. Brief

Crichton, Michael: *Travels*. New York: Ballantine 1988.

Koestler, Arthur: *Das Gespenst in der Maschine*. Wien: Molden 1968.

Korzybski, Afred: *Selections from Science and Sanity*. International Non-Aristotelian Library 1972.

Varela, Francisco J./Thompson, Evan/Rosch, Eleanor: *Der mittlere Weg der Erkenntnis. Der Brückenschlag zwischen wissenschaftlicher Theorie und menschlicher Erfahrung*. München: Goldmann 1995.

Wilber, Ken: *Eros, Kosmos, Logos. Eine Vision an der Schwelle zum nächsten Jahrtausend*. Frankfurt/M.: Wolfgang Krüger Verlag 1996.

## 19. Brief

Chalmers, David: »The Puzzle of Consciousness« in: *Scientific American*, Dezember 1995.

ders.: »Facing Up to the Problem of Consciousness« in: *Journal of Consciousness Studies*, Bd. 2, Nr. 3 (1995).

Lowe, Victor: *Understanding Whitehead*. Baltimore: Johns Hopkins University Press 1966.

Nagel, Thomas: *Der Blick von nirgendwo*. Frankfurt/M.: Suhrkamp 1992.

Palter, Robert: *Whitehead's Philosophy of Science*. Chicago: University of Chicago Press 1960.

Varela, Francisco: »Neurophenomenology« in: *Journal of Consciousness Studies*, Bd. 3, Nr. 4 (1996).

Whitehead, Alfred North: *Wissenschaft und moderne Welt*. Frankfurt/M.: Suhrkamp 1988.

## 20. Brief

Briggs, John/Peat, F. David: *Die Entdeckung des Chaos. Eine Reise durch die Chaostheorie.* München: dtv 1993.

Jantsch, Erich: *Die Selbstorganisation des Universums. Vom Urknall zum menschlichen Geist.* München: Hanser 1992.

Prigogine, Ilya: *Die Gesetze des Chaos.* Frankfurt/M.: Insel 1998.

## 21. Brief

Bateson, Gregory: *Geist und Natur. Eine notwendige Einheit.* Frankfurt/M.: Suhrkamp 1982.

ders.: *Ökologie des Geistes. Anthropologische, psychologische, biologische und epistemologische Perspektiven.* Frankfurt/M.: Suhrkamp 1985.

Davies, Paul: *Der Plan Gottes. Das Rätsel unserer Existenz und die Wissenschaft.* Frankfurt/M.: Insel 1995.

Devereux, Paul: *Re-Visioning the Earth. A Guide to Opening Healing Channels between Mind and Nature.* New York: Fireside 1996.

Feinberg, Gerald/Shapiro, Robert: *Life Beyond Earth.* New York: Morrow 1980.

Lovelock, James E.: *Gaia. Die Erste ist ein Lebewesen. Anatomie und Physiologie des Organismus Erde.* München: Heyne 1996.

Maturana, Humberto/Varela, Francisco: *Der Baum der Erkenntnis. Die biologischen Wurzeln der menschlichen Erkenntnis.* München: Goldmann 1996.

Nollman, Jim: *Dolphin Dreamtime.* New York: Bantam 1990.

Sperry, Roger: *Science and Moral Priority.* Oxford: Blackwell 1983.

Thomas, Lewis: *The Lives of a Cell.* New York: Bantam 1974.

Thompson, William Irwin (Hg.): *Gaia. A Way of Knowing.* Great Barrington, MA: Lindisfarne Press 1981.

## 22. Brief

Guenther, Herbert V.: *Tantra als Lebensanschauung. Seinserfahrungen durch die Einheit von Körper und Geist.* Düsseldorf: Econ 1995.

Trungpa, Chögyam: *Journey Without a Goal. The Tantric Wisdom of Buddha.* Boulder: Prajna Press 1981.

Tulku Rinpoche, Ugyen: *Rainbow Painting.* Kathmandu: Rangjung Yeshe Publications 1995.

## 23. Brief

Becker, Alton: »Text-Building, Epistemology, and Aesthetics in Javanese Shadow Theatre« in: *The Imagination of Reality. Essays in Southeast Asian Coherence Systems.* Herausgegeben von A. L. Becker und A. A. Yengoyan. Norwood, NJ: Ablex Publishing Cooperation 1979.

Briggs, John/Peat, F. David: *Die Entdeckung des Chaos. Eine Reise durch die Chaostheorie.* München: dtv 1993.

Ehrenzweig, Anton: *The Hidden Order of Art.* Los Angeles: California U.P. 1971.

Franz, Marie-Louise von: *Zahl und Zeit. Psychologische Überlegungen zu einer Annäherung von Tiefenpsychologie und Physik.* Stuttgart: Klett-Cotta 1991.

Gleick, James: *Chaos – Die Ordnung des Universums. Vorstoß in Grenzbereiche der modernen Physik.* München: Droemer Knaur 1990.

Keeler, Ward: *Javanese Shadow Plays, Javanese Selfs.* Princeton: Princeton U. P.: 1987.

Mandelbrot, Benoît: *Die fraktale Geometrie der Natur.* Basel: Birkhäuser 1991.

Peitgen, H. O./Richter, P. H.: *The Beauty of Fractals.* Berlin: Springer 1986.

Rai, Jacota: Zitat aus *Utne Reader*, Juli–August 1996.

Sable, Trudy: *Another Look in the Mirror* (unveröffentlichte Magisterarbeit). Halifax: Saint Mary's University 1996.

Stewart, Ian: *Spielt Gott Roulette? Uhrwerk oder Chaos.* Frankfurt/M.: Insel 1993.


## 24. Brief

Ehmke, Franziska: *Faszination Ikebana. Kulturgeschichte der japanischen Blumenkunst.* Köln: DuMont 1996.

Cowan, Eliot: *Pflanzengeist-Medizin. Der schamanistische Weg mit Heilkräutern.* München: Droemer Knaur 1994.

George, James: *Asking for the Earth. Waking Up to the Spiritual/Ecological Crisis.* Rockport, MA: Element 1995.

Ghiselin, Brewster: *The Creative Process.* New York: Mentor 1952.

Herman, Willis: *Bewußt-Sein im Wandel.* Freiburg: Bauer 1989.

Herrigel, Eugen: *Zen in der Kunst des Bogenschießens.* München: O. W. Barth 1983.

LaChapelle, Dolores: *Geheiligtes Land – geheiligte Sexualität. Über die Wechselwirkung zwischen unserer Einstellung zur Erde und zu unserer Leiblichkeit.* Saarbrücken: Neue Erde 1990.

Porter, Elliot/Gleick, James: *Nature's Chaos.* New York: Viking 1990.

Roetz, Heiner: *Konfuzius*. München: C. H. Beck 1995.

Roncalli, Lucia: »Standing by Process. A Midwife's Notes on Story-Telling, Passage and Intuition« in: dies.: *Intuition. The Inside Story*. New York: Viking 1990.

Sen XV, Soshitsu: *Ein Leben auf dem Teeweg*. Berlin: Theseus.

Spretnak, Charlene: *States of Grace. The Recovery of Meaning in the Postmodern Age*. New York: Harper Collins 1991.

Stevens, John: *The Sword of No Sword*. Boston: Shambhala 1984.

## 25. Brief

Becker, Carl B.: *Paranormal Experience and the Survival of Death*. New York: SUNY 1993.

Dossey, Larry: *Meaning and Medicine*. New York: Bantam 1992.

Grey, Margot: *Return from Death*. New York: Arkana 1983.

Morse, Melvin: *Verwandelt vom Licht. Über die transformierende Wirkung von Nah-Todeserfahrungen*. München: Droemer Knaur 1994.

Ring, Kenneth: *Heading Towards Omega. In Search of the Meaning of the Near-Death Experience*. New York: Morrow 1985.

Wilson, Ian: *The After Death Experience*. London: Corgi 1989.

# *Spirit*

Taisha Abelar
**Die Zauberin**
Die magische Reise
einer Frau auf dem
toltekischen Weg
des Wissens
Band 13304

Stephen Batchelor
**Buddhismus für
Ungläubige**
Band 14026

Mojdeh Bayat
Mohammad Ali
Jamnia
**Geschichten aus
dem Land der Sufis**
Band 13966

P. Besserman (Hg.)
**Früchte vom
Baum des Lebens**
Die Weisheit der
jüdischen Mystik
Band 13027

Jerry Braza
**Achtsamkeit –
leben im
Augenblick**
Band 14253

Thomas Cleary (Hg.)
**Dhammapada**
Die Quintessenz
der Buddha-Lehre
Band 13156
**Die Drei Schätze
des Dao**
Basistexte der
inneren Alchimie
Band 12899

Pema Chödrön
**Liebende
Zuwendung,
Freude im Herzen**
Band 14459

Mark Epstein
**Gedanken ohne
den Denker**
Das Wechselspiel
von Buddhismus
und Psychotherapie
Band 14252

Reshad Feild
**Jede Reise beginnt
mit einer Frage**
Ein Leben in der
Sufi-Tradition
Band 14456

David Fontana
**Kursbuch
Meditation**
Band 13098

Matthew Fox
**Freundschaft
mit dem Leben**
Die vier Pfade
der Schöpfungs-
spiritualität
Band 14016

# Fischer Taschenbuch Verlag

fi 2090 / 10 a

# *Spirit*

Stanislav Grof
**Kosmos und
Psyche**
Band 14641

Hans Gruber
**Kursbuch
Vipassanā**
Wege und Lehren
der Einsichts-
meditation
Band 14393

Meister Hakuin
**Authentisches Zen**
N. Waddell (Hg.)
Band 13333

William Hart
**Die Kunst
des Lebens**
Vipassana-
Meditation nach
S. N. Goenka
Band 12991

Huang-po
**Der Geist des Zen**
Band 13256

Sheldon B. Kopp
**Anfang und Ende
sind eins**
Band 13824
**Triffst Du Buddha
unterwegs ...**
Psychotherapie und
Selbsterfahrung
Band 14671

Arnold Kotler (Hg.)
**Mitgefühl leben**
Engagierter
Buddhismus heute
Band 14256

Jiddu Krishnamurti
**Der Flug
des Adlers**
Band 14637
**Du bist die Welt**
Band 14480
**Die Zukunft
ist jetzt**
Band 14636
**Das Notizbuch**
Band 14481
**Über Leben
und Sterben**
Band 13656

Th. E. Mails (Hg.)
**Ich singe mein
Lied für Donner,
Wind und Wolken**
Das Leben
von Fools Crow
Band 13032

# Fischer Taschenbuch Verlag

fi 2090 / 13 b

# *Spirit*

Meister Dae Gak
**Das Zen des
Lauschens**
Band 14110

Meister Wumen
Huikai
**Die torlose
Schranke des Zen**
Das Mumonkan als
Arbeitsbuch der
Zen-Schulung
Band 14460

Jacob Needleman
**Die Seele der Zeit**
Band 14747

Maura O'Halloran
**Im Herzen
der Stille**
Aufzeichnungen
einer Zen-Schülerin
Band 13822

Jalāluddīn Rūmī
**Die Sonne
von Tabriz**
Gedichte,
Aphorismen und
Lehrgeschichten
des großen Sufi-
Meisters
Band 13243

Sharon Salzberg
**Geborgen im Sein**
Die Kraft der
Metta-Meditationen
Band 14461

Arwind Sharma(Hg.)
**Innenansichten der
großen Religionen**
Buddhismus, Chris-
tentum, Daoismus,
Hinduismus, Islam,
Judentum, Konfu-
zianismus
Band 13142

Miranda Shaw
**Frauen, Tantra
und Buddhismus**
Band 14743

Raymond Smullyan
**Das Tao ist Stille**
Band 13588

Clark Strand
**Meditation
ohne Guru**
Einfache Übungen
für ein gelassenes
Leben
Band 14391

Chögyam Trungpa
**Die Insel des
JETZT im
Strom der Zeit**
Bardo-Erfahrungen
im Buddhismus
Band 13823

# Fischer Taschenbuch Verlag

fi 2090 / 10 c